Oswald Schmiedeberg

Grundriss der Arzneimittellehre

Oswald Schmiedeberg
Grundriss der Arzneimittellehre
ISBN/EAN: 9783743426023
Hergestellt in Europa, USA, Kanada, Australien, Japan
Cover: Foto ©berggeist007 / pixelio.de

Manufactured and distributed by brebook publishing software (www.brebook.com)

Oswald Schmiedeberg

Grundriss der Arzneimittellehre

GRUNDRISS

DER

ARZNEIMITTELLEHRE

VON

Dr. OSWALD SCHMIEDEBERG,

ORD. PROFESSOR DER PHARMAKOLOGIE UND DIRECTOR DES PHARMAKOLOGISCHEN
INSTITUTS AN DER UNIVERSITÄT ZU STRASSBURG.

LEIPZIG,
VERLAG VON F. C. W. VOGEL.
1883.

Das Uebersetzungsrecht ist vorbehalten.

Vorwort.

Der vorliegende Grundriss ist dazu bestimmt, einen pharmakologischen Commentar zur 2. Ausgabe der deutschen Pharmakopoe zu bilden. Er enthält in gedrängter Kürze nur den Theil der Arzneimittellehre, über welchen dem Pharmakologen das Urtheil zusteht, und ist dem entsprechend weder ein Receptbuch noch ein Compendium der Therapie. Mit der letzteren hat es nicht der Pharmakolog, sondern der praktische Arzt und Kliniker zu thun. Der Umfang und die moderne Art der Behandlung der praktischen Medicin einerseits und der Pharmakologie andererseits gestatten es gegenwärtig nicht mehr, die Vertretung der beiden Disciplinen in einer Person zu vereinigen, falls die Gefahr des Dilettantismus auf einem oder dem anderen dieser Gebiete vermieden werden soll. Ohne pharmakologische Kenntnisse wird der Arzt bei der Anwendung der Arzneimittel stets wie im Dunkeln umhertappen. Diese Kenntnisse zu vermitteln, gehört zu den Aufgaben des Pharmakologen. Der letztere ist aber nicht in der Lage, dem Arzt Vorschriften über die Behandlung von Krankheiten zu machen; er muss sich vielmehr damit begnügen, bei der Abfassung einer Arzneimittellehre die Wirkungen der in praktischer Richtung wichtigen Agentien namentlich in Bezug auf den Menschen zu schildern, die Folgen, die sich nach der Anwendung solcher Mittel unter verschiedenen Bedingungen für den Gesammtorganismus ergeben, zu charakterisiren und aus den pharmakologischen Thatsachen die allgemeinen Regeln für den Gebrauch der Arzneimittel abzuleiten. Ob dagegen die Wirkungen und

Folgen, welche ein Arzneimittel im Organismus hervorbringt, bei der Behandlung einer Krankheit Nutzen zu stiften im Stande sind, das hängt nicht nur von der Natur der Krankheit, sondern ganz besonders auch von der Beschaffenheit des concreten Falles ab. Daher ist diese Seite der Arzneimittellehre lediglich Gegenstand der speciellen Pathologie und Therapie und liegt ausserhalb des Bereichs der Pharmakologie. Diese Grundanschauungen haben bei der Bearbeitung des Büchleins als Richtschnur gedient, und letzteres will darnach beurtheilt sein.

Manche der im Folgenden entwickelten Anschauungen stützen sich auf Thatsachen, die unter der Leitung des Verfassers in den letzten anderthalb Decennien von einer grösseren Anzahl jüngerer Mitarbeiter gewonnen sind. Ihnen allen sei hier in freundlicher Erinnerung der Dank für die getreue Mithilfe ausgesprochen.

Inhaltsverzeichniss.

	Seite
Einleitung	1
1. Experimentelle Pharmakologie und Arzneimittellehre	1
2. Die Natur der pharmakologischen Wirkungen	3
3. Die Quellen der Arzneimittellehre	6
4. Die Auswahl der Arzneimittel nach rationellen Grundsätzen	10
5. Die Eintheilung der pharmakologischen Agentien und der Arzneimittel	13
I. Die Nerven- und Muskelgifte	15
1. Die Gruppe des Strychnins	16
2. Die Gruppe des Curarins	20
3. Die Gruppe des Morphins	23
Der indische Hanf und das Lactucarium	30
4. Die Gruppe des Alkohols und Chloroforms	31
5. Die Gruppe des Coffeïns	45
6. Die Gruppe des Camphers	48
7. Die Gruppe des Ammoniaks	50
8. Die Gruppe der Blausäure	52
9. Die Gruppe des Mutterkorns	53
10. Die Gruppe des Atropins oder der Tropeïne	54
11. Die Gruppe des Muscarins	63
12. Die Gruppe des Pilocarpins und Nicotins	64
13. Die Gruppe des Coniins und Lobelins	68
14. Die Gruppe des Physostigmins	69
15. Die Gruppe des Apomorphins	73
16. Die Gruppe des Emetins	75
17. Die Gruppe des Saponins	78
18. Die Gruppe des Digitalins	80

	Seite
19. Die Gruppe des Veratrins	86
20. Die Gruppe des Aconitins	89
21. Die Gruppe des Colchicins	92
22. Die Gruppe des Chinins	93

II. Mittel, welche durch moleculare Eigenschaften Veränderungen verschiedener Art an den Applicationsstellen hervorbringen 101

1. Die einhüllenden Mittel 103
2. Die specifischen Geruchs- und Geschmacksmittel . . . 106
   a. Genussmittel und Geschmackscorrigentia 106
   b. Theespecies 107
   c. Riechmittel 108
   d. Uebelriechende Substanzen als Nervenmittel 109
3. Die aromatisch und bitter schmeckenden Magenmittel . 110
   a. Gewürze und gewürzhafte Magenmittel 112
   b. Bittere Magenmittel 115
4. Den verschiedensten Zwecken dienende, zum grossen Theil veraltete und obsolete Droguen und Präparate 118
5. Desinfections- und Reizmittel für die Harnorgane . . . 120
6. Die Hautreizmittel 123
   a. Die Gruppe des Terpentinöls 128
   b. Die Gruppe des Senföls 130
   c. Die Gruppe des Cantharidins und Euphorbins . . . 131
7. Die Abführmittel 132
8. Der Schwefel als Abführmittel 138
9. Die Mittel gegen Darmparasiten, Anthelminthica . . . 140

III. Die Wirkungen des Wassers und der Salzlösungen . . . 143

1. Das Wasser 143
2. Die Gruppe des Chlornatriums oder der leicht resorbirbaren Alkalisalze 147
   a. Die Salzwirkung 148
   b. Die Kaliwirkung 152
   c. Die Wirkungen der Jodide 153
   d. Die Wirkungen der Bromide 155
   e. Die Wirkung der chlorsauren Salze 158
3. Die Gruppe des Glaubersalzes oder der schwer resorbirbaren, abführenden Salze der Alkalien und Erden . . 159

Inhaltsverzeichniss.

IV. Die chemische Aetzung durch Alkalien, Säuren, Halogene und Oxydationsmittel 165

    1. Die Gruppe der Alkalien 168
        Die Schwefelverbindungen der Alkalien und alkalischen Erden 177
    2. Die Gruppe der Säuren 178
        Die Mineralwässer 187
    3. Die Gruppe der Halogene 189
    4. Die Gruppe der Oxydationsmittel 193
        Das Anhydrid der schwefligen Säure 195

V. Die Verbindungen der schweren Metalle und der Thonerde als Nerven-, Muskel- und Aetzgifte 196

    1. Die localen Wirkungen der Salze der schweren Metalle und der Thonerde 198
    2. Die Wirkungen der schweren Metalle nach ihrer Aufnahme in das Blut 205
        1. Das Arsen 208
        2. Das Antimon 214
        3. Das Quecksilber 217
        4. Das Eisen 224
           Das Mangan 229
        5. Das Silber 230
           Das Gold 233
        6. Das Kupfer und Zink 233
        7. Das Blei 236
        8. Das Wismuth 239
        9. Die Thonerde und ihre Verbindungen 239
           Der Phosphor 241

VI. Die eigenartigen Wirkungen der aromatischen Verbindungen 242

    1. Die stickstofffreien aromatischen Verbindungen Muskel- und Nervengifte 243
    2. Die aromatischen Verbindungen als Desinfectionsmittel und allgemeine Protoplasmagifte 246
    3. Die Gerbsäuren als Adstringentien 253

VII. Die Verdauungsfermente und Nahrungsstoffe 257

	Seite
VIII. Mechanisch und physikalisch wirkende Mittel . . .	261
1. Mechanische Mittel verschiedener Art, Verbandstoffe .	261
2. Pflaster und Pflasterbestandtheile	262
a. Pflaster	263
b. Pflasterbestandtheile	264
3. Salben und fette Oele . . .	264
a. Salben	265
b. Fette Oele und Salbenbestandtheile	265
4. Kataplasmen und Fomentationen	265

EINLEITUNG.

1. Experimentelle Pharmakologie und Arzneimittellehre.

Pharmakologie oder Arzneimittellehre nennt man gegenwärtig die Lehre von den zu Heilzwecken dienenden chemischen Agentien. Doch ist es zweckmässig, beide Bezeichnungen fernerhin auseinanderzuhalten und dem Worte Pharmakologie einen erweiterten Begriff in dem Sinne zu ertheilen, dass man darunter die Lehre von den im lebenden Organismus durch chemisch wirkende Substanzen hervorgebrachten Veränderungen im Allgemeinen versteht, ohne Rücksicht darauf, ob sie für Heilzwecke gebraucht werden oder nicht.

Die Arzneimittellehre hat es consequenter Weise nur mit solchen Agentien zu thun, die zur Heilung von Krankheiten dienen. Viele Substanzen, die durch ihre chemische Wirkung schädliche Folgen nach sich ziehen, als Arzneimittel aber keine Anwendung finden, wie z. B. das Kohlenoxyd, werden als Gifte bezeichnet und einer besonderen Wissenschaft der Toxikologie zugewiesen. Zahlreiche Stoffe gehören beiden Disciplinen gleichzeitig an, indem der Unterschied zwischen den heilsamen und schädlichen Folgen ihrer Wirkungen oft nur durch graduelle Verschiedenheiten der letzteren bedingt wird.

Der Inhalt der Arzneimittellehre ist ferner ein sehr veränderlicher. Viele Mittel verschwinden oft schon nach kurzem Gebrauch wieder vom Schauplatz, andere treten an ihre Stelle und auch sie trifft früher oder später vielleicht das gleiche Schicksal. In einzelnen Ländern sind Heilmittel im Gebrauch, die man in anderen kaum dem Namen nach kennt. Ja im Grunde hat jeder Arzt seinen eigenen Arzneischatz.

Dieser Zustand der Arzneimittellehre ist durch die Bedürfnisse der Praxis bedingt; er wirkt aber hemmend auf die Entwickelung der wissenschaftlichen Erkenntniss. Denn wenn eine Substanz nur aus praktischen Rücksichten auf ihre Wirkungen erforscht werden soll, so fällt die Veranlassung dazu fort, nachdem sie ausser Gebrauch gekommen ist. Dass letzteres geschieht, darf aber nicht als Beweis dafür angesehen werden, dass eine solche Substanz ein für alle Mal für Heilzwecke werthlos geworden ist. Eingehendere experimentelle Prüfungen können ihren Nutzen nach einer Seite hin darthun, auf welcher man ihn früher gar nicht gesucht hatte.

Es ist daher geboten, alle nicht als Nahrungsmittel dienende Stoffe, welche durch chemische Eigenschaften Veränderungen im lebenden thierischen Organismus hervorbringen, zur Erforschung dieser Wirkungen in dem Rahmen einer einheitlichen Wissenschaft zu vereinigen, die man Pharmakologie oder, da sie sich hauptsächlich auf das Experiment stützt, experimentelle Pharmakologie nennen kann.

Die chemischen Agentien, mit denen es die Pharmakologie zu thun hat, können schlechtweg Gifte genannt werden. Der populäre Begriff dieses Wortes wird durch eine derartige Erweiterung nicht beeinträchtigt, da es wenige wirksame Substanzen gibt, die nicht gelegentlich für den Menschen schädlich werden.

Das Wort Pharmaka, welches ursprünglich Zaubermittel und später heilsame Kräuter bedeutete, könnte ganz zweckmässig zur Bezeichnung der im pharmakologischen Sinne wirksamen Substanzen dienen. Doch klingt es für unsere moderne Terminologie zu schwerfällig.

Die im lebenden Organismus durch die Gifte hervorgerufenen Veränderungen lassen sich als Gift- oder pharmakologische Wirkungen bezeichnen. Es sind darunter die von der Norm abweichende Beschaffenheit der morphologischen, chemischen und molecularen Zusammensetzung und die Abweichungen in der Funktion der betroffenen Organe zu verstehen. Was man physiologische, therapeutische und toxikologische Wirkungen nennt, sind nur die Folgen solcher Veränderungen. Die letzteren bleiben sich gleich im physiologischen wie im pathologischen Zustande des Organismus, wenn nur die Organgebilde noch vorhanden sind, auf welche das Gift wirkt. Die Folgen gestalten sich allerdings unter veränderten Bedingungen verschieden; sie können gleichgültige, heilsame oder schädliche sein.

Das Digitalin z. B. verursacht eine Steigerung des arteriellen Blutdrucks, die sowohl an gesunden wie an kranken Individuen zu Stande kommt. Bei ersteren sind die geringeren Grade dieser Wirkung meist ohne greifbaren Einfluss auf die Funktion anderer Organe und auf das Allgemeinbefinden. Ist dagegen, wie in gewissen Herzkrankheiten, der Druck in den Arterien ein abnorm geringer und führt derselbe eine Beeinträchtigung der Harnsecretion und das Auftreten von Wassersuchten herbei, so gelingt es nicht selten durch die Blutdrucksteigerung beim Gebrauch der Digitalis jene krankhaften Erscheinungen zu beseitigen und in Folge dessen einen grossen Einfluss auf den Zustand anderer Organe und auf das Allgemeinbefinden auszuüben.

Das Verhältniss der Arzneimittellehre zur experimentellen Pharmakologie ergibt sich nach diesen Auseinandersetzungen von selbst. Sie ist wie die Toxikologie eine praktische oder angewandte Disciplin. Die Pharmakologie dagegen bildet mit der Physiologie und Pathologie eine besondere Gruppe der biologischen Wissenschaften.

Die Thierphysiologie hat es mit dem Leben unter gewöhnlichen, daher normalen Verhältnissen, die Pathologie mit solchen Lebenserscheinungen zu thun, die unter aussergewöhnlichen oder abnormen Bedingungen der verschiedensten Art auftreten. Die Pharmakologie vermittelt die Kenntniss von der Gestaltung und dem Ablauf der Lebensvorgänge unter dem Einfluss der Gifte. Es handelt sich bei dieser Eintheilung, wie bei verwandten Wissenszweigen überhaupt, im Grunde nur um eine Arbeitstheilung. Für das Endresultat ist es gleichgültig, ob schliesslich die Pathologie in die Pharmakologie aufgeht oder umgekehrt und ob dann beide mit der Physiologie zu einer einheitlichen Lebenslehre zusammenfliessen.

2. Die Natur der pharmakologischen Wirkungen.

Die Veränderungen, welche die Organelemente unter dem Einfluss der pharmakologischen Agentien erleiden, sind chemischer Natur und bestehen oft nur darin, dass die Bestandtheile des Körpers die gleichen Umwandlungen, Spaltungen und Umsetzungen erfahren, denen sie unter ähnlichen Bedingungen bei der Einwirkung desselben Agens nach ihrem Absterben unterworfen sind. Die concentrirte Schwefelsäure wirkt nicht anders auf die Bestandtheile lebender Organe ein als auf die todter. In beiden Fällen hat man es mit der gleichen Zerstörung zu thun, nur kommen am lebenden Individuum vor allen Dingen die Folgen für den Gesammtorganismus in Betracht.

Diesen zerstörenden Wirkungen stehen solche gegenüber, in denen sich die Art der chemischen Einwirkung, namentlich auf die Nerven und Muskeln, nicht näher feststellen lässt. Zuweilen gelingt es allerdings, das Vorhandensein von Abweichungen in der Beschaffenheit derartiger Gebilde wenigstens im Allgemeinen nachzuweisen, z. B. in Form von Gerinnungen des Muskelfaser- und Zelleninhalts. Meist ist auch das nicht möglich und die vergiftete Zelle bleibt scheinbar unverändert. Dass eine Veränderung dennoch eingetreten ist, erschliessen wir aus den Abweichungen in der Funktionsfähigkeit der betroffenen Gebilde.

Die Integrität der chemischen Zusammensetzung der Organe ist die nothwendige Bedingung für die normale Beschaffenheit ihrer Funktion. Jede Störung der letzteren lässt daher auf chemische Veränderungen jener schliessen.

Man darf aber den Begriff „chemisch" in solchen Fällen nicht zu eng fassen, und nicht blos solche Vorgänge dahin rechnen, die sich im Sinne der neueren Chemie von Atom zu Atom abspielen, sondern hat vor allen Dingen die molecularen Vorgänge zu berücksichtigen, wie sie uns z. B. bei der Bildung der Lösungen entgegentreten. Eine Kochsalzlösung ist eine Molecularverbindung zwischen Chlornatrium und Wasser. Auch eine Nerven- oder Muskelzelle lässt sich als eine moleculare Verbindung von eiweissartigen Stoffen, Lecithin, Salzen, Wasser und anderen Bestandtheilen ansehen.

Der normale Zustand solcher Organelemente, insbesondere ihre gewöhnliche Funktion, ist an eine bestimmte moleculare Constitution gebunden, die schon durch geringfügige Eingriffe erhebliche Störungen erleiden kann. Von den letzteren hängen die Abweichungen der Thätigkeitsäusserungen ab.

Diese Anschauung wird durch die Beobachtung gestützt, dass jene Elementargebilde durch einen geringen Wasserverlust in Folge Verdunstung bei gelinder Temperatur oder durch Quellung und Entziehung von Salzen bei der Behandlung mit reinem Wasser nicht nur in ihrer Funktion beeinträchtigt, sondern sogar sehr leicht zum Absterben gebracht werden.

Das destillirte Wasser wirkt als Getränk blos deshalb nicht giftig, weil es sofort nach seiner Resorption durch Mischung mit den im Blute und den Gewebsflüssigkeiten vorhandenen gelösten Stoffen in eine unschädliche Form übergeführt wird.

Es kann die moleculare Constitution der Elementarorgane auch dadurch eine Störung erleiden, dass besondere, dem Organismus ganz fremdartige Substanzen von aussen her durch Resorption in das Innere derselben gelangen und ihren normalen Molecularzustand in Unordnung bringen, gleichsam wie ein Stein, welcher in das Getriebe einer complicirten Maschine geräth. Solche Vorgänge können wir freilich vorläufig und vielleicht auch in fernerer Zukunft weder graphisch uns vorführen, noch durch eine mathematische oder chemische Formel ausdrücken.

Diese Art der pharmakologischen Wirkungen hängt von der Beschaffenheit der Molecüle der giftigen Substanz ab. Wir wissen zwar nicht, warum das Strychninmolecül nach seiner Aufnahme in die Nervenzellen des Rückenmarks jene erhöhte Reflexerregbarkeit hervorbringt, die zum Tetanus führt, während zahlreiche andere, scheinbar ganz ähnliche Stoffe entweder gar nicht oder in entgegengesetzter Weise wirksam sind, wir gelangen aber durch die Vergleichung aller Gifte unter einander zu dem Schluss, dass weder die Grösse eines Molecüls, d. h. die Anzahl der in ihm enthaltenen Atome, noch die Anwesenheit eines bestimmten Elementes für die Wirksamkeit massgebend sind. Denn kleine Molecüle, wie die der Blausäure, können sehr giftig, sehr grosse unwirksam sein und umgekehrt. Auch ist kein Element in allen seinen Verbindungen ein Gift.

Die Annahme einer derartigen molecularen Wirkung, namentlich der Nerven- und Muskelgifte, gewinnt auch eine Stütze durch die Thatsache, dass die Organelemente dabei nicht zerstört werden, sondern nach der Ausscheidung des Giftes wieder in der normalen Weise funktioniren. Wäre das nicht, so dürfte z. B. an das Chloroformiren nicht gedacht werden. Die der Pupillenerweiterung zu Grunde liegende Atropinwirkung kann sogar wochen- und monatelang unterhalten werden, ohne dass die betheiligten Elementarorgane darunter dauernd zu leiden haben.

Stoffe, durch welche die Körperbestandtheile zerstört werden, gelangen während des Lebens gar nicht in das Innere einer Nervenzelle, weil sie schon auf dem Wege dahin durch die Wechselwirkung mit jenen als wirksame Verbindungen zu existiren aufhören. Concentrirte Schwefelsäure, Chlor, Zinkchlorid und ähnliche Aetzmittel verändern als solche nur die nächste Umgebung der Applicationsstelle, während die Moleculargifte an dieser oft ganz unwirksam bleiben und erst nach ihrer Verbreitung im Blute und in den Geweben ihren Einfluss auf bestimmte Organe oder häufig nur auf eng begrenzte Gebiete des Nervensystems geltend machen.

Die durch moleculare Vorgänge bedingten Funktionsstörungen der einzelnen Organe bilden dann das Gesammtbild der Wirkung solcher Gifte. — Bis vor nicht langer Zeit begnügte man sich damit, die dabei zu Tage tretenden Erscheinungen einfach zu beschreiben. Es kommt aber vor allen Dingen darauf an, die Organe und Organtheile aufzusuchen, welche von der Wirkung betroffen sind, also die letztere zu localisiren und sie nach Qualität und Quantität zu charakterisiren. Dies ist eine wichtige, aber verhältnissmässig leichte Aufgabe der experimentellen Pharmakologie. Weit schwieriger sind die Veränderungen zu erforschen, welche die chemische Zusammensetzung des Organismus, seine Ernährung und die Stoffwechselvorgänge erfahren.

Erst wenn diese Aufgaben bis zu einem gewissen Grade gelöst sind, kann die Frage aufgeworfen werden, ob die Wirkungen einer Substanz sich zu Heilzwecken verwenden lassen.

Obgleich die Pharmakologie wie jedes andere Gebiet des Wissens zunächst ohne Rücksicht auf den praktischen Nutzen betrieben werden soll, so bleibt doch als reife Frucht solcher Bestrebungen die Verwerthung der erlangten Resultate bei der Heilung von Krankheiten in sichere Aussicht gestellt.

3. Die Quellen der Arzneimittellehre.

Die Quellen, aus welchen die Arzneimittellehre geschöpft hat, flossen oft genug recht trübe.

Auf der allerniedersten Stufe menschlicher Entwickelung mochte die Anwendung heilsamer Kräuter eine ganz unbewusste, instinctive sein, in ähnlicher Weise, wie man es in einzelnen Fällen an Thieren zu beobachten Gelegenheit hat.

So sieht man Hunde häufig Grashalme verschlingen. Die letzteren bewirken in Folge der Reizung des Rachens und Gaumens Würgen und Erbrechen, wodurch aus dem Magen Schleim entfernt wird, der den Thieren unangenehme Empfindungen verursacht und sie zum Verschlingen der Grashalme veranlasst hatte.

In historischer Zeit geschieht die Auswahl der Heilmittel nicht mehr instinctiv, sondern mit mehr oder weniger Ueberlegung nach bestimmten Grundsätzen. Aber diese letzteren sind wiederum sehr verschieden.

Sehr einfach waren die Anfänge der wirklichen Beobachtung und Erfahrung. Wenn man kranke Thiere nach dem Genusse eines Krautes genesen sah, so schrieb man diesem heilsame Kräfte zu und wandte es auch bei Menschen an, und zwar zunächst in allen Krankheiten ohne Ausnahme; dann nur in solchen Fällen, in denen man eine Aehnlichkeit mit den an Thieren geheilten Krankheiten annehmen zu können glaubte. Auf diese Weise werden, wie es nicht selten noch heute der Fall ist, Hirten die Heilkundigen.

Wo der Mensch die Auswahl der heilsamen Agentien nicht selbst zu treffen verstand, da musste die unfehlbare Gottheit sie übernehmen, und entweder durch Zeichen und Träume oder durch den Mund ihrer Priester offenbaren. In Folge dessen werden die letzteren zugleich Aerzte.

Die Betheiligung einer höheren Macht bei der Heilung der Krankheiten macht es dann weiter erklärlich, dass bald nicht allein materielle, von den Göttern blos angerathene Mittel in Anwendung kommen, um durch materielle Kräfte die Macht der Krankheit zu überwinden, sondern dass man die Götter aufforderte, selbst den Kampf gegen die Krankheit, die man als ein selbstständiges Wesen zu betrachten anfing, zu übernehmen oder doch wenigstens den Heilkräften der Arzneimittel zu Hilfe zu kommen und sie zu verstärken.

Sei es nun, um die heilsamen und gelegentlich auch wohl die todtbringenden Kräfte der Naturkörper, namentlich der Pflanzen, zu erkennen oder mit Hilfe der Götter zu verstärken und richtig zu leiten, oder sei es, um die letzteren oder auch wohl gewisse Dämonen direct zur Vernichtung der Krankheit aufzurufen, wandte man wiederum verschiedene Mittel an, die aber symbolischer Natur sind.

So verband sich die Heilkunde, insbesondere die Arzneimittellehre, schon in den frühesten Zeiten mit der Wahrsagerei, Zauberei und Mystik und behält bei einem Theile der Menschheit noch heute diesen Zusammenhang. Denn wie bei vielen Naturvölkern Zauberei und Heilkunst regelrecht Hand in Hand gehen, so verschmäht es unter den Culturvölkern der ungebildete Mann aller Länder und man könnte fast sagen aller Stände nicht, zu mystischen, häufig unter religiöser Form ausgeführten Handlungen, wie Besprechungen, Handauflegen u. dergl., seine Zuflucht zu nehmen, um natürliche oder übernatürliche Kräfte zur Heilung seines Leidens zu entfesseln.

Im Laufe der Zeit lernte man auch **eigentliche Wirkungen** der Arzneien kennen und ihre Bedeutung als heilsames Moment begreifen. Dahin gehören z. B. die durch Abführmittel hervorgerufenen Darmentleerungen. Derartig waren die ersten wissenschaftlichen **Erfahrungen**, die lange Zeit hindurch auch die einzigen geblieben sind.

Als das menschliche Denken soweit erstarkt war, dass es, mit einer festgeschulten Logik ausgerüstet, sich vermass, in die tiefsten Geheimnisse der Natur und in den Ursprung aller Dinge einzudringen, ohne die Beobachtung für nöthig zu halten, weil das Gedachte für Thatsächliches genommen wurde, und als ein anderes Wissen als dieses philosophische noch nicht existirte, da ging auch die Medicin und der Haupttheil derselben, die Arzneimittellehre, aus den Händen der Priester in die der **Philosophen** über.

Erst in den Schulen von Rhodos, Knidos und Kos trat zuerst der rein ärztliche Charakter des medicinischen Wissens hervor, bis aus der letztgenannten Schule der grösste Arzt des Alterthums und vielleicht aller Zeiten, der rationellste aller Empiriker, **Hippokrates**, wenigstens indirect auch für die Arzneimittellehre eine rein naturalistische Betrachtungsweise schuf. Aber leicht war dieser Standpunkt nicht zu erobern. Denn von jener Zeit datirt zugleich der Jahrhunderte lang dauernde Kampf zwischen Wissen und Glauben, zwischen Erfahrung und Speculation, der selbst in unserer Zeit nicht völlig zum Austrag gekommen ist.

Ueberblicken wir die lange Reihe der Jahrhunderte, so entrollt sich vor uns ein trostloses Bild. Wir sehen, wie die Suche nach den sogenannten **Specifica** für die einzelnen Krankheiten beginnt und wie die Empfehlung seitens eines Heilkünstlers genügt, um einer Arznei den grössten Credit zu verschaffen.

Wir finden, dass es schon als ein grosses Verdienst anzuerkennen ist, wenn man sich in der Zeit der Verflachung und Versumpfung der Wissenschaften auf die **Reproduktion der galenischen Lehren** und die Anwendung der galenischen Arzneipräparate beschränkt, gegenüber dem Bestreben, in methodischer Weise durch die **Kaballah** und den **Stein der Weisen** die geheimen Kräfte der Natur auch zur Heilung von Krankheiten aufzudecken. Wir sehen dann, wie um die Zeit des Aufblühens der Künste und Wissenschaften **Paracelsus** sich bei der Erkenntniss der Arzneiwirkungen durch Zeichen und Träume leiten lässt oder es wenigstens zu thun empfiehlt und durch Wiederbelebung des arabischen Dynamismus den Grund zur späteren Entstehung der Homöopathie legt.

Diesen Erscheinungen ist wenig Erfreuliches gegenüberzustellen. Die **Einführung zahlreicher neuer Arzneimittel** aus dem fernen Osten Asiens durch die Araber, sowie die Verpflanzung der bei den Eingeborenen Amerikas gebräuchlichen Mittel nach Europa sind als die grössten Errungenschaften dieser langen Zeitperiode zu betrachten.

Es muss daher als ein grosser Fortschritt angesehen werden, als in der zweiten Hälfte des vorigen Jahrhunderts namentlich englische Aerzte an die Stelle phantastischer Speculationen, die in Deutschland auf dem Boden der Naturphilosophie weiter wucherten, die methodische **Beobachtung am Krankenbett** setzten. Diese Richtung hat sich jetzt überall den Boden erobert. Indessen sind auch hier Abwege nicht vermieden worden; namentlich wird zuweilen die subjective Ueberzeugung mit der objectiven Erfahrung verwechselt.

Aus allen im Vorstehenden berührten Quellen hat die Arzneimittellehre geschöpft und lässt noch gegenwärtig deutlich genug den Stempel dieses Ursprungs erkennen; auch die Spuren der galenischen Herrschaft sind nichts weniger als verwischt.

Die fortschreitende Entwickelung der Chemie, der Physiologie, der Pathologie und anderer verwandter Disciplinen macht es dringend nothwendig, die Arzneimittellehre auf einen rationellen Standpunkt zu bringen, damit sie nicht allmählich alle Fühlung mit jenen Disciplinen verliert. Wir müssen deshalb nach bestimmten Grundsätzen verfahren, wenn wir bei der Auswahl und der Anwendung der Arzneimittel zum gewünschten Ziele gelangen wollen.

4. Die Auswahl der Arzneimittel nach rationellen Grundsätzen.

Die Vorgänge im Organismus, die man im populären Sinne als Krankheit bezeichnet, weisen bestimmte Erscheinungen und einen gewissen Verlauf und Ausgang auf, welche von äusseren Bedingungen abhängig sind. Da wir die letzteren innerhalb gewisser Grenzen zu verändern im Stande sind, so ist die Möglichkeit gegeben, willkürlich einen Einfluss auf den Verlauf und den Ausgang der Krankheit auszuüben. Ob der Einfluss eines künstlichen Eingriffs ein günstiger ist, muss die Erfahrung lehren. Die letztere kann aber nur dann gemacht werden, wenn es genau bekannt ist, wie der Verlauf und der Ausgang der Krankheit sich ohne einen derartigen Eingriff gestalten. Diese Voraussetzung trifft aber nur in seltenen Fällen zu. Denn, ob eine Krankheit, die mit Genesung enden kann, aber nicht mit derselben enden muss, diesen oder jenen Verlauf nehmen wird, lässt sich sehr selten mit Sicherheit, sondern meist nur mit einer gewissen Wahrscheinlichkeit voraussehen. Daher wird man auch über den Erfolg eines bestimmten Eingriffs, z. B. über die Wirkung eines Arzneimittels, häufig genug mehr oder weniger im Unklaren bleiben.

Die Erfahrung wird auf diesem Gebiete in der Regel in der Weise gewonnen, dass der Beobachter sich auf Grund vorhandener Angaben oder eigener Anschauung zunächst eine Vorstellung von dem weiteren Verlauf des Krankheitsfalles bildet und danach die ihm zweckmässig erscheinende Behandlungsweise einleitet. Durch Vergleichung des nach der letzteren eingetretenen Verlaufs mit dem ursprünglich gedachten wird sodann der Erfolg der angewandten Mittel abgeschätzt. Da aber jene Voraussetzung über den Verlauf der Krankheit keineswegs eine zutreffende zu sein braucht, so ist es verständlich, dass es mehr oder weniger von der subjectiven Auffassung abhängt, welchen Erfolg der Beobachter dem angewandten Mittel zuschreiben und in welchem Umfange er die eingetretene Heilung von der Behandlung abhängig machen will. Daher ist das durch diese subjective **Schätzungsmethode** gewonnene Wissen ein sehr unsicheres, gegen das der eine mit kritischen Bemühungen zu Felde zieht, während ein anderer mit Stolz von seiner positiven Richtung spricht.

Solche durch Schätzung gewonnenen Sätze können sich allerdings im Laufe der Zeiten derartig vervielfältigen und nach derselben Seite summiren, dass sie zuweilen den Werth von Thatsachen erlangen. Indess ist auch in diesen Fällen eine schliessliche Täuschung nicht ausgeschlossen, wie es sich gegenwärtig für die so allgemein und so lange gerühmten Erfolge der Behandlung der Blutarmuth mit Eisen zu ergeben scheint.

Eine grössere Sicherheit wird von der **statistischen Methode** erwartet.

Wenn wir wissen, wie sich eine Krankheit im Durchschnitt einer grösseren Reihe von Fällen gestaltet und dieser Reihe eine andere, nicht weniger grosse gegenüberstellen, in der alle einzelnen Fälle der gleichen Behandlungsweise unterworfen waren, so wird sich der durchschnittliche Einfluss der letzteren mit einer Sicherheit beurtheilen lassen, die im Allgemeinen mit der Zahl der beobachteten Fälle wächst.

Jedoch stehen der Ausführung dieser Methode fast unüberwindliche **Schwierigkeiten** entgegen. Es müssen nicht nur die Krankheitsfälle in beiden Reihen möglichst gleichartige sein, sondern es darf auch der Eingriff, z. B. das angewandte Arzneimittel, dessen Einfluss auf den Verlauf der Krankheit geprüft werden soll, nach Charakter und Stärke keinen zu grossen Schwankungen unterliegen, namentlich auch nicht mit anderen veränderlichen Eingriffen zugleich zur Anwendung kommen. Aber selbst wenn es gelingt, diese Schwierigkeiten zu überwinden und zu möglichst sicheren Resultaten zu gelangen, so können diese doch immer nur eine ganz allgemeine Bedeutung beanspruchen und dürfen nicht auf den einzelnen Fall übertragen werden, weil dieser seinen eigenen im Voraus nicht zu bestimmenden Verlauf und Ausgang hat.

Diese rein empirischen Methoden gewähren uns keinen Einblick in die Vorgänge, die sich bei der Behandlung einer Krankheit mit Arzneimitteln abspielen. Die **rationelle Methode** geht darauf aus, den durch die Krankheit bewirkten Veränderungen in den einzelnen Organen solche künstlich herbeigeführten entgegenzusetzen, die entweder den Ablauf der ersteren im günstigen Sinne beeinflussen oder die für den Gesammtorganismus schädlichen und für das Individuum lästigen Erscheinungen beseitigen.

Die funktionellen krankhaften Veränderungen der Organe können nur quantitativer Natur sein. Die Gefahren für den Gesammtorganismus werden dadurch bedingt, dass die Funktion das eine Mal im Uebermass, das andere Mal mit zu geringer Intensität auftritt. Die Aufgabe der rationellen Therapie besteht bei solchen Zuständen darin, die gesteigerte Thätigkeit herabzusetzen und die verminderte anzuregen. — Falls die Funktion der erkrankten Organe in Absonderungs- oder Ernährungsvorgängen besteht, deren Abnormitäten das Wesen der Krankheit bedingen, so kann die letztere in der Weise bekämpft werden, dass man jene Vorgänge, also wiederum die Funktion, zu verstärken oder zu mässigen sucht. Ist ein derartiges Eingreifen nicht möglich, so muss man sich damit begnügen, die Folgen der Funktionsstörungen möglichst unschädlich zu machen.

Wenn man in dieser Weise eine Krankheit mit Arzneimitteln behandeln will, so setzt das zunächst eine genaue Kenntniss ihres Wesens voraus. Es muss der Sitz der pathologischen Veränderungen und ihr Einfluss auf die verschiedenen Organgebiete bekannt sein und die Abhängigkeit der einzelnen Krankheitserscheinungen untereinander und von der pathologischen Läsion klar zu Tage treten. Endlich ist für diese Behandlungsweise eine eingehende Bekanntschaft nicht nur mit den Wirkungen der gebräuchlichen Arzneimittel, sondern auch mit denen der pharmakologischen Agentien im Allgemeinen erforderlich.

Der Pharmakologe erforscht diese Wirkungen auf dem einzig möglichen Wege durch das Experiment. Der klinische Praktiker verwendet sie in geeigneter Weise für seine Zwecke. Da es aber nicht nur auf die Wirkung, sondern auch auf ihren geeigneten Grad, die nöthige Dauer und Wiederholung und zuweilen auf eine zweckmässige Combination verschiedener Wirkungen ankommt, die oft gegeneinander ebenfalls abgestuft sein müssen, so tritt diesen Verhältnissen gegenüber die praktische

Erfahrung und Uebung als ärztliche Kunst in ihr volles Recht. Wissenschaft und Praxis gehen dabei Hand in Hand. Von einem Gegensatz beider kann nur dann die Rede sein, wenn die letztere auf der untersten Stufe der Empirie stehen bleibt.

5. Die Eintheilung der pharmakologischen Agentien und der Arzneimittel.

Die zahllosen Substanzen, mit denen es die Pharmakologie schon gegenwärtig zu thun hat, noch mehr aber in Zukunft zu thun haben wird, erfordern eine systematische Eintheilung, durch welche eine leichte Uebersicht gewonnen und ein planmässiges Handeln beim Erforschen ihrer Wirkungen ermöglicht wird.

Die Eintheilung nach rein chemischen Grundsätzen oder nach der Wirkung auf einzelne Organe ist zu verwerfen, weil dabei häufig nur solche Merkmale berücksichtigt werden, die entweder unter vielen vorhandenen willkürlich herausgegriffen sind oder in gar keinem Zusammenhang mit der pharmakologischen Natur der Substanzen stehen.

Für ein pharmakologisches System müssen vor allen Dingen solche chemische Eigenschaften berücksichtigt werden, welche an dem Zustandekommen der Wirkung am lebenden Organismus betheiligt sind, während andere, die für die rein naturwissenschaftliche Betrachtung der Stoffe vielleicht besonders charakteristisch und wichtig sind, in pharmakologischer Hinsicht oft kein besonderes Interesse bieten. Ein chemisches System ist daher nicht zugleich ein pharmakologisches. Wir wissen, dass der Mannit und das Glaubersalz, die chemisch so weit wie möglich auseinander stehen, durch die gleichen Eigenschaften abführend wirken. Sie gehören daher in einem pharmakologischen System neben einander.

Die Eintheilung nach der Wirkung der Substanzen auf einzelne wichtige Organe berücksichtigt ebenfalls nur in einseitiger Weise besondere, auffälligere Merkmale. Selten wirkt ein Gift blos auf ein Organ, meist werden mehrere zugleich ergriffen. Die Bezeichnung Gehirn-, Rückenmarks-, Herzgifte deutet weder auf die Natur der Wirkung hin, noch umfasst sie das Verhalten der betreffenden Stoffe gegen die übrigen Organe.

Man muss daher bei der Aufstellung eines pharmakologischen

Systems in derselben Weise verfahren, wie der Botaniker bei der Bildung der natürlichen Pflanzenfamilien, und dem entsprechend alle Merkmale der wirksamen Agentien berücksichtigen, die in pharmakologischer Hinsicht von Wichtigkeit sind. Die Stoffe, deren Eigenschaften und Wirkungen am meisten miteinander übereinstimmen, werden nach dem Vorgange Buchheim's zu pharmakologischen Gruppen vereinigt und jede derselben nach einer der bekanntesten unter den zugehörigen Substanzen benannt.

Die Gruppe des Strychnins umfasst nach dieser Eintheilung alle Gifte, die in Bezug auf ihre Wirkungen und ihr ganzes Verhalten im Organismus jenem Alkaloid möglichst nahe stehen. Zur Gruppe des Glaubersalzes gehören alle chemischen Verbindungen, welche ohne bemerkenswerthe andere Wirkungen in geeigneten Gaben dadurch flüssige Stuhlentleerungen hervorbringen, dass sie im Darm schwer resorbirt werden.

In dieser Weise gelangte Buchheim zu einem natürlichen System, welches vor allen Dingen der Anforderung entspricht, dass es mit fortschreitender Entwickelung der pharmakologischen Erkenntniss auf derselben Grundlage immer mehr vervollkommnet werden kann. Die einzelnen Gruppen lassen sich dabei allmählich schärfer gegeneinander abgrenzen, neu gebildete den alten anreihen und alle, wenn nöthig, umgestalten, ohne dass das System selbst aufgegeben und durch ein anderes ersetzt zu werden braucht, wie es bei einem künstlichen unvermeidlich ist. Untersuchungen, die ohne Berücksichtigung einer solchen Systematik ausgeführt sind, werden bald keinen Werth mehr haben.

Die gegenwärtige Unvollkommenheit des Buchheim'schen Systems hängt im Wesentlichen blos davon ab, dass von vielen Droguen und Rohstoffen nicht einmal die wirksamen Bestandtheile, geschweige denn die Wirkungen der letzteren und ihr Verhalten im Organismus bekannt sind.

Für die Arzneimittellehre, die es nur mit der praktischen Verwerthung gewisser Wirkungen der einzelnen Agentien zu thun hat, lässt sich kein eigenes System schaffen. Doch ist es berechtigt, mit Zugrundelegung der pharmakologischen Gruppirung, die Arzneistoffe nach den Wirkungen zusammenzustellen, die bei der Heilung von Krankheiten ausschliesslich oder hauptsächlich in Betracht kommen. Es ist daher statthaft von Abführmitteln zu reden, man darf aber die zu verschiedenen Gruppen gehörenden, z. B. das Glaubersalz und die Senna, nicht zusammenwerfen, denn die Gruppeneigenthümlichkeiten bedingen häufig auch eine besondere Indication für die Anwendung.

I. Die Nerven- und Muskelgifte.

Viele Stoffe verursachen nach ihrer Aufnahme in das Blut und die Gewebe **funktionelle Störungen in verschiedenen Gebieten des Nervensystems und der Muskeln**. Gleichzeitige Wirkungen an den Applicationsstellen und den Stätten der nutritiven Vorgänge sind zwar nicht ausgeschlossen, treten aber jenen gegenüber mehr oder weniger in den Hintergrund. Der Alkohol z. B. erzeugt im concentrirten Zustande eine entzündliche Reizung, die bei seiner Verdünnung mit Wasser entsprechend dem Grade der letzteren abgeschwächt wird, während die Wirkung auf das Nervensystem unabhängig von der Concentration und dem Verhalten an den Applicationsstellen stets in der gleichen Weise sich geltend macht, falls genügende Mengen resorbirt werden.

Bei anderen Substanzen, z. B. den Metallverbindungen, tritt die Wirkung auf Muskeln und Nerven gegenüber der localen Aetzung und den Störungen in der nutritiven Sphäre mehr in den Hintergrund. In solchen Fällen hat man es mit complicirteren Verhältnissen zu thun, die die Gruppirung der Stoffe sehr erschweren.

Wenn man von der Qualität der specifischen Sinnesempfindungen absieht, so können die Veränderungen der Nervenfunktionen nur quantitativer Natur sein. Die Gifte verursachen daher entweder eine Verminderung oder eine Steigerung der normalen Erregbarkeit, oder eine directe Erregung gewisser Theile des Nervensystems. Die Abnahme oder Vernichtung der Erregbarkeit und die dadurch bedingte Abschwächung oder Unterdrückung der Funktionen der betroffenen Nerven- und Muskelgebiete bezeichnet man als Lähmung. Doch versteht man darunter auch die Bewegungslosigkeit ganzer Organe, z. B. des Herzens und der Gliedmassen, sowie des gesammten Individuums.

Die Erhöhung der Funktion kann zweierlei Ursachen haben. Entweder ist die Erregbarkeit gewachsen bei gleichbleibender Stärke der Reize, oder die letzteren haben zugenommen, während die erste auf der früheren Stufe verharrt. In beiden Fällen, die sich auch combiniren können, ist der Effect derselbe, es tritt eine stärkere Erregung und eine grössere Funktionsleistung ein. In praxi hat man es meist nur mit der letzteren zu thun, ohne ihre Ursache auf den einen oder den anderen der beiden Vorgänge zurückführen zu können. Zuweilen gelingt das indess mit mehr oder weniger Sicherheit.

Nicht so einfach sind die Funktionsveränderungen, welche die Muskeln unter dem Einfluss der Gifte erfahren, denn bei ihnen kommen ausser der Erregbarkeit auch die Arbeitsleitung und die Elasticitätsverhältnisse in Betracht. Allgemeine Sätze lassen sich aus den bisherigen Untersuchungen nicht ableiten.

Unter den Nervenelementen werden nur die centralen und peripheren Endapparate von den Giftwirkungen betroffen. Die leitenden Fasern dagegen bleiben bis zum Tode des Gesammtorganismus intact; wenigstens ist kein Fall mit Sicherheit bekannt, in welchem die Fortleitung des Reizes in den markhaltigen Nervenfasern während des Lebens unterbrochen wird.

Wenn von der Wirkung der Gifte auf bestimmte Centren im Gehirn und in anderen Theilen des Nervensystems die Rede ist, so sind darunter nur die centralen Endapparate ohne Rücksicht auf ihre anatomische Lage zu verstehen. Es gibt sicher z. B. Centra der Empfindung, wenn sie auch nicht herdweise bestimmte Regionen der Grosshirnrinde einnehmen.

1. Die Gruppe des Strychnins.

Zu dieser Gruppe gehören ausser dem Strychnin verschiedene andere Alkaloide, namentlich das Calabarin, Akazgin, Brucin und Thebaïn, die indessen für die Arzneimittellehre keine Bedeutung haben. Allen gemeinsam ist die typische Strychninwirkung. Das Brucin und Thebaïn verursachen an Fröschen noch vor dem Eintritt des Tetanus eine mehr oder weniger ausgesprochene Lähmung der Gehirn- und vielleicht auch der selbstständigen, nicht reflectorischen Rückenmarksfunktionen. Wegen dieser Wirkungen vermitteln sie den Uebergang von der Strychnin- zur Morphingruppe.

Das charakteristische Symptom der Strychninwirkung ist der Tetanus, der in einer meist plötzlich eintretenden, wenige Secunden bis viele Minuten dauernden tonischen Contraction der sämmtlichen Skeletmuskeln besteht. Die kurzen, oft blitzschnell aufeinander folgenden Intermissionen werden durch etwas länger anhaltende Remissionen unterbrochen. Bei den intensivsten Formen des Tetanus hören diese Unterbrechungen auf, der ganze Körper erscheint brettartig hart, starr und unbeweglich.

Da bei einer gleichzeitigen Zusammenziehung der Muskeln der Wirbelthiere die Wirkung der Extensoren jene der Flexoren überwiegt, so verursacht der Tetanus eine Streckung des Rumpfes (Orthotonus) und der Gliedmassen. Der erstere kann sogar stark nach hinten gekrümmt werden (Opisthotonus).

Die Ursache des Tetanus ist eine excessiv gesteigerte Reflexreizbarkeit des Rückenmarks, der Medulla oblongata und des Gehirns. Die Krampfanfälle werden bei einem derartigen Zustande dieser Organe durch die kleinsten, oft gar nicht mehr nachweisbaren Reize hervorgerufen, welche das Auge, das Ohr und insbesondere die Tastorgane treffen, so dass sie scheinbar ohne alle Veranlassung eintreten. Indessen erfolgen in den schwächsten Graden der Strychninwirkung, bei Fröschen nach $1/50$ bis $1/100$ mg, die Anfälle nur in Folge nachweisbarer äusserer Reize. Dies beweist, dass der Tetanus ein Reflexkrampf ist.

Am Menschen lässt sich durch das Strychnin selten eine auffällige Steigerung der Reflexerregbarkeit hervorbringen, ohne dass zugleich tetanische Erscheinungen bemerkbar werden. Dagegen treten nach stärkeren arzneilichen Gaben häufiger Ziehen und Steifigkeit, besonders in den Nacken- und Unterkiefermuskeln, Empfindlichkeit gegen Sinneseindrücke, Zittern der Glieder und Behinderung der Respiration ein.

Nach längerem Gebrauch bedingen Gaben, die einzeln angewendet keine merkliche Wirkung haben, zuweilen einen Zustand erhöhter Reflexerregbarkeit, der nicht so stark ist, dass an Gesunden unbeherrschbare Reflexbewegungen ausgelöst werden. Wenn aber nach Apoplexien die **gelähmten Glieder** dem reflexhemmenden Einfluss des Willens entzogen sind, so gerathen sie in Folge dieser Strychninwirkung nicht selten in lebhafte Bewegung oder verfallen sogar in tetanische Erstarrung. Diese Erscheinung, die bei Rückenmarkslähmung auch ohne Anwendung von Strychnin nach sensibler Reizung beobachtet ist (Brown-Séquard), kann in therapeutischer Beziehung kaum die Bedeutung einer mässigen passiven Gymnastik haben. Ein anderer Erfolg ist bei Lähmungszuständen von der durch das Strychnin bewirkten, meist unmerklichen Steigerung der Reflexerregbarkeit überhaupt nicht zu erwarten.

Auch **automatische Funktionscentren** des Centralnervensystems versetzt das Strychnin in einen Zustand erhöhter Erregbarkeit und verstärkter Erregung. In hervorragendem Masse werden davon die Ursprünge der **Gefässnerven** und der **herzhemmenden Vagusfasern** betroffen. In Folge dessen steigt bei curarisirten Thieren der Blutdruck unter gleichzeitiger Verlangsamung der Pulsfrequenz (S. Mayer). Der vom Rückenmark ausgehende **Muskeltonus** erfährt an Fröschen ebenfalls eine Verstärkung.

Eine besondere Beachtung hat die bereits vor Jahrzehnten gemachte, in neuerer Zeit durch die therapeutischen Versuche von Nagel in den Vordergrund getretene Beobachtung erfahren, dass in amblyopischen und amaurotischen Zuständen durch den Gebrauch des Strychnins eine **Besserung des Sehvermögens** herbeigeführt wird. Auch am gesunden Auge lässt sich nach Gaben von 2—4 mg eine **Zunahme der Schschärfe** besonders an der Peripherie des Gesichtsfeldes und eine Erweiterung des letzteren nachweisen, und zwar nur an dem Auge, in dessen Nähe das Strychnin subcutan injicirt wird (v. Hippel). Der letztere Umstand, sowie die lange, über mehrere Tage sich erstreckende Dauer der Wirkung, deuten auf einen localen Einfluss des Giftes auf die Retina hin. Indessen ist es von vorne herein wahrscheinlicher, dass eine Erhöhung der Erregbarkeit der lichtempfindenden Centren im Gehirn die Ursache der gesteigerten Sehschärfe ist, indem der gleiche Lichtreiz unter diesen Verhältnissen eine stärkere Empfindung verursacht, als vorher. Obgleich die Besserung des Sehvermögens namentlich bei der einfachen Sehnervenatrophie nach der Anwendung des Strychnins, wenigstens in einzelnen Fällen, längere Zeit anhält, so ist doch eine eigentliche Heilung jener Leiden danach nicht zu erwarten.

Nach innerlichen Gaben von 0,02 g Strychnin wird auch der **Geruchssinn ausserordentlich geschärft**, wobei übelriechende Substanzen, wie Asant, Knoblauch, Baldrian einen angenehmen Eindruck hervorbrachten (Fröhlich). Auf den **Tastsinn** scheint das Gift nur einen geringen Einfluss auszuüben (Lichtenfels, v. Hippel).

Von der früher üblichen Anwendung der Krähenaugen und des Strychnins in den **verschiedensten Krankheiten**, namentlich des Nervensystems, ist man gegenwärtig fast vollständig zurückgekommen. Nur bei **motorischen Lähmungen** aus verschiedenen Ursachen wird das Mittel immer wieder versucht, obgleich die Angaben über günstige Erfolge sehr spärlich sind. Die Wirkung kann auch in diesen Fällen nur darin bestehen, dass die in Folge von Krankheiten verminderte Erregbarkeit der im Uebrigen intacten motorischen Centren unter dem Gebrauch des Alkaloids vorübergehend gesteigert wird. Ob dadurch die Rückkehr der erkrankten Theile zur normalen Beschaffenheit begünstigt wird, lässt sich von vorne herein nicht angeben.

Auf das **Herz, die Muskeln und peripheren Nerven** hat das Alkaloid keinerlei directe Wirkungen. Die **Todesursache** bei Vergiftungen mit demselben ist in einer allgemeinen Erschöpfung des Nervensystems zu suchen. Dabei scheint nach Versuchen an Thieren eine auf die ursprüngliche Erregung folgende Lähmung der Gefässnervencentren eine grosse Rolle zu spielen. Die mittlere **tödtliche Gabe** des Strychnins für erwachsene Menschen beträgt bei innerlicher Anwendung 0,10—0,12 g. Es gibt aber Fälle, in denen der Tod bereits nach 0,03 g eintrat, während in anderen nach Mengen von 0,6, ja sogar nach 1,25 Genesung erfolgte. Dabei ist freilich zu berücksichtigen, dass Brechmittel verabreicht waren.

Eine **Gewöhnung an die Strychninwirkung** scheint nicht vorzukommen, sondern in gewissem Sinne das Gegentheil, indem die Steigerung der Erregbarkeit des Nervensystems, wenn sie einmal eingetreten ist, längere Zeit anhält. Dadurch wird bei fortgesetztem Gebrauch des Mittels leicht eine Summation der Wirkung herbeigeführt.

Man gebraucht das **Extract der Krähenaugen**, in welchem das Strychnin und Brucin die einzigen wirksamen Bestandtheile sind, anscheinend mit gutem Erfolg nicht selten **bei chronischen Magen- und Darmcatarrhen**, um gewisse Erscheinungen derselben, namentlich Verdauungsstörungen, unangenehme Sensationen in der Magengegend und Durchfälle zu unterdrücken. Ob das Strychnin dabei nur die Rolle eines bitteren Mittels spielt oder in eigenartiger Weise die Innervation der Verdauungsorgane beeinflusst, ist zur Zeit noch unentschieden.

Statt des Extractes, in welchem offenbar die Nebenbestandtheile die Resorption des Alkaloids verzögern und seinen Uebergang in den Darm begünstigen, liesse sich das unlösliche und deshalb schwer resorbirbare **gerbsaure Strychnin** in Form einer schleimigen Emulsion anwenden. Dadurch würde eine sichere Dosirung erreicht, was bei dem Extract nicht möglich ist.

1. **Strychninum nitricum**, salpetersaures Strychnin. Farblose in 90 Wasser lösliche Krystalle. Gaben 0,003—**0,01**!, täglich bis **0,02**!

2. **Semen Strychni**, Nux vomica, Strychnossamen, Krähenaugen, Brechnüsse; die in den fleischigen Früchten des Strychnos Nux vomica steckenden, flachen Samen. Sie enthalten 0,5—1,0 % Strychnin und ebensoviel Brucin. Gaben **0,1**! täglich **0,2**!

3. **Extractum Strychni**, Extr. Nucum vomicarum, Krähenaugenextract. Mit Weingeist hergestelltes, braunes, **trockenes** Extract. Gaben 0,01—**0,05**! täglich bis **0,15**!, in Pillen und Emulsionen.

4. **Tinctura Strychni**, Krähenaugentinctur. Strychnossamen 1, verd. Weingeist 10. Gaben 0,5—**1,0**! täglich bis **2,0**!

2. Die Gruppe des Curarins.

Das **Curarin** ist ein noch wenig gekanntes, in Wasser sehr leicht lösliches, amorphes Alkaloid, welches in dem von gewissen Strychnosarten stammenden (Baillon) südamerikanischen Pfeilgift Curare enthalten ist. Eine Sorte des letzteren enthielt etwa 4 % Curarin (Buntzen).[1)]

[1)] Nach bisher unveröffentlichten Untersuchungen.

Das Gift lähmt, ohne zunächst andere Organgebiete direct zu afficiren, die **Endigungen der motorischen Nerven** der sämmtlichen Skeletmuskeln.

Gaben von 0,005—0,010 mg prikrinsauren Curarins oder entsprechende Mengen Curare machen **Frösche** vollständig bewegungslos. Dabei schlägt das Herz kräftig weiter und die Muskeln behalten ihre Erregbarkeit bei. In diesem Zustande kann das Thier 8—10 Tage verharren, bis nach dem Uebergang des Curarins in den Harn vollständige Erholung eintritt (Bidder).

An **Säugethieren** erfolgt die Ausscheidung des Giftes durch die Nieren so rasch, dass die Resorption vom Magen aus mit der Elimination nicht Schritt hält. Daher sind weit grössere Gaben von Curare, als die, welche in das Blut oder unter die Haut gespritzt tödtlich wirken, bei innerlichem Gebrauch unschädlich. Schomburgk nahm auf seinen Reisen in Südamerika bedeutende Quantitäten davon ohne Schaden gegen Sumpffieber. Bringt man aber relativ grosse Mengen in den Magen (Fontana) oder verhindert durch Unterbindung der Nierengefässe die Ausscheidung des Alkaloids, so stellen sich die Vergiftungserscheinungen bei dieser Applicationsweise ebenso rasch ein, wie bei der Injection unter die Haut (Cl. Bernard).

Auch an Säugethieren lähmt das Curarin, ohne zunächst andere nachweisbare Wirkungen hervorzubringen, nur die **Endigungen der motorischen Nerven**. Die Thiere gehen, sich selbst überlassen, an den Folgen des Fortfalls der Respirationsbewegungen zu Grunde. Werden die letzteren künstlich durch Einblasen von Luft in die Lungen ersetzt, so bleibt das völlig bewegungslose Thier oft viele Stunden lang am Leben. Das Herz pulsirt dabei mit ungeschwächter Kraft und erzeugt in dem vom Gifte wenig beeinflussten Gefässsystem einen nahezu normalen Blutdruck.

Bei der Anwendung des Curare in Krankheiten kommt ebenfalls keine andere Wirkung als die Lähmung der Endigungen der motorischen Nerven in Frage. An curarisirten und künstlich respirirten Thieren bringt das Strychnin keinen Tetanus hervor, weil die Uebertragung der übermässigen Erregung vom Centralnervensystem auf die Muskeln verhindert wird.

Nach der Ausscheidung der beiden Gifte tritt zuweilen vollständige Erholung ein (Richter). Am Menschen lassen sich weder der Tetanus noch andere Krampfformen in dieser Weise behandeln, weil zur Erzielung eines sicheren Erfolges eine nahezu vollständige Lähmung der Nervenendigungen erforderlich ist, die ohne ausreichende künstliche Respiration nicht erzeugt werden darf. Die letztere aber lässt sich nicht einmal an Thieren, geschweige denn bei Menschen längere Zeit ohne die grössten Gefahren unterhalten. Denn beim Einblasen von Luft wird der Brustkorb durch die gewaltsam erweiterte Lunge gehoben und die letztere dabei geschädigt.

Eine wesentliche Ursache des Todes in den schwereren und protrahirteren Fällen des Strychnintetanus kann nach Versuchen an Thieren durch die Anwendung des Curare überhaupt nicht beseitigt werden. Es ist die bei der Strychningruppe erwähnte **Lähmung der Gefässnervencentren**, welche auf die ursprüngliche Erregung auch dann folgt, wenn der Eintritt des Tetanus durch Curare und künstliche Respiration verhindert wird. Das Sinken des Blutdrucks führt dann unaufhaltsam zum Tode.

Man hat versucht den **Tetanus** und andere Krampfformen **mit kleinen Gaben von Curare**, die überhaupt keine nachweisbaren Wirkungen bedingen, zu behandeln. Wenn in solchen Fällen Heilung eintrat, so steht diese in keinem Zusammenhang mit dem angewandten Mittel.

Trotz der ungünstigen Aussichten, welche sich uns nach den vorstehenden Auseinandersetzungen für die Verwerthung der Curarinwirkung bei der Behandlung jener Krankheiten im Allgemeinen eröffnen, ist dennoch eine erfolgreiche **Anwendung dieses Mittels in gewissen Fällen von Tetanus** nicht ausgeschlossen. Es ist denkbar, dass der letztere nach Intensität und Dauer die Grenze nur um ein geringes überschreitet, jenseits welcher die letalen Fälle anfangen. Hier wird es am leichtesten gelingen, das Leben so lange zu erhalten, bis die Gefahr vorüber ist. Schon eine mässige, aber allerdings deutlich ausgesprochene Curarinwirkung kann ausreichen, um die Gewalt der Krämpfe zu brechen. Das Stocken der Athmung lässt sich dabei leicht durch eine einfache manuelle künstliche Respiration beseitigen. In dieser Weise ist es Offenberg gelungen, einen Fall von Tetanus in der besonderen Form der Lyssa zur Heilung zu bringen.

Das Curare fehlt wohl mit Recht in der Pharmacopoe, weil im Handel nicht annähernd gleich stark wirkende Präparate zu haben sind. Vor dem Gebrauch muss daher die Stärke der Wirkung an Fröschen geprüft werden. Wenn 0,1 mg einer Curaresorte rasche Lähmung des Thieres bewirkt, so werden von derselben in Form einer filtrirten wässrigen Lösung von $5^0/_0$ erst alle $1/4$, dann alle $1/2$ Stunden und später in noch grösseren Intervallen 0,02 g subcutan injicirt, bis deutliche Lähmungserscheinungen eintreten. Nach den an Thieren gemachten Erfahrungen sind bei der Curarevergiftung die Respirationsbewegungen noch ziemlich lebhaft, wenn die willkürlichen Bewegungen bereits in höherem Masse beeinträchtigt sind. Eine mässige künstliche Respiration wird die von dieser Seite drohende Gefahr leicht beseitigen.

Zahlreiche Ammoniumbasen verursachen meist neben anderen Wirkungen wie das Curarin eine Lähmung der Endigungen der motorischen Nerven. Ob die eine oder die andere das Curare zu ersetzen vermag, müssen weitere Untersuchungen lehren.

3. Die Gruppe des Morphins.

Das Morphin lähmt in eigenartiger Weise die Funktionen des Grossgehirns, eine Wirkung, die man als Narkose bezeichnet, und verursacht wie das Strychnin eine gesteigerte Reflexerregbarkeit des Centralnervensystems, welche zum Tetanus führt. Von den übrigen Opiumalkaloiden verhalten sich das Narcotin, Codeïn und Papaverin ähnlich, nur ist die narkotische Wirkung im Vergleich zur tetanisirenden selbst beim Codeïn weit schwächer als beim Morphin. Das Thebaïn schliesst sich, wie oben (S. 16) erwähnt, der Strychningruppe an. Das Narceïn ist völlig unwirksam.

Der charakteristische Tetanus nach Morphin tritt nur an niederen Thieren (Fröschen) ganz regelmässig ein. Bei einzelnen Säugethierarten, namentlich bei Katzen, ist er häufig vollkommen ausgebildet, seltener beim Hunde. Dagegen wird eine sehr beträchtliche Steigerung der Reflexerregbarkeit auch bei der letzteren Thierart niemals vermisst.

In einzelnen Fällen hat man den Tetanus in schweren Vergiftungsfällen auch am Menschen eintreten sehen.

Diese relative **Immunität der höher organisirten Geschöpfe in Bezug auf die tetanisirende Wirkung des Morphins** ist so zu deuten, dass bei ihnen der Tod in Folge der Gehirnlähmung sich früher einstellt, als jener Grad der erhöhten Reflexerregbarkeit, bei welchem ein ausgebildeter Tetanus zum Ausbruch kommt. Auch Frösche verfallen einer vollständigen Bewegungslosigkeit, ehe die Krämpfe auftreten.

Am Menschen sind die Wirkungen des Opiums und Morphins identisch, weil die übrigen Alkaloide, welche stärker krampferregend wirken als das Morphin, namentlich das der Strychningruppe angehörende Thebaïn, nur in geringen Mengen in der Drogue enthalten sind.

Die Wirkung des Morphins auf das **Gehirn** ist bei allen Wirbelthieren dem Wesen nach die gleiche. Die Verschiedenheiten lassen sich auf die ungleiche Bedeutung und die abweichende Art der Funktionsäusserungen dieses Organgebietes bei den einzelnen Thierklassen zurückführen.

An **Fröschen** werden nacheinander die Funktionen des Gross-, Mittel- (Vierhügel) und Kleingehirns sowie des verlängerten Marks ausser Thätigkeit gesetzt, ähnlich wie bei der successiven Abtragung dieser Theile, nur mit dem Unterschiede, dass im letzteren Falle die Funktion des abgetragenen Organtheils sogleich gänzlich fortfällt, während bei der Vergiftung von den Funktionen des einen Theils, z. B. des Grossgehirns, noch ein Rest vorhanden sein kann, wenn bereits die des benachbarten Gebietes, z. B. des Mittelgehirns, ergriffen sind. Von einer solchen Wirkung sind die **Erscheinungen** abhängig zu machen, die sich an Fröschen nach 0,02—0,05 Morphin im Laufe von einigen Stunden entwickeln. Sie bestehen zunächst in Verlust der Fähigkeit zu willkürlichen Bewegungen, wobei letztere nach künstlichen äusseren Reizen noch in geordneter Weise eintreten. Dann stellen sich Störungen der Coordination und des Gleichgewichts der Bewegungen ein (Wirkung auf die Vierhügel), und nach einiger Zeit vermag das Thier keinen Sprung mehr auszuführen, während es sich aus der Rückenlage in die hockende Stellung aufzurichten im Stande ist (entsprechend der Abtragung des Kleingehirns). Schliesslich bildet sich eine vollständige Bewegungslosigkeit aus, die auch durch äussere Reize nicht einmal in Form von Reflexen unterbrochen wird. Meist erst wenn das Thier in diesen Zustand gerathen ist, seltener und nur nach grossen Gaben vor dem Eintritt der Bewegungslosigkeit, beginnt die erhöhte Reflexerregbarkeit, welche allmählich zum Tetanus führt.

Bei den höheren Thieren und am Menschen wird in erster Linie die Empfänglichkeit für stärkere sensible Reize abgestumpft, namentlich für solche, welche Schmerzempfindung und Husten verursachen, während die Tastempfindung zunächst intact bleibt. Die schmerzstillende Wirkung tritt ein, ohne dass das Sensorium seine Thätigkeit in Form des Schlafes einzustellen braucht. Doch macht sich bald die Neigung zu letzterem bemerkbar, was darauf hindeutet, dass von vorne herein die Erregbarkeit verschiedener Gebiete beeinträchtigt und die Empfindlichkeit für alle äusseren Reize abgestumpft ist. Zustände der Erregung in einzelnen Gehirngebieten lassen sich dabei in der Regel nicht nachweisen. Nur in einzelnen Fällen gerathen die Vorstellungen nicht blos unmittelbar vor dem Einschlafen, sondern noch während des Wachens in Unordnung. Sie werden bei wechselnder Stimmung und erschwertem Denken lebhafter, flüchtiger und treten unmotivirter ein.

Man hat diese Erscheinungen von einer direct erregenden Wirkung des Morphins und Opiums auf die betreffenden Gehirnabschnitte abgeleitet. Indessen muss man sich, schon wegen der Inconstanz der Erscheinung, der bereits im vorigen Jahrhundert von J. Johnstone ausgesprochenen Ansicht anschliessen, dass diese Aufregung nur eine Folge der narkotischen Wirkung des Opiums und Morphins ist. Es handelt sich dabei offenbar um eine Störung und Verschiebung des Gleichgewichts der einzelnen Gehirnfunktionen. Die Sphäre der Vorstellungen ist anscheinend noch intact, wenn bereits die sensiblen Reize schwächer wirken. Jene empfängt dann eine geringere Anregung und Direction von aussen und geräth dabei auf eigene Hand in Thätigkeit, wie vor dem festen Einschlafen. Etwas später wird auch sie im Sinne einer Lähmung direct beeinflusst, und die Aufregung legt sich.

Wenn dieser Grad der Wirkung erreicht ist, so stellt sich sicher Schlaf ein, falls nicht die äusseren Reize, welche wegen der fortdauernden Reflexerregbarkeit noch sehr wirksam sind, absichtlich mit einer gewissen Intensität unterhalten werden. Passive und active Körperbewegungen und rasch wechselnde lebhafte Sinneseindrücke pflegen den Eintritt des Schlafes, ja selbst der tieferen Narkose zu verhindern. Bei fortschreitender Wirkung erlischt die Erregbarkeit des Grossgehirns immer mehr; es stellt sich erst fester, nicht abwendbarer Schlaf, dann die eigentliche Bewusstlosigkeit und schliesslich tiefes Coma ein. Darauf greift die Lähmung allmählich auch auf das verlängerte Mark über und beeinflusst vor allem die Respiration, die seltener, unregelmässig, aussetzend und röchelnd wird, bis sie schliesslich zum Stillstand gelangt. Das Aufhören der Athembewegungen bildet die Todesursache der acuten Opium- und Morphinvergiftung. Bei Kaninchen bietet die Respiration Erscheinungen dar, die denen des Stoke-Cheyne'schen Phänomens vollkommen gleichen (Filehne).

Eine besondere Beachtung verdient das Verhalten der Gefässe. Bei Thieren wird der Tonus derselben in Folge einer Lähmung ihrer Nervenursprünge nur in den höchsten Graden der Vergiftung soweit vermindert, dass Sinken des arteriellen Blutdrucks erfolgt. Am Menschen macht sich dagegen häufig schon nach arzneilichen Gaben eine Gefässerweiterung an der Haut des Körpers und des Gesichtes bemerkbar. Die Nervencentren dieser Gefässgebiete sind ausserordentlich leicht allen Einflüssen zugänglich, namentlich solchen, die einen Nachlass des Tonus bedingen.

Mit dieser Gefässwirkung stehen vermuthlich gewisse Erscheinungen im Zusammenhang, die man bei der Opium- und Morphinvergiftung zu beobachten Gelegenheit hat. Dahin gehören das Wärmegefühl und die Röthung des Gesichts, Schweissausbruch, Exantheme in Form von Frieseln, Hautjucken. Eine locale Wirkung des Alkaloids auf die Wandung der kleineren Arterien anzunehmen liegt kein Grund vor. Die anfängliche Röthung macht später einer Blässe Platz, wenn sich bei stärkerer Vergiftung auch die übrigen Gefässe erweitert haben. Da die Erweiterung der Hautgefässe nur eine der Bedingungen für das Zustandekommen dieser Erscheinungen bildet, so ist es erklärlich, dass man sie in vielen Fällen vermisst.

Ob die Gehirngefässe ebenfalls schon frühe erweitert werden und ob dieser Umstand den Gebrauch des Morphins in solchen Krankheiten und Zuständen verbietet, in denen eine Neigung zu Kopfcongestionen besteht, wie es unter anderen für das Kindesalter angegeben wird, lässt sich auf Grund der vorhandenen Thatsachen nicht mit Gewissheit entscheiden, obgleich eine solche Annahme einer gewissen Wahrscheinlichkeit nicht entbehrt.

Die beim Menschen in den stärkeren Graden der Morphinwirkung häufig, aber keineswegs constant beobachtete **Pupillenverengerung**, die bei Einträufelung des Morphins in das Auge nicht eintritt, hat nur diagnostische Bedeutung. Sie kann nicht von einer directen Lähmung oder Reizung besonderer Theile des Gehirns abgeleitet werden, sondern ist wahrscheinlich von complicirteren Vorgängen abhängig.

Die **Morphinsucht** und die **chronische Morphinvergiftung**, an die sich ein grosses klinisches Interesse knüpft, gehören in das Gebiet der Intoxicationen.

Von den peripheren Organen werden nur wenige direct von der Morphinwirkung betroffen. Namentlich bleiben die **Muskeln und peripheren Nerven** ganz intact. Dass die **Tastnerven** selbst in den schwersten Graden der Morphinvergiftung ihre Erregbarkeit nicht verlieren, folgt unmittelbar aus der Thatsache, dass an Thieren jede Berührung und Erschütterung Zuckungen und Reflexkrämpfe auslöst. Ebensowenig tritt eine Herabsetzung der localen Empfindlichkeit **für pathische Reize** ein, wie sie durch die secundäre Spirale eines Inductionsapparats hervorgebracht werden (Jolly und Hilsmann). Nur wenn man den Nerv eines abgelösten Froschschenkels in eine wässrige Lösung von Opium oder Morphin eintaucht, verliert er seine Erregbarkeit (Joh. Müller). Das hat aber für die Beurtheilung der Zustände während des Lebens gar keine Bedeutung.

Das **Herz** wird in seinen Funktionen direct nicht nachweisbar beeinträchtigt. Doch kann gegen das Ende einer letalen Vergiftung ein lähmungsartiger Zustand der automatischen motorischen Herzganglien (Herznarkose), wie man ihn in weit ausgesprochenerem Masse bei Vergiftungen mit Blausäure und mit den Stoffen der Chloroformgruppe beobachtet, neben der Gefässerweiterung zum Sinken des Blutdrucks beitragen.

In hervorragender Weise werden die **Darmbewegungen** vom Morphin beeinflusst. In Folge verringerter Peristaltik tritt bei gesunden Individuen nach Morphin- und Opiumgebrauch eine Verlangsamung der Stuhlentleerungen oder auch wohl völlige Obstipation ein. Bei **Durchfällen**, wie sie namentlich in Folge acuter Darmcatarrhe auftreten, wird die heftige Peristaltik sistirt, die Entleerungen hören auf und die kranke Schleimhaut findet in der Ruhe die Bedingungen zu ihrer Heilung.

Das **Zustandekommen dieser Wirkung auf den Darm** ist noch nicht genügend erklärt. Eine Lähmung der motorischen Ganglien und der Muskeln ist dabei sicherlich nicht im Spiele. Ebensowenig kann ernstlich an eine Verstärkung des hemmenden Einflusses des Splanchnicus gedacht werden. Am wahrscheinlichsten erscheint daher die Annahme, dass gewisse Nervenelemente in der Darmwand existiren, welche in centripetaler (sensibler) Richtung Reize empfangen und auf die motorischen Centren übertragen und dass die Erregbarkeit dieser reflexvermittelnden Nerven vermindert wird (Nasse). Mit dieser Annahme steht die Thatsache in Einklang, dass chemische Reizung des vergifteten Darms mit einem Kochsalzkrystall nur eine locale Contraction, aber keine wellenförmige Fortpflanzung derselben wie am gesunden hervorbringt (Nothnagel).

Das Opium und Morphin dienen ganz im Allgemeinen zur Unterdrückung übermässiger Bewegungen und Contractionen des Darms. Die grösste Rolle spielen sie bei der Behandlung acuter **Darmcatarrhe**. Aber während in diesen Fällen die Stuhlentleerungen gemässigt werden sollen, sucht man im Gegentheil bei der **Bleikolik** die bestehende Verstopfung durch eins oder das andere der beiden Präparate zu heben. Hier beruht der Erfolg darauf, dass der durch die Bleivergiftung herbeigeführte und durch sensible Reizung unterhaltene Krampf des Darmrohrs gehoben und letzteres dem Durchgang der Fäces wieder eröffnet wird.

Häufig räumt man bei der Behandlung von Darmkrankheiten dem Opium einen Vorzug vor dem Morphin ein. Soweit das begründet ist, hat man es dabei offenbar mit denselben Verhältnissen zu thun, wie beim Krähenaugenextract im Vergleich zum Strychnin (vergl. S. 20).

Neben der Wirkung auf den Darm ist es vor allen jener schwächste Grad der Morphinwirkung auf das Gehirn, welcher in der Therapie eine so grosse Rolle spielt. Auch hier sind die

Indicationen ganz allgemeiner Natur und Contraindicationen kaum vorhanden. Schmerzen aller Art, Hustenreiz und andere unangenehme und quälende Sensationen werden oft schon durch sehr geringe Mengen Morphin (5—10 mg) unterdrückt.

Von den Exaltationszuständen lassen sich die gewöhnlichen Formen der **nervösen Schlaflosigkeit** anfangs ebenfalls durch kleine Gaben bekämpfen. Nach längerem Gebrauch tritt in diesen und in anderen Fällen in steigendem Masse eine Gewöhnung an das Mittel ein. Es sind dann stetig wachsende Gaben zur Erzielung der gewünschten Wirkung erforderlich. In manchen Fällen wurden schliesslich nicht weniger als 1,0—1,5 g Morphin täglich unter die Haut gespritzt.

Von vorne herein grössere Gaben erfordern die eigentlichen **psychischen Exaltationszustände**, weil, wie oben angegeben ist, die psychischen Funktionen etwas schwerer von der Morphinwirkung betroffen werden, als die sensible Sphäre. Zu dieser Kategorie von Zuständen gehören vor allen Dingen das Delirium tremens und die Atropinvergiftung, aber auch andere Formen von Manie. Dagegen hat die Anwendung **beim Tetanus** eine ganz andere Bedeutung. Da der letztere gelegentlich auch durch das Morphin hervorgerufen werden kann, so trägt dieses nichts zu seiner Beseitigung bei. Es kann sich hier vielmehr nur darum handeln, die Leiden des Kranken durch die wohlthätige Wirkung dieses Mittels zu lindern.

1. **Morphinum hydrochloricum**, Morphinhydrochlorat. Farblose in 25 Wasser lösliche Krystalle. Gaben 0,005—**0,030**!, täglich bis **0,1**! Subcutan 0,002—0,020, in wässriger Lösung von 1%.

2. **Morphinum sulfuricum**, Morphinsulfat, schwefelsaures Morphin. Farblose, in 14,5 Wasser lösliche Krystalle. Gaben wie beim vorigen.

3. **Codeïnum.** Codeïn. In 80 Wasser, leicht in verdünnten Säuren lösliche, farblose Krystalle. Gaben 0,01—**0,05**!, täglich bis **0,2**!

4. **Opium.** Opium. Der freiwillig eingedickte und eingetrocknete Milchsaft von Papaver somniferum. Soll mindestens 10% Morphin enthalten; im Maximum sind 20—23% gefunden worden. Die Hauptmasse der übrigen Alkaloide bildet das schwach wirkende Narcotin, der Rest macht etwa 1—2% aus. Im Wasser ist das Opium mehr als zur Hälfte löslich. Gaben 0,05—**0,15**!, täglich bis **0,5**!, in Pulvern.

5. **Extractum Opii.** Aus Opium mit Wasser hergestellt; trockene, rothbraune Masse. **Gaben 0,15!**, täglich **0,5!**

6. **Pulvis Ipecacuanhae opiatus,** Dover'sches Pulver. Opium 1, Ipecacuanha 1, Milchzucker 8; enthält also 10% Opium. Gaben 0,1—0,5.

7. **Tinctura Opii simplex,** einfache Opiumtinctur. Opium 1, verd. Weingeist 5, Wasser 5. Das lösliche von 10% Opium, also etwa 1% Morphin enthaltend. **Gaben 0,5—1,5!**, täglich bis **5,0!**

8. **Tinctura Opii crocata,** safranhaltige Opiumtinctur. Wie die einfache, nur mit Zuthat von etwas Safran, Zimmt und Gewürznelken dargestellt. Enthält etwa 1% Morphin. Gaben wie bei der vorigen.

9. **Tinctura Opii benzoica,** benzoësäurehaltige Opiumtinctur. Enthält neben Anisöl und Campher 2% Benzoësäure und das lösliche von 0,5% Opium entsprechend 0,05% Morphin.

Diese Tinctur ist ein Curiosum! Die Benzoësäure, in Pulver- oder Dampfform eingeathmet, verursacht durch Kehlkopfreizung Husten. Durch den letzteren wird Schleim aus den Bronchien hinausbefördert, und die Säure steht daher im Rufe eines Expectorans. In dieser Tinctur soll sie Hustenreiz erregen, während das Opium dazu bestimmt ist, den letzteren zu unterdrücken.

10. **Fructus Papaveris immaturi.** Unreife Mohnköpfe.

11. **Syrupus Papaveris,** Mohnsaft. Auf 100 Syrup sind 10 Theile Mohnköpfe verwendet.

12. **Semen Papaveris,** Mohnsamen. Von Papaver somniferum. Morphingehalt unbestimmt.

Als Anhang zu den Präparaten der Morphingruppe mögen hier **der indische Hanf** und das **Lactucarium** ihren Platz finden, da sie zuweilen noch als Narkotica gebraucht werden. Neben sehr geringen Mengen einer wenigstens in einzelnen Sorten enthaltenen, strychninartig wirkenden Base (Hay) und dem nicht näher in Bezug auf die Wirkung charakterisirten, flüchtigen Alkaloid Cannabinin (Siebold und Bradbury) enthält der Hanf als eigentlichen wirksamen Bestandtheil eine amorphe, harzartige, bitter schmeckende Masse (Martius), die an Menschen in erster Linie Exaltationszustände der psychischen Funktionen hervorruft, deren Symptome Verzückung, laute Fröhlichkeit, zuweilen gedrückte Stimmung, Ideenflucht, Gesichts- und Gehörshallucinationen, Hallucinationen der Bewegung (Fliegen, Schwimmen, Reiten) sind. Dann folgt Depression, und es tritt Schläfrigkeit und Schlaf ein. Nach grösseren Gaben der harzartigen Substanz (0,3) wurden hochgradige Pulsbeschleunigung, heftige Unruhe, Aufregung, Schwäche, Convulsionen mit Trismus, völlige Kraftlosigkeit, dann Schlaf und Erholung beobachtet (Buchheim und Kelterborn).

Der Schlaf scheint in allen Fällen erst nach den Exaltationszuständen zu folgen, wenn überhaupt wirksame Präparate zur Anwendung kommen. Im Handel sind solche nur selten zu haben.

Vom Lactucarium gilt noch heute der Ausspruch Cullen's (1772), dass die Erfolge dieses Mittels in der Heilkunst noch nicht sicher gestellt sind.

13. Herba Cannabis indicae, indischer Hanf. Die in Indien zu Anfang der Fruchtreife gesammelten Zweigspitzen der weiblichen Stengel von Cannabis sativa.

14. Extractum Cannabis indicae, Indisch-Hanfextract. Mit Weingeist hergestelltes, dunkelgrünes, dickes Extract. Gaben 0,05—0,1!, täglich 0,2—0,4!

15. Tinctura Cannabis indicae, Indisch-Hanftinctur. Indisch-Hanfextract 1, Weingeist 19. Gaben 0,5—1,0; täglich 2,0—5,0.

16. Lactucarium, Giftlattigsaft. Der eingetrocknete Milchsaft der Lactuca virosa. Gelbbraune, innen weissliche Klumpen. Die darin enthaltenen bitter schmeckenden Stoffe, namentlich auch das chemisch indifferente, krystallisirbare Lactucin sind wenig oder gar nicht wirksam. Gaben 0,1—0,3!, täglich 0,5—1,0!

4. Die Gruppe des Alkohols und Chloroforms.

Es gehören dieser Gruppe zahllose Verbindungen der Fettreihe an. Alle gasförmigen und flüssigen Kohlenwasserstoffe, die einsäurigen Alkohole, ihre Aether, neutralen Ester, Ketone und Aldehyde und endlich die Halogenderivate aller dieser Verbindungen sind in demselben Sinne wirksam, wenn sie überhaupt resorbirt werden. Die Resorbirbarkeit hängt aber einerseits von ihrer Flüchtigkeit und andererseits von ihrer Löslichkeit in Wasser ab. Von den Kohlenwasserstoffen des Petroleums z. B. sind nur jene hierher zu rechnen, welche bei gewöhnlicher Temperatur in stärkerem Masse verdunsten. Das Paraffin und die Paraffinöle dagegen verhalten sich ganz indifferent.

Die localen Wirkungen dieser Stoffe, die von denen auf das Centralnervensystem scharf zu unterscheiden sind, werden von sehr verschiedenartigen Eigenschaften bedingt.

Der concentrirte **Alkohol** entzieht den Geweben Wasser, bringt dadurch die Eiweissstoffe zum Gerinnen und verursacht heftige Reizung und Entzündung. Das **Chloroform** fällt namentlich die Globulinsubstanzen und, wie es scheint, das Myosin, denn bei der Einspritzung in die Arterien einer Extremität erzeugt es Muskelstarre (Kussmaul). Der Aether coagulirt Eieralbumin.

Die leicht **flüchtigen Substanzen** dringen rasch in die Gewebe ein und wirken in Folge dessen, gleichsam als Fremdkörper in molecularer Form, mehr oder weniger stark reizend. Darauf beruht die Anwendung der ätherischen und spirituösen Flüssigkeiten als Waschungen und Einreibungen zur Erzielung einer mässigen, aber nicht ganz oberflächlichen Hautreizung. Die flüchtigen Verbindungen mit höherem Moleculargewicht, z. B. Chloroform und Aethylenchlorid, bringen an der Haut eine kurz dauernde, aber intensive sensible Erregung hervor, auf welche eine Abstumpfung der Empfindlichkeit folgt, und finden deshalb als **locale Anästhetica** Anwendung. — Durch Verstäubung entsteht dagegen blos eine **Kälteanästhesie**, zu deren Erzeugung gewöhnlich der Aether benutzt wird. Doch eignen sich für diesen Zweck besser die leicht flüchtigen Stoffe, welche ein geringeres Lösungsvermögen für Wasser haben als der Aether. Denn eine Condensation atmosphärischen Wasserdampfes, durch welche viel Wärme in Freiheit gesetzt und die Abkühlung verhindert wird, erfolgt in um so höherem Masse, je mehr die verstäubte Flüssigkeit Wasser aufzunehmen im Stande ist.

Die heftig reizenden Wirkungen vieler **Allyläther**, z. B. des Senföls, und mancher **Aldehyde** (Acroleïn), werden von besonderen molecularen Eigenschaften dieser Verbindungen bedingt.

Die **Blume** oder das **Bouquet** der Weine, das **Arom** der Obstarten und Früchte, der **Wohlgeruch** der als „Parfums" bezeichneten Essenzen hängen von meist noch unbekannten Aethern und Estern der Fettreihe ab. Der gewöhnliche Aethyläther wird als **Riechmittel** gebraucht und soll belebend und erfrischend wirken. Einen grossen populären Ruf geniesst in dieser Richtung die unter dem Namen **Hoffmann's Tropfen** bekannte

Mischung von Weingeist und Aether, die man in derselben Absicht auch innerlich gibt.

In Folge der Reizung der Schleimhaut entstehen nach übermässigem Genuss der alkoholischen Getränke häufig **acute und chronische Magencatarrhe**, besonders leicht bei Branntweintrinkern wegen der grösseren Concentration des Alkohols in dem benutzten Getränke. Biertrinker dagegen bleiben in der Regel von solchen Leiden verschont und erfreuen sich deshalb im Gegensatz zu jenen meist einer guten Ernährung.

Auch das Verhalten und die Schicksale dieser Verbindungen im Organismus sind nach der Natur der einzelnen Substanzen sehr verschieden. Im Ganzen ist aber nicht viel darüber bekannt.

Der **Alkohol** wird zum Theil vollständig zu Kohlensäure und Wasser verbrannt, zum Theil unverändert mit dem Harn und durch die Lungen wieder ausgeschieden. Seine Vertheilung im Organismus ist im Wesentlichen eine gleichmässige. In der Regel enthält das Blut grössere Mengen als die Organe, nur zuweilen tritt das umgekehrte Verhältniss ein (Schulinus).

Das **Chloroform** verlässt seiner Flüchtigkeit und geringen Löslichkeit in Wasser wegen den Organismus wahrscheinlich zum allergrössten Theil unverändert. Eigenthümlich ist sein Verhalten zum defibrinirten Blut. Es bewirkt bei Gegenwart von atmosphärischer Luft eine Auflösung der rothen Blutkörperchen (Böttcher), hemmt den Uebertritt des Sauerstoffs vom Oxyhämoglobin auf leicht oxydirbare Substanzen und bildet mit dem Blutfarbstoff eine eigenthümliche Verbindung. Im lebenden Organismus lassen sich diese Veränderungen des Bluts nicht nachweisen. Auch zahlreiche andere Stoffe dieser Gruppe führen unter den gleichen Bedingungen eine Auflösung der Blutkörperchen herbei.

Das **Chloralhydrat** wird im Blute nicht in Chloroform umgesetzt, sondern geht in geringer Menge unverändert in den Harn über (L. Hermann) und erfährt zum Theil eine Zersetzung unter Auftreten von Chloriden (Liebreich). Anscheinend der grösste Theil findet sich im Harn als Trichloräthylglykuronsäure (v. Mering, Külz).

Unter dem Einfluss des **Amylnitrits** und anderer Salpetrigsäureäther nimmt das Blut im lebenden Organismus eine chocoladebraune Färbung an, verliert die Eigenschaft Sauerstoff zu fixiren und liefert braune Hämoglobinkrystalle, welche das Spectrum des Nitrilblutes zeigen (Gamgee). Diese Veränderungen, die ohne Zerstörung der Blutkörperchen auftreten, beruhen auf einer Bildung von **Methämoglobin**, das nach einiger Zeit wieder verschwindet, indem es in das Oxyhämoglobin zurückverwandelt wird (Giacosa). Auch jene braunen Krystalle bestehen vermuthlich aus Methämoglobin, das neuerdings krystallisirt erhalten ist (Hüfner).

Derartige von einzelnen, meist unorganischen Bestandtheilen abhängige Wirkungen sind im Stande, den Gruppencharakter dieser Stoffe mehr oder weniger zu verwischen, so dass über ihre pharmakologische Zusammengehörigkeit Zweifel aufkommen könnten. Dennoch lässt sich stets, selbst beim Amylnitrit, der Grundcharakter leicht erkennen. Nur wo die Reizung vollständig in den Vordergrund tritt, wie beim Senföl, da hört die pharmakologische Zusammengehörigkeit solcher Verbindungen der Fettreihe auf.

Die **Wirkungen auf das Centralnervensystem** bestehen darin, dass nacheinander die Funktionen des Gehirns, Rückenmarks und der Medulla oblongata vernichtet werden. Auch die Reflexthätigkeit wird von vorne herein vermindert und zuletzt ganz aufgehoben. Dadurch unterscheidet sich die Alkoholgruppe sehr wesentlich von der des Morphins.

Die **Reihenfolge**, in der die einzelnen Funktionsgebiete jener Organe ergriffen werden, ist nicht bei allen Substanzen die gleiche. Im Allgemeinen wird zuerst das Empfindungsvermögen für schmerzhafte und ähnliche Eindrücke abgestumpft, dann geht die Herrschaft über die willkürlichen Bewegungen immer mehr verloren und es gerathen die psychischen Thätigkeiten durch das Prävaliren ungeregelter Vorstellungen in Unordnung. Darauf schwinden die Sinnesempfindungen, das Bewusstsein erlischt, wobei traumartige Vorstellungen noch einige Zeit fortdauern, zuletzt hören auch diese und die Reflexe vollständig auf.

Die **Gefässe** des Gesichtes, der Haut und wahrscheinlich auch der Gehirnoberfläche beginnen in Folge verminderter Erregbarkeit der centralen Ursprünge ihrer Nerven schon sehr frühe sich zu erweitern. Diese Theile erscheinen daher im Anfang der typischen Alkohol- und Chloroformwirkung turgescent und geröthet. Schon wenige Tropfen Amylnitrit, in Dampfform eingeathmet, genügen, um diesen Zustand zunächst ohne andere Wirkungen herbeizuführen. Später greift nach Versuchen an Thieren die Lähmung der Gefässnervencentra auf alle Gefässe über, diese verlieren ihren Tonus allmählich vollständig und erfahren zuletzt eine hochgradige Erweiterung. In Folge dessen sinkt der Blutdruck continuirlich und kann namentlich unter dem Einfluss des Chloroforms und Chloralhydrats schliesslich auf einen so geringen Betrag herabgehen, dass er sich am Manometer nur um ein geringes über die Abscisse erhebt. Dabei erzeugt aber jede Herzcontraction eine starke Pulselevation, weil die gänzlich erschlaffte Gefässwand durch die Blutwelle eine weit bedeutendere Ausdehnung erfährt, als im gespannten Zustande bei hohem Druck. Wahrscheinlich hängt diese hochgradige Erschlaffung und Erweiterung der Gefässe nicht nur von der Lähmung der Centren ihrer Nerven, sondern auch von einer directen Wirkung der Stoffe dieser Gruppe auf die Musculatur oder die Nervenendigungen in der Wandung der kleinsten Arterien ab.

Am Herzen erfahren in den höheren Graden der Wirkung die motorischen Ganglien eine Lähmung, die sich besonders leicht an Fröschen nachweisen lässt. Doch spielt die dadurch bedingte Abschwächung oder Sistirung der Herzthätigkeit auch an Säugethieren und am Menschen unter gewissen Bedingungen, die weiter unten noch berührt werden, keine unwichtige Rolle.

Charakteristisch ist für die typische Wirkung der zur Alkohol- und Chloroformgruppe gehörenden Substanzen, dass unter den Theilen des Centralnervensystems das Respirationscentrum am spätesten ausser Thätigkeit gesetzt wird. Bei einer regelrechten, bis zum Tode fortgeführten Chloroformnarkose werden die Athemzüge immer langsamer, bleiben aber nach dem Eintritt der tiefsten Narkose noch ganz regelmässig. Wenn mit der hochgradigen Erniedrigung des Blutdrucks Kreislaufsstörungen eintreten, so nimmt die Respirationsfrequenz, wie bei der Erstickung, wieder zu. Zum Schluss hat die Athmung einen agonischen Charakter und kommt zum Stillstand, bevor das Herz zu schlagen aufgehört hat.

Das geschilderte Verhalten der Respiration macht es möglich, den **tiefsten Grad der Narkose** wie er am Menschen für praktische Zwecke, namentlich zur Unterdrückung der Schmerzempfindung bei chirurgischen Operationen, gewöhnlich durch Chloroform hervorgerufen wird, ohne erhebliche Gefahr für das Leben selbst längere Zeit zu unterhalten. In diesem Zustande sind die Empfindungen, das Bewusstsein, die willkürlichen und reflectorischen Bewegungen geschwunden, der ganze Körper durch Verlust des Muskeltonus schlaff, die Pupille enger, die Respiration weniger frequent aber regelmässig, die Zahl der Herzschläge geringer, diese selbst aber noch kräftig.

Wenn die Narkose durch das **Einathmen verdünnter Chloroformdämpfe** allmählich herbeigeführt wird, dabei aber den oben geschilderten Grad überschreitet, so hören regelmässig die Athembewegungen auf, während das Herz noch fortschlägt. Dieser Respirationsstillstand ist durch rechtzeitige, entsprechende Manipulationen leicht zu beseitigen. Erfolgt dagegen eine intensive **Inhalation concentrirter Chloroformdämpfe**, so gelangen mit einem Mal grosse Mengen der Substanz in das Lungenblut und von da in das linke Herz. Das letztere stellt in Folge dessen zuweilen seine Thätigkeit plötzlich ein, bevor das Anästheticum weiter befördert ist und einen höheren Grad der Narkose hervorgebracht hat.

Steht das **Herz** einmal still, so vermag die künstliche Respiration allein die Asphyxie nicht zu beseitigen, weil wegen der mangelnden Circulation das Chloroform aus dem Herzen nicht fortgeschafft, die Causa nocens also nicht beseitigt werden kann. Ein längere Zeit fortgesetzter, rhythmisch ausgeübter Druck auf den Brustkorb, durch welchen eine abwechselnde Entleerung und Füllung des Herzens herbeigeführt wird, ist das wirksamste Mittel zur Wiederbelebung. Es muss aber beim Chloroformiren von vorne herein darauf geachtet werden, dass nur genügend mit **Luft verdünnte Dämpfe eingeathmet werden**, damit das Chloroform in kleinen Mengen das linke Herz passirt und Zeit findet, sich im Organismus gleichmässig zu verbreiten.

Das vom Chloroform gesagte gilt im Wesentlichen auch für die übrigen Anästhetica dieser Gruppe.

Die **gechlorten Verbindungen**, von denen das Aethylen- und Aethylidenchlorid neben dem Chloroform zu nennen sind, wirken weit **stärker herzlähmend** als die halogenfreien Aether und Alkohole, die auch den Gefässtonus nicht so erheblich vermindern als jene. In dieser Hinsicht verdient der **Aethyläther** den Vorzug, den ihm besonders die Amerikaner vor dem Chloroform einräumen. Doch hat er den Nachtheil, dass seines niederen Siedpunktes (35°) und seiner geringen Dampfdichte wegen die Narkose weit schwieriger herbeizuführen ist, als durch Substanzen von der Siedetemperatur (62°) und der Dampfdichte des Chloroforms.

Bei der Anwendung der Anästhetica zur Herbeiführung einer tiefen und viele Stunden fortgesetzten Narkose ist auch eine besondere **Rücksicht auf die Erniedrigung des Blutdrucks zu nehmen**, weil diese in manchen Fällen schädlich werden kann. Nach Versuchen an trächtigen Kaninchen lässt sich durch eine einfache tiefe Chloroformnarkose ein Absterben der Leibesfrüchte herbeiführen, ohne dass das Mutterthier zu Grunde geht (Runge). Wird die Narkose mit Vorsicht unterhalten, so dass der Blutdruck nicht zu tief herabgeht, so bleiben die Fötus am Leben. In der Schwangerschaft ist der Aether wegen seines geringeren Einflusses auf die Kreislaufsorgane dem Chloroform im Allgemeinen vorzuziehen, obgleich auch durch ihn nicht absolute Gefahrlosigkeit garantirt wird.

Die **schwächeren Grade der Narkose**, in denen die Erregbarkeit der Bewusstsein und Empfindung vermittelnden Gehirngebiete nicht vernichtet, sondern nur vermindert ist, führen in demselben Sinne wie der entsprechende Grad der Morphinwirkung **Schlaf** herbei. Da die Stoffe dieser Gruppe zugleich die Reflexerregbarkeit vermindern, so eignen sie sich besonders in solchen Fällen als schlafmachende Mittel, in denen die Schlaflosigkeit zum Theil von einem Zustand erhöhter Reflexempfindlichkeit (Nervosität) abhängig ist. In dieser Richtung unterscheiden sie sich sehr wesentlich von dem Morphin, welches in grösseren Gaben die Reflexerregbarkeit steigert, in kleineren sie wenigstens nicht vermindert.

In Folge der lähmenden Wirkung auf die Reflexapparate werden in der tiefen, durch Chloroform oder andere Mittel herbeigeführten Narkose tetanische Krämpfe mehr oder weniger vollständig unterdrückt. Die praktische Anwendung des Chloroforms für diesen Zweck erfährt aber dadurch eine sehr beachtenswerthe Einschränkung, dass beim Tetanus, wenigstens nach Strychninvergiftung, dass Gefässnervencentrum schliesslich gelähmt wird und dass das Chloroform, da es das Gleiche thut, die von dieser Seite drohende Gefahr verstärken kann.

Die tiefe Narkose lässt sich am sichersten durch Inhalation des Chloroforms und ähnlicher in Wasser unlöslicher, leicht flüchtiger Stoffe hervorrufen, reguliren und rasch wieder aufheben. Als Schlafmittel eignen sich dagegen Verbindungen von dieser Beschaffenheit nicht, weil sie bei der Application in den Magen starke Reizung desselben verursachen. Man wählt daher für diesen Zweck im Wasser lösliche Substanzen, welche sich im Magen gleichmässiger vertheilen, nicht so rasch in die Gewebe eindringen, wie die flüchtigen, und deshalb weniger reizend wirken. Diesen Verhältnissen verdankt das Chloralhydrat seine grosse Bedeutung als schlafmachendes Agens. In neuester Zeit hat der in Wasser ebenfalls lösliche Paraldehyd die gleiche Anwendung gefunden. Kleine, an sich unwesentliche Unterschiede in der Wirkung können in gewissen Fällen der einen oder der anderen solcher Substanzen den Vorzug verleihen. Im Allgemeinen wird man bei dem Suchen nach neuen Schlafmitteln dieser Kategorie sein Augenmerk auf die halogenfreien Verbindungen zu richten haben, weil sie aus den angeführten Gründen weniger „giftig" sind.

Der gewöhnliche Alkohol wird in arzneilicher Form nicht regelmässig als Schlafmittel gebraucht, weil er im Organismus längere Zeit verweilt und deshalb einerseits wegen der Einwirkung auf die Magenschleimhaut und andererseits wegen der bekannten unangenehmen Nachwirkungen, die den Genuss der alkoholischen Getränke so oft verleiden, von Kranken meist schlecht vertragen wird.

Man schreibt dem Alkohol erregende und belebende Wirkungen zu und wendet ihn deshalb in Form des Weines vielfach in erschöpfenden Krankheiten an, um die Herzthätigkeit zu kräftigen, das Nervensystem zu beleben und die Kräfte im Allgemeinen, insbesondere auch in der Reconvalescenz, zu heben. Man geht dabei von gewissen Erfahrungssätzen aus, ohne die Art und Weise, wie der Erfolg zu Stande kommt, näher zu definiren. Es bleibt z. B. unentschieden, ob der Gebrauch des Weines in der Reconvalescenz die Restitution in gewissen Fällen überhaupt erst ermöglicht oder sie nur beschleunigt, oder ob es sich dabei lediglich um eine Besserung des subjectiven Befindens des Kranken handelt.

Auch die angenehmen, wenngleich nicht immer wohlthätigen Folgen beim Gebrauch der **alkoholischen Getränke** als **Genussmittel** schreibt man gewöhnlich einer erregenden Wirkung des Alkohols zu. Man beruft sich dabei auf die Erscheinungen, die man unter solchen Umständen beobachtet, namentlich auf gewisse Exaltationszustände der psychischen Funktionen, wie lautes und vieles Reden und lebhaftes Agiren, ferner auf die Vermehrung der Pulsfrequenz, die Turgescenz und Röthung der Körperoberfläche und des Gesichts sowie auf das erhöhte Wärmegefühl. Eine nähere Betrachtung dieser Erscheinungen lehrt indessen, dass sie ebenfalls nur Folgen einer beginnenden Lähmung gewisser Gehirntheile sind.

In der **psychischen Sphäre** gehen zunächst die feineren Grade der **Aufmerksamkeit**, des **Urtheils** und der **Reflexion** verloren, während die übrigen geistigen Thätigkeiten sich noch im normalen Zustande befinden. Dies genügt, um das oft eigenartige Gebahren von Personen zu erklären, die unter der Wirkung der alkoholischen Getränke stehen. Der Soldat wird muthiger, weil er die Gefahren weniger beachtet und weniger über sie reflectirt. Der Redner lässt sich nicht durch störende Nebenrücksichten auf das Publikum beängstigen und beeinflussen, er spricht deshalb freier und begeisterter. In hervorragendem Masse wird die **Beurtheilung des eigenen Selbst** beeinträchtigt. Mancher erstaunt über die Leichtigkeit, mit der er seine Gedanken auszudrücken vermag, und über die Schärfe seines Urtheils in Dingen, die im völlig nüchternen Zustande seiner geistigen Sphäre nur schwer zugänglich sind, und ist dann später selber über diese Täuschung beschämt. Das trunkene Individuum traut sich auch grosse Muskelkraft zu und erschöpft die letztere durch ungewöhnliche und oft unnütze Kraftäusserungen ohne Rücksicht darauf, dass ihm daraus ein Schaden erwachsen könnte, während der Nüchterne gerne seine Kräfte schont.

Einen charakteristischen Zug verleiht dem psychischen Bilde des Trunkenen die **mangelhafte Beherrschung der Gemeingefühle**. Dadurch entstehen bald Heiterkeit, bald unmotivirte Traurigkeit, bei dem einen Streitsucht und bei einem anderen ungewöhnliche Friedfertigkeit. Doch weiss der Mann von guter Erziehung sich auch in diesen Fällen mehr zu beherrschen als der Ungebildete.

Noch weniger als in der psychischen Sphäre lässt sich an anderen Funktionen eine directe Erregung durch den Alkohol nachweisen.

Die Zunahme der Pulsfrequenz hängt gar nicht von der Alkoholwirkung ab, sondern wird durch die Situation herbeigeführt, in der die alkoholischen Getränke gewöhnlich consumirt werden. Sie ist Folge des lebhaften Gebahrens und bleibt nach den bisherigen Untersuchungen bei völliger Ruhe des Körpers aus (Zimmerberg). Die **Turgescenz und Röthung des Gesichts** wird, wie oben bereits angegeben, durch den Nachlass des Tonus jenes Theils der Gefässnervencentren bedingt, von welchem aus die Gefässe der Haut und des Gesichts innervirt werden. Der vermehrte Blutzufluss zur Körperoberfläche im Verein mit der Abstumpfung der Temperaturempfindung veranlassen ein Gefühl behaglicher Wärme, wenn in Folge niederer Aussentemperatur vorher eine Kälteempfindung lästig war. Also auch diese Wirkung des Alkohols, die von den Bewohnern kälterer Gegenden ganz besonders geschätzt wird und die der Laie am leichtesten als Folge einer Erregung aufzufassen geneigt ist, hängt nur von lähmungsartigen Zuständen der betreffenden Gebiete ab.

Wenn sich demnach eine direct erregende Wirkung des Alkohols an keinem Organe nachweisen lässt, so darf man auch die wohlthätigen Folgen seines Gebrauches am Krankenbett nicht von einer solchen abhängig machen. Zwar finden sich im Wein, der dabei in erster Linie in Frage kommt, unbekannte Aetherarten, die sich vermuthlich nicht genau wie der Alkohol verhalten. Dennoch lässt sich mit genügender Sicherheit annehmen, dass sie in dieser Richtung keine Abweichungen von den analogen Verbindungen zeigen werden. Die Weinsorten, denen man eine stärkere aufregende Wirkung zuschreibt und die, wie man zu sagen pflegt, ins Blut gehen, bewirken, ähnlich dem Amylnitrit, von vorne herein eine starke Erweiterung der Gefässe des Gesichts und wohl auch der Gehirnhäute. Damit hängen die als Erregungsvorgänge gedeuteten Erscheinungen zusammen.

Etwas anderes ist es um die Frage, wie die wohlthätigen und heilsamen Folgen der Anwendung des Weines in Krankheiten, namentlich bei Herzschwäche, auf Grund einer lähmenden Wirkung seiner Bestandtheile zu erklären sind. Die Antwort auf diese Frage ist schwierig zu finden, weil man es lediglich mit empirischen Sätzen zu thun hat, die keinen Aufschluss über die Natur des Zustandes geben, der durch die Wirkung des Weines beseitigt wird.

Wenn die gesunkene Herzthätigkeit „gehoben" werden soll, so weiss man in der Regel nicht, welche krankhaften, der Herzschwäche zu Grunde liegenden Veränderungen den Angriffspunkt der Wein- oder Alkoholwirkung bilden. Es kann ein Gefässkrampf, welcher der Entleerung des Herzens einen grossen Widerstand entgegensetzt, durch die lähmende Wirkung der Weinbestandtheile auf die Gefässnerven beseitigt oder die Blutvertheilung im Allgemeinen in günstiger Weise verändert werden. In anderen Fällen handelt es sich vielleicht um die Verminderung eines zu starken Tonus der Hemmungsnerven des Herzens oder um die Linderung eines Reizzustandes der motorischen Herzganglien, der, wie die electrische Reizung, die Pulsationen frequent und oberflächlich macht. Nur die Möglichkeit bleibt noch offen, dass der Alkohol und die flüchtigen Aetherarten direct den Herzmuskel erregen, denn es liegen über das Verhalten des letzteren unter dem Einfluss kleiner Mengen dieser Agentien noch keine eingehenden Untersuchungen vor. Die Skeletmuskeln des Frosches werden nicht gelähmt, sondern gewinnen eher an Leistungsfähigkeit.

Von einer Anregung der Empfindungen und der psychischen Funktionen in Krankheiten wird wohl Niemand einen besonderen Nutzen erwarten. Man sucht im Gegentheil diese Gebiete, die sich gewöhnlich in einem Zustand erhöhter Empfindlichkeit befinden, vor jeder Erregung möglichst zu schützen und hält daher auf das sorgfältigste alle stärkeren Reize der Aussenwelt vom Kranken fern. Diese Bemühungen werden durch die gelinde Narkose unterstützt, die der Weingenuss herbeiführt, wenn es sich dabei auch nur um eine geringe Abstumpfung der erhöhten Empfindlichkeit handelt. Wie die Ruhe belebend und erfrischend wirkt, so kann der Wein durch Begünstigung der Bedingungen für dieselbe den gleichen Erfolg haben, obgleich er keine Thätigkeit direct anregt.

Endlich ist die Bedeutung des Weines als reines Genussmittel auch in Krankheiten nicht hoch genug anzuschlagen. Es erscheint sogar zweifelhaft, ob er in anderer Weise, z. B. subcutan beigebracht, in allen Fällen die gleiche oder überhaupt eine belebende Wirkung haben würde. Durch die Empfindungen, die der vom Geruch und Geschmack abhängige Genuss vermittelt, und durch jene allerleichtesten Grade der Narkose werden vermuthlich zahllose reflectorische Vorgänge der verschiedensten Art einerseits veranlasst und andererseits ausser Thätigkeit gesetzt, so dass dadurch allein in Folge der Summirung der Effecte ein gewaltiger Einfluss auf den Ablauf einer Krankheit ausgeübt werden muss.

Die Indication für die Anwendung des Weines als „belebendes, anregendes und stärkendes" Mittel ist eine ganz allgemeine. Wo man in acuten und chronischen Krankheiten eine stärkere Wirkung auf das Nervensystem wünscht, da wählt man die schwereren Südweine, welche 18—22% Alkohol enthalten. In solchen Fällen pflegt man auch subcutane Injectionen von Aethyläther zu machen. Soll der Wein mehr die Bedeutung eines Genussmittels haben, so sind die bouquetreichen deutschen und französischen Roth- und Weissweine vorzuziehen. Die letzteren namentlich in fieberhaften Krankheiten, die ersteren da, wo chronisch-catarrhalische Zustände der Verdauungsorgane eine gelinde adstringirende Wirkung erwünscht erscheinen lassen.

Während früher der Gebrauch der alkoholischen Getränke und selbst des Weines in acuten fieberhaften Entzündungskrankheiten für schädlich galt, wurde in neuerer Zeit der Alkohol in Form des Branntweins und Cognacs von englischen und französischen Aerzten bei der Behandlung von Lungenentzündungen und Gelenkrheumatismus vielfach empfohlen. Man stützt sich dabei auf die experimentell an Menschen und

Thieren ermittelte Thatsache, dass der Alkohol in grösseren Gaben die Temperatur und den Stoffwechsel herabsetzt. Indessen lässt sich diese Wirkung nur dann in nachweisbarem Masse erzielen, wenn solche Mengen zur Anwendung kommen, die bereits einen merklichen Grad von Trunkenheit hervorbringen.

Ein Glas starken Branntweins, unmittelbar nach **schweren Verwundungen** gereicht, kann durch die Abstumpfung des Empfindungsvermögens und der Reflexerregbarkeit gelegentlich grossen Nutzen stiften und besonders auf das subjective Befinden des Kranken von wohlthuendem Einfluss sein.

Unter den Substanzen, bei denen ein besonderer Component die typische Gruppenwirkung sehr wesentlich modificirt, sind gegenwärtig das **Amylnitrit** und das **Jodoform** die wichtigsten. Bei dem ersteren hängt unzweifelhaft ein Theil der Wirkungen, namentlich die neben der Narkose auftretenden Convulsionen und vielleicht auch der Diabetes von den oben (S. 34) erwähnten Veränderungen des Blutes ab. Charakteristisch für diesen Aether ist seine energische Wirkung auf die Gefässe. In einer Menge von wenigen Tropfen eingeathmet, verursacht er am Menschen ein starkes Hitzegefühl und eine oft flammende Röthe des Gesichts. Gleichzeitig sind die Gefässe der Gehirnoberfläche erweitert (**Schüller, Jolly** und **A. Schramm**). Eine Erregung gefässerweiternder Nerven als Ursache dieser Erscheinungen anzunehmen, liegt kein Grund vor. Auch der Blutdruck wird schon sehr frühe herabgesetzt, wobei auch eine directe Wirkung auf die Gefässwandungen im Spiele ist (L. **Brunton**).

Diese energische Gefässwirkung, die zunächst auf die genannten Localitäten beschränkt bleibt und von einer starken Zunahme der Pulsfrequenz begleitet ist, hat man nach dem Vorgange von **Richardson, Gamgee, Brunton** in einer grösseren Anzahl von Krankheiten zu verwerthen gesucht, die man mit einem Gefässkrampf in Zusammenhang bringen zu können glaubt. Unter ihnen sind besonders Angina pectoris, Asthma, Hemicranie und Epilepsie zu nennen. Bisher ist man, trotz einiger günstig lautenden Angaben über die Erfolge, noch zu keinen sicheren Indicationen für den Gebrauch dieses Mittels gelangt.

Das **Jodoform**, welches als Antisepticum **bei der chi-**

rurgischen Wundbehandlung gegenwärtig eine so grosse Rolle spielt, erzeugt keine typische Narkose, sondern eine schwerere Form der **Geistesstörung**, deren Symptome in Unruhe, Delirien, Hallucinationen, Melancholie und Tobsucht bestehen. Es wirkt auch stark lähmend auf das Herz, namentlich auf die motorischen Ganglien desselben, ähnlich wie der Jodal genannte Monojodaldehyd, dessen Verhalten am Froschherzen genauer untersucht ist.

Die antiseptischen Eigenschaften theilt das **Jodoform** mit den übrigen Halogenverbindungen dieser Gruppe. Doch wird vermuthlich die Wirkung durch abgespaltenes Jod in bedeutendem Masse verstärkt. Dieser Umstand, sowie die Schwerlöslichkeit und geringe Flüchtigkeit des Jodoforms bedingen seine **Bedeutung als locales Antisepticum**, das in Form von Streupulvern in Mengen applicirt werden kann, die für einen längeren Zeitraum zur Desinfection ausreichen. Dabei wird es von Wunden aus zwar langsam, aber bei übermässiger Anwendung an ausgedehnten Localitäten in genügenden Quantitäten resorbirt, um die angegebenen schweren **Vergiftungserscheinungen** hervorzubringen. Diese hängen wahrscheinlich von dem Jodoform selbst ab, während die zuweilen auftretenden Exantheme auf das in Form von Alkali- oder Albuminverbindungen auftretende abgespaltene Jod zurückzuführen sind. Im Harn erscheint neben Jodiden eine jodhaltige gepaarte Glykuronsäure. Vielleicht liesse sich das Jodoform bei der Wundbehandlung durch weniger giftige, gechlorte Verbindungen von ähnlicher Beschaffenheit zweckmässig ersetzen.

1. **Spiritus**, Weingeist. Enthält 91—92 Vol. % Aethylalkohol. Spec. Gew. 0,830—0,834.

2. **Spiritus dilutus**, verdünnter Weingeist. Enthält 67,5—69,1 Vol. % Alkohol. Spec. Gew. 0,892—0,896.

3. **Spiritus Vini Cognac**, Franzbranntwein, Cognac. Destillationsproduct des Weines; wird aber wol nur selten ächt zu beschaffen sein. Enthält 46—50 Gew. % Alkohol.

4. **Vinum**, Wein. Deutsche und ausländische, weisse und rothe, namentlich auch süsse Weine aus dem Safte der Traube.

5. **Aether**, Aether, Aethyläther (Schwefeläther). Siedp. 34—36° C. Spec. Gew. 0,724—0,728. Entzündet sich ungemein leicht in der Nähe

einer Flamme und explodirt, in Dampfform mit Luft gemischt. Gaben innerlich: 0,1—0,5—1,0; subcutan: 0,5—1,0.

6. **Spiritus aethereus**, Aetherweingeist, Hoffmannstropfen. Aether 1, Weingeist 3. Gaben innerlich: 1,0—2,0; subcutan: 0,5—1,0.

7. **Aether aceticus**, Essigäther. Siedp. 74—76° C. In 10 Wasser löslich.

8. **Chloroformium**, Chloroform. Siedp. 60—61° C. Spec. Gew. 1,485—1,489. Es darf beim Schütteln mit Wasser an dieses keine Salzsäure abgeben und concentrirte Schwefelsäure binnen einer Stunde nicht bräunen. Eine eigenartige, bei den jetzigen Präparaten selten vorkommende Zersetzung unter dem Einfluss des Lichtes ist leicht an dem Auftreten des erstickend riechenden Chlorkohlenoxyds (CCl_2O) zu erkennen. Dieses Gas bildet sich auch neben Salzsäure regelmässig, wenn im geschlossenen Raume in der Nähe grösserer Flammen bedeutendere Mengen von Chloroform verdunsten, wie es z. B. das Operiren bei Gaslicht erfordert. — Als Verunreinigungen kommen insbesondere die gechlorten Produkte der Methan- und Aethanreihe in Betracht. Doch wirken sie selber wie das Chloroform. Nur das Tetrachlormethan (CCl_4) wäre nicht zu vernachlässigen, weil es stärker lähmend auf das Herz wirkt als das Chloroform (Simpson u. A.). Sein Nachweis kann auf den Siedpunkt (77°), das specifische Gewicht (1,629) und die Unveränderlichkeit beim Behandeln mit Kalilauge gegründet werden.

9. **Chloralum hydratum**, Chloralhydrat, Trichloraldehydhydrat. Bei 58° schmelzende, in Wasser sehr leicht lösliche Krystalle. Gaben 1,0—3,0!, täglich bis 6,0!

10. **Amylium nitrosum**, Amylnitrit, Salpetrigsäure-Amyläther, $C_5H_{11}NO_2$. Gelbliche, eigenartig erstickend riechende Flüssigkeit, die sich am Licht leicht unter Auftreten von salpetriger Säure zersetzt und daher über einigen Krystallen von Kaliumtartrat aufbewahrt werden muss.

11. **Spiritus Aetheris nitrosi**, versüsster Salpetergeist. Kein einheitlich zusammengesetztes Präparat.

5. Die Gruppe des Coffeïns.

Zu dieser Gruppe gehören das Coffeïn und das Theobromin, die chemisch einander sehr nahe stehen, indem letzteres Dimethyl- und ersteres Trimethylxanthin ist, und beide in Bezug auf ihre Wirkungen nur quantitative Unterschiede zeigen.

Die Pflanzen, in denen diese beiden zu den stickstoffhaltigen thierischen Stoffwechselprodukten in so naher Beziehung stehenden neutralen Verbindungen enthalten sind, liefern in allen Gegenden der Erde sehr geschätzte Genussmittel. Die Produkte des Theostrauches, des Cacao- und Kaffeebaumes beherrschen bekanntlich den Weltmarkt.

Die von Cola acuminata stammenden Gurru- oder Colanüsse werden von den Eingeborenen Binnenafrikas als werthvolles Genussmittel auf Handelswegen weit durch das Innere des Welttheils verbreitet (Schweinfurth). Amerika liefert das theobrominhaltige Cacao und neben diesem haben die aus der Paulinia sorbilis bereitete Guaranapaste, in welcher zugleich Coffeïn und Theobromin vorkommen, und die unter dem Namen Yerba Maté oder Paraguaythee bekannten getrockneten Blätter des Ilex paraguayensis eine grosse locale Bedeutung. Auch in dem nordamerikanischen Apalachen- und dem südafrikanischen Buschthee, von denen ersterer verschiedenen Ilex-, letzterer mehreren Cyclopiaarten entstammt, findet sich Coffeïn.

Das Coffeïn verursacht einerseits wie das Strychnin eine hochgradige Steigerung der Reflexerregbarkeit des Centralnervensystems und in Folge dessen Tetanus und bringt andererseits eine eigenartige Muskelveränderung hervor, die an Fröschen völlig der Wärme- oder Todtenstarre gleicht.

An der Rana esculenta stellt sich zunächst nur ein typischer Tetanus ohne andere Erscheinungen ein. Bei der R. temporaria tritt umgekehrt anfangs nur die Muskelveränderung ohne eine Spur erhöhter Reflexerregbarkeit auf. In den mässigen Graden der Vergiftung gleichen sich diese Unterschiede an beiden Froscharten nach einiger Zeit völlig aus.

Die Muskelstarre beginnt an der Applicationsstelle und verbreitet sich von da nur langsam erst auf die benachbarten und dann auf entferntere Organe. Einzelne Muskeln, ja sogar Theile desselben Muskels sind oft noch ganz intact, während die benachbarten bereits starr erscheinen und durchgängig oder streckenweise ihre Erregbarkeit verloren haben.

Am Froschherzen macht sich in der Regel nur eine Pulsverlangsamung bemerkbar. Erst nach sehr grossen Gaben zeigt sich eine ähnliche Starre, wie an den übrigen Muskeln. Auf isolirte Bündel der letzteren wirkt eine Lösung von 1 Coffeïn in 4000 Blutserum so heftig wie siedendes Wasser.

An Säugethieren tritt der Tetanus in den Vordergrund. Doch wird bei der Injection des Coffeïns in das Blut, und zwar bei Kaninchen und Katzen nach 0,08—0,1 g pro kg Körpergewicht (Uspenski, Aubert, Johannsen), bei Hunden schon nach der Hälfte dieser Mengen, der Tod durch Herzlähmung herbeigeführt.

Kleinere Gaben verursachen eine auffallende **Steigerung der Pulsfrequenz**, die auch bei atropinisirten Thieren nicht ausbleibt, so dass eine Aufhebung der Hemmungswirkung dabei nicht im Spiele sein kann. Der Blutdruck sinkt von vorne herein; zuweilen folgt darauf eine Steigerung (Leven, Johannsen); in allen Fällen aber ist die Herzthätigkeit unregelmässig, arhythmisch (Johannsen, Aubert), ähnlich wie im letzten Stadium der Digitalinwirkung. Einspritzung des Coffeïns in das Blut verursacht an Kaninchen eine Abnahme der Zuckungsgrösse der Muskeln (Rossbach). An Fröschen steigern sehr kleine Gaben die Arbeitsleistung derselben (Kobert).

Am Menschen hat man nach innerlichen Gaben von 0,5 — 0,6 g rauschähnliche Erregungszustände beobachtet, bestehend in Schwindel, Kopfschmerz, Ohrensausen, Zittern, Unruhe, Schlaflosigkeit, Gedankenverwirrung, Delirien, schliesslich Schläfrigkeit (C. G. Lehmann, J. Lehmann u. A.). In einzelnen Fällen blieben jene Gaben fast ohne Wirkung (C. G. Lehmann, Aubert), und selbst eine Menge von 1,5 g rief keine stärkere Vergiftung hervor (Frerichs).

Die Erscheinungen seitens des **Gefässsystems** sind, wie an Thieren, Herzklopfen, Steigerung der Pulsfrequenz und Unregelmässigkeit der Herzthätigkeit.

Bemerkenswerth ist der mehrfach beobachtete **Drang zum Harnlassen**, der auch in einem Vergiftungsfalle sehr stark hervortrat und mit einer Steigerung der Harnmenge einherging. Der chinesische Thee ist in demselben Sinne wie die Digitalis als **Diureticum** empfohlen worden (Percival). In neuer Zeit hat man auch das Coffeïn für diesen Zweck in Anwendung gezogen.

Die Bedeutung des Coffeïns und Theobromins in den betreffenden Genussmitteln, Kaffee, Thee und Chocolade lässt sich auf die geschilderten Veränderungen der Muskeln und des Nervensystems zurückführen. Wenn durch das letztere in Folge körperlicher Ermüdung und Erschöpfung der Willensreiz nur träge zu den Muskeln fortgeleitet wird, und wenn diese nur schwer den Rest ihrer potentiellen Energie in Arbeit umzusetzen im Stande sind, so beseitigt das Coffeïn einerseits die verstärkten Widerstände im Centralnervensystem, dessen Erregbarkeit es erhöht, und disponirt andererseits die Muskeln, leichter aus dem erschlafften in den verkürzten Zustand überzugehen. Der letztere wird ein dauernder, wenn die Wirkung zu stark ist. Das Mittel braucht dabei weder die Erregbarkeit noch die absolute Leistungsfähigkeit des normalen Muskels zu steigern.

In einer Tasse Kaffeefiltrat aus 16,5 g gerösteter Bohnen sind 0,1—0,12 Coffeïn enthalten und ebensoviel in einer Tasse aus 5—6 g Theeblättern bereiteten Aufgusses (Aubert). Diese Mengen erscheinen genügend, um jene Grade der Wirkungen herbeizuführen, welche allein wohlthätig sein können; denn nach 0,5—0,6 g treten bisweilen schon stärkere Vergiftungserscheinungen ein.

Dann kommen bei der Wirkung des Kaffees und Thees auch gewisse **flüchtige Bestandtheile** in Betracht. Im ersteren finden sich die beim Rösten entstandenen, aromatisch riechenden **brenzlichen Produkte**, im Thee dagegen, namentlich in den grünen Sorten desselben, die in den Blättern vorgebildeten oder von zugesetzten Blüthen stammenden **ätherischen Oele**. Sie wirken erregend auf das Gehirn und finden daher ihre Bedeutung bei Ermüdungszuständen dieses Organs. Diese Erregung bildet einen Gegensatz zu der Alkoholwirkung, die durch einen Kaffeeaufguss bis zu einem gewissen Grade aufgehoben wird (Binz). Wie der Alkohol und die zu derselben Gruppe gehörenden Mittel Schlaf herbeiführen, so verscheuchen starker Kaffee und der Aufguss des grünen Thees denselben.

Die Bedeutung des Coffeïns in **Krankheiten** kann nur nach derselben Richtung gesucht werden, in der sie in Bezug auf seine Verwendung als Genussmittel liegt. Die günstigen Erfolge, die man in einzelnen Fällen von **Migräne** durch Abkürzung des Anfalls nach der Anwendung des Coffeïns und der Guarana eintreten sah, lassen sich um so weniger erklären, als die Natur dieser Krankheit noch völlig dunkel ist.

Coffeïnum, Coffeïn (Theïn). Farblose, in 50 Wasser lösliche Krystalle. **Gaben**, innerlich **0,1—0,2!**, täglich bis **0,6!**, in Pulvern.

6. Die Gruppe des Camphers.

Die Stoffe, die dieser Gruppe angehören, sind **Erregungsmittel des centralen Nervensystems**, namentlich der verschiedenen Funktionscentren des verlängerten Marks.

An Säugethieren und am Menschen beherrschen heftige, periodisch in kurzen Intervallen auftretende **epileptiforme Krämpfe** derartig das Vergiftungsbild, dass die von der Erregung der betreffenden Medullargebiete abhängigen Störungen der Respiration und der Pulsfrequenz unmittelbar gar nicht zur Wahrnehmung kommen. An curarisirten Thieren lässt sich eine ebenfalls periodische, von der Erregung der Gefässnervencentra abhängige **Steigerung des arteriellen Blutdrucks** nachweisen.

Den Convulsionen gehen an Thieren und Menschen **Erregungszustände der psychischen Sphäre** voraus. Charakteristisch ist bei Thieren ein verstärkter Bewegungstrieb. Hunde traben unablässig an den Wänden des Zimmers umher. Schwindel, Kopfschmerz, Verwirrung der Ideen, Delirien, erst Steigerung dann Abnahme der Pulsfrequenz, Röthe des Gesichts, Bewusstlosigkeit und Convulsionen sind die gewöhnlichen Erscheinungen nach kleineren Gaben an Menschen.

An **Fröschen** tritt sehr bald eine **curarinartige Wirkung** des Camphers ein, welche den Ausbruch der Krämpfe verhindert. Ausserdem erfährt der **Herzmuskel** bei jeder Art der Application eine **Reizung**, welche das durch Muscarin oder in Folge einer Lähmung der motorischen Ganglien oder durch Abschwächung der Muskelerregbarkeit zum Stillstand gelangte Herz wieder zum Schlagen bringt.

Die **therapeutische Bedeutung** des Camphers ist auf Grund dieser Wirkungen darin zu suchen, dass durch gleichzeitige Erregung der Respirations- und Gefässnervencentra sowie des Herzmuskels in collapsusartigen Zuständen, wie sie im Verlaufe erschöpfender acuter Krankheiten auftreten, eine Kräftigung der Respiration und der Herzthätigkeit herbeigeführt und zugleich einer in solchen Fällen wohl selten fehlenden Lähmung der Gefässnervencentren entgegengewirkt wird. Von der Steigerung des Blutdrucks und der Beschleunigung der Circulation hängen dann die heilsamen Folgen dieses Mittels ab, dessen Anwendung nur dadurch beeinträchtigt wird, dass seine Resorption wegen der geringen Flüchtigkeit bei gewöhnlicher Temperatur und wegen der Unlöslichkeit in Wasser grossen Unregelmässigkeiten unterliegt, und dass dem entsprechend die Wirkung nach Stärke und

Dauer sich nicht genügend reguliren lässt. Dazu kommt, dass der Campher anscheinend rasch im Organismus in verschiedene Camphoglykuronsäuren umgewandelt und dadurch unwirksam gemacht wird. Daher treten die ersten Erscheinungen der Campherwirkung: vermehrtes Wärmegefühl und gesteigerte Pulsfrequenz am Menschen bald schon nach 0,03—0,06 g, bald erst nach 0,35—0,70 g ein (Jörg); die Störungen der Gehirnfunktion erfolgten nach Gaben von 3—4 g.

Zur Camphergruppe gehören ferner das Borneol, Campherol, Menthol und wohl zahlreiche andere sogenannte Campherarten und wahrscheinlich auch verschiedene ätherische Oele. Ob der Moschus hierher gerechnet werden kann, ist zwar noch nicht sicher gestellt, erscheint indessen sehr wahrscheinlich. Er verursacht in Gaben von 0,05—0,90 g an Menschen ähnliche Erscheinungen seitens des Pulses und des Gehirns wie der Campher (Jörg).

Das anscheinend ganz unwirksame Castoreum verdankt seinen Ruf als erregendes Mittel vermuthlich nur der Analogie seiner Abstammung mit dem Moschus.

1. **Camphora**, gewöhnlicher oder Japancampher, von Cinnamomum Camphora. In Wasser fast unlöslich. Gaben 0,1—0,2, in Pulvern oder Emulsionen; subcutan 0,05 in 0,5—1,0 Aetherweingeist.

2. **Vinum camphoratum**, Campherwein. Campher 1, Weingeist 1, Gummischleim 3, Weisswein 45; enthält 2% Campher. Gaben 1—2 Theelöffel zweistündlich.

3. **Oleum camphoratum**. Campher 1, Olivenöl 9.

4. **Moschus**, Moschus, Bisam. Der Inhalt der an den Geschlechtstheilen des männlichen Thieres liegenden Beutels von Moschus moschiferus. Wirksamer Bestandtheil unbekannt. Gaben 0,05—0,2, ½—1 stündlich, in Pulvern und Emulsionen.

5. **Tinctura Moschi**, Moschustinctur. Moschus 1, verd. Weingeist 25, Wasser 25.

6. **Castoreum**, Bibergeil. Beutel und Inhalt des Bibers, Castor americanus. Gaben 0,05—0,3.

7. **Tinctura Castorei**, Bibergeiltinctur. Bibergeil 1, Weingeist 10.

7. Die Gruppe des Ammoniaks.

Von der Wirkung des Ammoniaks auf das Nervensystem sind die durch diese flüchtige Base verursachten localen Reizungen und Aetzungen, sowie die Salzwirkung ihrer Verbindungen mit unorganischen Säuren zu unterscheiden. Im Organismus wird das Ammoniak unter Betheiligung der Kohlensäure rasch in Harnstoff umgewandelt. Bei Hunden tritt nach Gaben von Ammoniumcarbonat, die eben noch vertragen werden, ohne den Magen zu schädigen (10—20 g täglich), keine nachweisbare Wirkung auf das Nervensystem ein. Es erscheint daher sehr zweifelhaft, ob eine solche am Menschen nach den gewöhnlichen arzneilichen Dosen überhaupt in Frage kommt.

Injection von wässrigem Ammoniak oder Ammoniumcarbonat in das Blut oder unter die Haut von Säugethieren verursacht in Folge der Erregung der Medulla oblongata und des Rückenmarks beschleunigtes Athmen und Respirationskrampf, mit Tetanus gepaarte Convulsionen, Beschleunigung oder Verlangsammung der Pulsfrequenz und Blutdrucksteigerung (Blake, Böhm und Lange, Funke und Deahna). An Kaninchen bringen 0,05—0,07 g NH_3 in 3—4 ccm wässriger Lösung bei wiederholter subcutaner Einspritzung nur eine geringe Wirkung hervor, während 0,01—0,015 g in das Blut gebracht, Tetanus und Tod bewirken (Funke und Deahna).

Die Ammoniakpräparate, mit Einschluss des Salmiaks dienen gegenwärtig nur noch als expectorirende Mittel, abgesehen von der Anwendung als locale Reizmittel. Wahrscheinlich veranlasst das in den Bronchien in kleinen Mengen im freien Zustande oder als Carbonat ausgeschiedene Ammoniak eine vermehrte Absonderung flüssigen Schleims, wodurch die Entfernung desselben beim Husten und Räuspern erleichtert wird.

 1. **Liquor Ammonii caustici**, Ammoniaklösung; enthält 10% NH_3.
 2. **Liquor Ammonii acetici**, Spiritus Mindereri; enthält 15% Ammoniumacetat. Gaben 2,0—10,0, täglich bis 50,0. Besonders als Zusatz zu den schweisstreibenden Thees beliebt.
 3. **Liquor Ammonii anisatus**, anishaltige Ammoniakflüssigkeit. Ammoniaklösung 5, Anisöl 1, Weingeist 24; enthält 1,66% NH_3. Gaben 0,2—0,5 = 5—15 Tropfen, mehrmals täglich; als Expectorans bevorzugt.
 4. **Ammonium carbonicum**, Ammoniumcarbonat. Weisse, krystallinische, nach Ammoniak riechende, in 4 Wasser lösliche Masse. Gaben 0,5—1,0, stündlich; in Pulvern.
 5. **Elixir e succo Liquiritiae**, Brustelixir. Anishaltige Am-

moniakflüssigkeit 10, Lakrizensaft 10, Fenchelwasser 30. Gaben theelöffelweise, als Expectorans.

8. Die Gruppe der Blausäure.

Die Blausäure ist ein Universalgift für alle Organismen des Thier- und Pflanzenreichs. Sie wirkt deshalb auch gährungs- und fäulnisswidrig (Fiechter und Miescher). An Säugethieren verursacht sie zunächst eine heftige **Erregung verschiedener Funktionsherde des verlängerten Marks**, namentlich des Respirations- und sogenannten Krampfcentrums, aber auch der centralen Ursprünge der herzhemmenden Fasern des Vagus und der Gefässnerven. Heftige Convulsionen mit erschwertem krampfhaftem Athmen sind die nächsten Folgen dieser Erregung, welche dann rasch in eine Lähmung der genannten Theile übergeht. Einer solchen unterliegen auch, aber weniger leicht, die motorischen Ganglien des Herzens, während die Muskulatur des letzteren bis zum Tode erregbar bleibt. Der letale Ausgang wird durch den gleichzeitigen Stillstand der Respiration und durch die Abschwächung der Herzthätigkeit, zuweilen blitzartig schnell, herbeigeführt.

Mit dem Hämoglobin bildet die Blausäure eine eigenartige, krystallisirbare Verbindung, die zwar Sauerstoff aufzunehmen im Stande ist, seine Abgabe an oxydirbare Substanzen im Organismus aber wahrscheinlich verzögert (Gähtgens und Hoppe-Seyler). Wenn auch diese Blutveränderung bei den stärkeren Graden der Vergiftung anscheinend keine grosse Rolle spielt, so könnte sie doch bei längerem Gebrauch kleiner Gaben durch einen gewissen Einfluss auf den Stoffwechsel von Bedeutung sein.

Blausäuremengen, die nicht stärkere Giftwirkungen herbeiführen, verhalten sich entweder ganz indifferent oder verursachen blos Eingenommenheit des Kopfes, Schwindel, ein eigenartiges Gefühl von Druck auf der Brust und Kratzen im Halse. Ob die Wirkung, die diesen Erscheinungen zu Grunde liegt, therapeutisch in Betracht kommt, ist vorläufig nicht zu entscheiden. Für die Anwendung dieses Mittels fehlen gegenwärtig selbst die gewöhnlichen empirischen Indicationen. Das **Bittermandelwasser**, welches, abgesehen von den bitteren Mandeln, das einzige Blausäurepräparat der deutschen Pharmacopoe bildet, ist in den

Fällen seiner Anwendung mehr Geschmackscorrigens als Arzneimittel.

Aqua Amygdalarum amararum, Bittermandelwasser. Weingeistig-wässriges Destillat aus bitteren Mandeln, welches 0,1% Cyanwasserstoff oder wasserfreie Blausäure, CNH, enthält. Die letztere entsteht aus dem Amygdalin der bitteren Mandeln, welches bei Gegenwart von Wasser unter dem Einfluss des Emulsins in Blausäure, Benzaldehyd ($C_6H_5 \cdot$ CHO) und Zucker zerfällt. Gaben 0,5—2,0!, täglich 8,0!.

9. Die Gruppe des Mutterkorns.

Die wirksamen Bestandtheile des Mutterkorns sind noch sehr wenig bekannt. Deshalb lässt sich über die Genese der nach dem Genuss von mutterkornhaltigem Brod auftretenden, als Ergotismus oder Kriebelkrankheit bezeichneten, chronischen Vergiftungsformen nichts Bestimmtes angeben, bis auf die in neuester Zeit ermittelte Thatsache, dass die früher häufig vorkommende Gangrän an den Extremitäten von einer wahrscheinlich auf Contraction der feineren Gefässe beruhenden Stase abhängig ist (v. Recklinghausen).

Sicher ist, dass mehrere giftige Substanzen in der Drogue enthalten sind. Von zweien derselben ist einiges bekannt. Es sind ein Alkaloid und eine stickstoffhaltige, amorphe, in Wasser sehr leicht, in Alkohol unlösliche Säure (Zweifel), die im Handel in nicht ganz reinem Zustande unter dem Namen Ergotinsäure oder noch mehr mit anderen Bestandtheilen vermischt als Sklerotinsäure (Dragendorff und Podwyssotzki) vorkommt. Das Alkaloid, welches sich im Mutterkorn nur in sehr geringer Menge findet und den wirksamen Stoff bildet, der in den alkoholischen Auszug übergeht (Haudelin), ist in neuerer Zeit isolirt und Ergotinin genannt worden (Tanret).

Das Mutterkorn erzeugt in Form seines wässrigen Auszuges eine Verstärkung der Wehen des schwangeren Uterus, wenn diese bereits im Gange, aber zu schwach sind, um die Geburt oder die Ausstossung der Nachgeburt herbeizuführen. Abort und Frühgeburt erfolgen nach dem Gebrauch dieses Mittels nur dann mit einiger Sicherheit, wenn zugleich eine schwerere Vergiftung der Mutter eintritt.

Diese Wirkung auf die Wehen hängt nicht von dem Ergotinin ab, weil dieses in viel zu geringer Quantität in der Drogue vorkommt, um in den üblichen Gaben der letzteren wirksam zu sein. Ausserdem bleibt das Mutterkorn nach der Erschöpfung mit Aether, wie es unsere Pharmacopoe vorschreibt, in dieser Richtung noch wirksam, obgleich dadurch das Alkaloid zum Theil entfernt wird. Seine Wirkungen sind noch nicht untersucht. Auch die Ergotin- oder Sklerotinsäure ist nicht im Stande, die Wehen zu verstärken (Ganguillet und P. Müller).

Diese Säure bringt an Fröschen eine **Lähmung des Rückenmarks** hervor. Dabei schwinden zunächst nur die willkürlichen Bewegungen, während die Respiration und die Reflexerregbarkeit erhalten bleiben. Nachdem dann auch die letztere erloschen ist, werden durch peripher applicirte Reize noch lebhafte Athembewegungen ausgelöst. An Säugethieren gestaltet sich die Wirkung ganz ähnlich, nur sind zur Erzeugung derselben relativ grosse Mengen der Substanz, selbst bei der Injection in das Blut, erforderlich. Ueber das Mutterkorn selbst liegen zahlreiche Vergiftungsversuche vor, die indess über das Zustandekommen der Wehenverstärkung keine Aufklärung geben.

Man hat das Mutterkorn auch gegen **Blutungen** der verschiedensten Art angewendet. Wenn die wehenverstärkende Wirkung empirisch gesichert ist, so kann das von der blutstillenden nicht behauptet werden. Am Uterus hören Blutungen in Folge seiner Contraction auf. Dieser Satz findet natürlich keine Anwendung auf andere Organe. Falls an solchen das Aufhören von Blutungen nach der Anwendung dieses Mittels beobachtet wird, so ist der Verdacht nicht ausgeschlossen, dass dabei andere Ursachen als die Wirkungen des Mutterkorns thätig gewesen sind.

1. **Secale cornutum, Mutterkorn.** Der in der Ruheperiode seiner Entwickelung vom Roggen gesammelte Pilz Claviceps purpurea. Gepulvertes Mutterkorn soll nach Vorschrift der Pharmacopoe nur nach völliger Erschöpfung mit Aether zur Verwendung kommen. Gaben 0,3 bis 1,0! $^1/_4$—$^1/_2$ stündlich, täglich bis 5,0! im wässrigen Aufguss.

2. **Extractum Secalis cornuti, Mutterkornextract.** Der in Weingeist unlösliche Antheil des wässrigen Extracts. Enthält Sclerotinsäure. Gaben 0,1—0,5, täglich bis 2,0, in Lösung.

10. Die Gruppe des Atropins oder der Tropeïne.

Das in der Atropa Belladonna enthaltene Alkaloid **Atropin** besteht aus einer ätherartigen Verbindung der Tropasäure mit der Base Tropin, welches letztere mit dem analogen Spaltungsproduct des Hyoscyamins, dem Hyoscin, identisch ist. Das Tropin ist wenig wirksam; wird in ihm aber 1 Atom H durch einen Säurerest vertreten, so zeigen die entstandenen Verbindungen die eigenartigen Atropinwirkungen (Buchheim). Solche Tropinverbindungen mit verschiedenen Säuren sind in neuerer Zeit nach einer bequemen Methode in grösserer Anzahl dargestellt und Tropeïne genannt worden (Ladenburg).

Das Atropin ist also Tropasäure-Tropin und findet sich in der Tollkirsche und als Daturin im Stechapfel. Das Hyoscyamin ist ebenfalls Tropasäure-Tropin, aber mit dem Atropin nur isomer (Ladenburg). Es kommt im Bilsenkraut in einer krystallisirbaren und amorphen Modification vor und soll auch im Stechapfel und der Tollkirsche enthalten und mit dem Duboisin identisch sein (Ladenburg).

Ein weiterer Bestandtheil der Tollkirsche ist das Belladonnin oder Belladonninsäure-Tropin (Buchheim).

Von den künstlich aus dem Tropin mit verschiedenen Säuren dargestellten, im Pflanzenreich nicht vorkommenden Tropeïnen sind noch besonders das Benzoyltropin (Buchheim) und das Oxytoluylsäure-Tropin oder Homatropin (Ladenburg) zu nennen.

Der Charakter der Wirkung ist bei allen Tropeïnen der gleiche. Die Abweichungen sind im Wesentlichen nur quantitativer Natur.

Die typische Atropinwirkung betrifft die verschiedensten Gebiete des centralen Nervencentrums und eine Reihe peripherer Organe. An diesen wird von vorne herein eine Lähmung gewisser Nervenelemente, an jenen zunächst eine Erregung und dann erst die Lähmung hervorgebracht.

Zu den peripheren Organgebieten, auf welche das Atropin lähmend wirkt, gehören die Adaptions- und Accommodationsapparate des Auges, die Hemmungsvorrichtungen des Herzens, alle eigentlichen Drüsen, die motorischen Nervenelemente in den Organen mit glatten Muskelfasern, namentlich im Darm. Das Muscarin erregt genau dieselben Theile, die das Atropin lähmt.

Am Auge wird durch die Einträufelung der verdünntesten Atropinlösungen eine Erweiterung der Pupille hervorgerufen und die Möglichkeit des Accommodirens für die Nähe völlig aufgehoben.

Die Pupillenerweiterung ist am stärksten bei Menschen, Hunden und Katzen, schwächer und vergänglicher bei Kaninchen. Bei Fröschen tritt sie erst nach grossen Gaben ein; bei Vögeln fehlt sie ganz (Kieser [1804], Wharton Jones u. A.).

Diese Wirkung ist eine locale und betrifft Organelemente der Iris; denn die Erweiterung bleibt auf das vergiftete Auge beschränkt und tritt bei vorsichtiger seitlicher Auftragung des Atropins an der entsprechenden Seite zuerst auf (Fleming). An Fröschen lässt sie sich sogar am ausgeschnittenen Auge erzeugen (de Ruiter). Die Ursache der Erweiterung besteht in einer Lähmung der letzten Endigungen oder Endapparate des Oculomotorius in der Iris.

Für diese Auffassung sprechen die folgenden Thatsachen. Bei Reizung des genannten Nerven in der Schädelhöhle (Bernstein und Dogiel) sowie bei Reizung der Ciliarnerven (Hensen und Völckers) bleibt die Pupillenverengerung am atropinisirten Auge aus, während bei der directen Reizung der Iris durch 4 Electroden, von denen je 2 einander diametral gegenüberstehend, auf den, dem inneren Irisrande entsprechenden Theil der Cornea aufgesetzt werden, wenigstens in einzelnen Fällen noch Verengerung eintritt (Bernstein und Dogiel), so dass also der Sphinctermuskel noch erregbar ist, wenn der Einfluss vom Oculomotorius aus bereits aufgehört hat. Doch scheint der Sphincter bei starker Atropinisirung wie andere glatte Muskeln ebenfalls eine Lähmung zu erfahren. Auf solche Fälle ist wohl das öftere Ausbleiben der Verengerung bei der directen Irisreizung zurückzuführen.

An dem unter dem Einfluss einer maximalen Atropinwirkung stehenden Auge lässt sich durch Vermittelung des Oculomotorius überhaupt keine Pupillenverengerung zu Wege bringen, also weder durch den Lichtreiz, noch durch das Muscarin. Dagegen erzeugt das Physostigmin, welches nicht wie das Muscarin auf die Endapparate des Oculomotorius, sondern auf die Irismuskeln selbst erregend wirkt, auch am atropinisirten Auge eine Zusammenziehung der letzteren und durch Ueberwiegen des stärkeren Sphincter eine Verengerung der Pupille In den Fällen, in denen auch die Trigeminusreizung die Pupille enger macht, wie bei Kaninchen, wird dieser Nerveneinfluss durch das Atropin nicht aufgehoben (Grünhagen).

Der Sympathicus spielt bei der Atropinwirkung am Auge keine Rolle. Eine durch Erregung dieses Nerven bedingte oder auch nur begünstigte Pupillenerweiterung ist von vorne herein unwahrscheinlich, weil das Alkaloid an anderen peripheren Organen keinerlei erregende Wirkungen auf Nervenelemente erkennen lässt. Allerdings bringt Sympathicusdurchschneidung wie am normalen so auch am atropinisirten Auge einen gewissen Grad von Pupillenverengerung hervor. Doch lässt sich daraus nur schliessen, dass der vom Centralnervensystem ausgehende normale Tonus dieses Nerven für den Dilatator der Pupille durch das Gift nicht vernichtet wird.

Dass auch die Accommodationslähmung von einer Wirkung des Atropins auf die Endvorrichtungen des Oculomotorius abhängt, lässt sich mit grosser Wahrscheinlichkeit annehmen. Das einzige Mittel, um während dieser Wirkung einen gewissen Grad von Accommodation für die Nähe herbeizuführen, ist vermöge seiner Muskelwirkung das Physostigmin.

Von den oben genannten Alkaloiden ruft das Atropin die geschilderten Veränderungen am Auge verhältnissmässig langsam hervor. Sie halten aber längere Zeit, selbst mehrere Tage hindurch an. Beim Homatropin treten sie rasch ein, vergehen aber auch schnell. Das Hyoscyamin scheint in dieser Beziehung in der Mitte zwischen beiden zu liegen. Dieses Verhalten muss von Verschiedenheiten der Resorptions- und Ausscheidungsverhältnisse der einzelnen Substanzen abhängig gemacht werden.

Das Atropinisiren des Auges bei der Behandlung von Krankheiten dieses Organs hat den Zweck, entweder die Pupille zu erweitern und die tiefer liegenden Theile der ophthalmoscopischen Untersuchung zugänglicher zu machen, oder die Iris aus dem Bereich der Linse zu bringen. Man nimmt ferner an, dass dabei in Folge der Verdrängung des Bluts aus den Gefässen der Iris Entzündungszustände dieses Organs gebessert werden. Endlich soll unter dem Einfluss des Atropins eine krankhafte Härte und Spannung des Bulbus vermindert werden. Auch am normalen Auge hat man bei manometrischen Messungen eine Herabsetzung des intraoculären Druckes gefunden (Adamük). In welcher Weise dabei die Ernährungsverhältnisse im Innern des Auges geändert werden, lässt sich nicht bestimmen.

Am Herzen lähmt das Atropin nach kleineren Gaben nur jene Vorrichtungen, die bei Reizung des peripheren Vagusstumpfes oder des Herzvenensinus an Fröschen einen diastolischen Stillstand oder wenigstens eine Pulsverlangsamung mit Verstärkung der diastolischen Stellung des Herzens herbeiführen. Es gelingt dann durch kein Mittel, weder durch jene Reizungen, noch durch das Muscarin auch nur die geringste Andeutung der sogenannten Hemmungswirkung zu erzielen. Dabei verhält sich das Herz im Uebrigen völlig wie ein normales.

Befinden sich diese Vorrichtungen beständig unter dem Einfluss einer vom Centralnervensystem in der Bahn des Vagus fortgeleiteten Erregung, wie es unter gewöhnlichen Verhältnissen im hohen Grade bei Menschen und Hunden, in geringerem bei Katzen der Fall ist, so steigt die Pulsfrequenz bei der Atropinvergiftung in Folge des Fortfalls dieses continuirlichen Vagustonus und der Blutdruck geht in die Höhe. Beim Menschen und beim Hunde können die Pulszahlen den doppelten Betrag der normalen übersteigen. Am Kaninchen macht sich diese Erscheinung nur in geringem Grade und an Fröschen in der Regel gar nicht bemerkbar.

Von den Tropeïnen wirkt das Belladonnin am schwächsten auf die Hemmungsvorrichtungen, die übrigen verhalten sich ziemlich gleich. Am leichtesten tritt die Lähmung bei Fröschen, am schwersten bei Kaninchen, ziemlich leicht beim Menschen ein.

Die Secretion aller eigentlichen Drüsen wird durch das Atropin unterdrückt. An der **Submaxillardrüse** bringt Reizung des Drüsennerven bei atropinisirten Thieren keine Speichelabsonderung hervor (Keuchel), während die Drüsengefässe dabei nach wie vor erweitert werden (Heidenhain). Die Schweiss- und die Schleimsecretion hören auf, die durch Muscarin vermehrte Absonderung des Pancreas wird unterdrückt (Prévost), die der Galle vermindert (Prévost). Reizung des Ischiadicus bringt an jungen Katzen keine Schweissbildung an der Pfote mehr hervor (Luchsinger). Man hat sogar die Milchsecretion nach arzneilichen Gaben von Belladonna ausbleiben sehen (Goulden, 1856). In allen diesen Fällen werden die durch das Muscarin oder Pilocarpin verursachten Hypersecretionen durch das Atropin prompt unterdrückt, und jene beiden Alkaloide sind nach vorheriger Anwendung des letzteren an allen diesen Drüsen unwirksam.

Den bisher geschilderten Wirkungen entsprechen **am Menschen sehr auffällige Erscheinungen**. Die Pupille ist erweitert, gegen Licht unempfindlich, das Auge dunkel, glänzend, der Puls frequent, voll und hart. Die Verminderung und Unterdrückung der Secretionen verursacht Schlingbeschwerden oder Unvermögen zu Schlucken, Trockenheit des Mundes, Rachens und der Haut. In einem Vergiftungsfalle war die brennend heisse Haut hier und da mit Schweiss bedeckt (Gerson). Später auftretender Schweiss hat die gleiche Ursache wie in der Agonie.

An den Organen mit glatten Muskelfasern ist der **Einfluss des Atropins auf die Peristaltik des Darms** besonders zu beachten. Die letztere wird vollständig sistirt, wenn sie blos von den motorischen Ganglien in der Darmwand ihre Impulse empfängt. Die Muskulatur bleibt bei mässigen Gaben des Alkaloids erregbar und contrahirt sich daher auf directe Reizung, ohne dass indessen eine Peristaltik zu Wege gebracht wird. Sind die Darmbewegungen von vorne herein durch eine directe Erregung der Muskeln verursacht, so bleibt die Wirkung des Atropins mehr oder weniger vollständig aus. Man beobachtet zuweilen nach kleinen Gaben sogar eine geringe Verstärkung der Peristaltik, so dass das Atropin vielleicht die Muskulatur zunächst in mässigem Grade erregt. Nach sehr grossen Mengen erfährt auch die Muskelerregbarkeit eine merkliche Abschwächung.

Das Muscarin, Pilocarpin und Nicotin sind am atropinisirten Darm ohne Wirkung, während das Physostigmin lebhafte Peristaltik oder sogar heftige tetanische Contractionen hervorruft.

Aus diesen Thatsachen kann geschlossen werden, dass das Atropin gewisse in der Darmwand gelegene Nervenelemente und zwar wahrscheinlich Ganglienzellen, von welchen die regulären Darmbewegungen abhängig sind, unerregbar macht. Die Wirkungen des Alkaloids auf die Musculatur spielen bei der Vergiftung des Gesammtthieres nur eine untergeordnete Rolle.

An den übrigen Organen mit glatten Muskelfasern, am **Magen, der Milz, der Harnblase** und dem **Uterus** tritt die Wirkung des Atropins nur dann deutlich hervor, wenn sich diese Organe im Zustande einer krampfhaften Contraction befinden, wie es namentlich bei der Muscarin- und Pilocarpinvergiftung geschieht. Das Atropin führt vollständige Erschlaffung herbei. Physostigmin erzeugt dann wieder krampfhafte Contractionen.

Andere periphere Gebiete werden von dem Atropin nicht direct beeinflusst. Eine Erregung der Endigungen der sensiblen Nerven, ähnlich wie bei Veratrin und Aconitin, wird von einzelnen Beobachtern behauptet (Bouchardat und Stuart Cooper), von anderen geleugnet (Fleming). An Katzen sieht man nach der Einträufelung von Atropinlösungen in das Auge unmittelbar darauf einen starken Speichelfluss auftreten, der vielleicht von einer solchen sensiblen Reizung auf reflectorischem Wege bedingt ist.

Alle diese **Atropinwirkungen** an peripheren Organen liessen sich zweckmässig in der Therapie verwerthen, wenn es möglich wäre, sie ähnlich wie am Auge mit Sicherheit an dem gewünschten Organ isolirt hervorzurufen und in beliebiger Stärke längere Zeit hindurch zu unterhalten. In der Regel aber treten die Wirkungen mehr oder weniger gleichzeitig an allen Organen ein oder an solchen sogar am frühesten, an denen man sie am wenigsten wünscht, wie namentlich die Pulsbeschleunigung, die nicht nur lästig, sondern unter Umständen sogar gefährlich ist. Vielleicht wird es gelingen, Tropeïne darzustellen, die am Menschen ausschliesslich oder doch vorwiegend nur die eine oder die andere dieser Wirkungen hervorbringen.

Bei geschickter Handhabung lassen sich aber auch mit dem Atropin und dem Belladonnaextract heilsame Erfolge erzielen. In manchen Fällen werden **Speichelfluss** und **profuse Schweisse** unterdrückt, in anderen bleibt das Mittel ohne Einfluss auf diese Krankheitserscheinungen, wahrscheinlich weil hier Erkrankungen des Drüsengewebes, auf welches sich die Atropinwirkung nicht erstreckt, die Ursache der Hypersecretion sind.

Die Inhalation verstäubter Atropinlösungen kann dazu beitragen, eine vermehrte acute **Schleimsecretion der Bronchien zu vermindern** und dadurch Husten zu mässigen. Vielleicht werden dabei auch krampfhafte Zustände an diesen Organen beseitigt.

Man hat ferner die Beobachtung gemacht, dass hartnäckige **Stuhlverstopfungen**, die keinem Abführmittel weichen wollten, nach dem Einnehmen von Belladonnaextract zuweilen rasch und sicher gehoben werden. Es sind vermuthlich solche Fälle, in denen, wie bei der Bleikolik, die Retention der Fäcalmassen durch krampfhafte Einschnürungen einzelner Darmpartien verursacht wird. Mässige Mengen von Atropin vermögen den Krampf zu heben, ohne die Bewegungen des Darms, welche zur Fortschaffung der Fäces erforderlich sind, unmöglich zu machen, zumal das Alkaloid, wie oben angegeben, die Darmmusculatur zunächst ein wenig erregt.

Die Bedeutung der Anwendung des Belladonnaextracts statt des reinen Atropins ist in derselben Weise zu beurtheilen, wie die des Krähenaugenextracts (S. 20) und Opiums (S. 28).

Am schwierigsten dürfte eine zweckmässige Applicationsweise des Atropins gefunden werden, um durch eine rein locale **Wirkung auf den Uterus** krampfhafte Contractionen desselben mit einiger Sicherheit zu beseitigen. Auch ist die Wirkung auf dieses Organ noch nicht genügend klar gestellt.

Endlich kann daran gedacht werden, einen übermässigen **Tonus der herzhemmenden Vagusfasern** zu vermindern, wenn er im Verlauf von Gehirnkrankheiten und in anderen Zuständen eine gefährliche Verlangsamung der Pulsfrequenz verursacht. Vorläufig sind wir nicht im Stande ein für diesen Zweck geeignetes Tropeïn zu bezeichnen.

Die Wirkungen der Tropeïne auf das centrale Nervensystem sind am Menschen für das Atropin und zum Theil für das Hyoscyamin genauer bekannt.

An Fröschen tritt allgemeine Lähmung und in Folge dessen Aufhören der willkürlichen und reflectorischen Bewegungen ein, dann folgen nach Atropin (Fraser), Belladonnin, Benzoyltropin und nach einer im Hyoscyamus enthaltenen, nicht näher bekannten, Sikeranin genannten Substanz (Buchheim), sowie nach Duboisin (S. Ringer und Murrel) lebhafte Convulsionen, während sie nach amorphem und krystallisirtem Hyoscyamin (Hellmann, Harnack) und nach Tropin ausbleiben. Diese Thatsachen sprechen gegen die Identität von Duboisin und Hyoscyamin.

Die **Gehirnerscheinungen** am Menschen bestehen hauptsächlich in Exaltationszuständen der psychischen Funktionen. Schwindel, Unruhe und automatische, veitstanzähnliche Bewegungen, beständiges lautes, unzusammenhängendes, sinnloses Reden, Delirien, Tobsucht, Raserei (phantasmata et mania, Dioscorides), Lachlust, seltener Weinen sind neben den Erscheinungen, die von den Localwirkungen abhängen, in den einzelnen Fällen mehr oder weniger vollständig ausgebildet. Dazu gesellen sich Störungen des Sehvermögens, die nicht blos auf die Pupillenerweiterung und Accommodationslähmung zurückzuführen sind. Dann folgt allmählich das paralytische Stadium: mit Schlaftrunkenheit, Sopor und Delirien, Coma und leichteren oder heftigeren Convulsionen.

Die häufig beobachtete scharlachartige **Röthung der Haut**, namentlich des Oberkörpers und die ähnliche Färbung und Turgescenz des Gesichts hängen vermuthlich mit der Zunahme der Pulsfrequenz, der dadurch bedingten Steigerung des Blutdrucks und einer gleichzeitigen Erweiterung der Hautgefässe zusammen. Vielleicht handelt es sich dabei um eine locale Wirkung auf die letzteren.

Dosirung des Atropins bei innerlicher Anwendung an Menschen, nach Michea, Schroff, Meuriot.

½ — 1 mg. Trockenheit im Munde, häufig von Durst begleitet.

2 mg. Pupille erweitert, zur Unbeweglichkeit neigend. Pulsbeschleunigung, der in manchen Fällen ein Sinken vorausgeht (**Lichtenfels** und **Fröhlich, Schroff**).

3—5 mg. Kopfschmerz, Trockenheit des Mundes und Rachens, Schlingbeschwerden. Alteration der Stimme bis zur Aphonie (**Michea**). Trockenheit der Haut, Mattigkeit, taumelnder Gang, Aufregung, Unruhe, hastige Bewegungen (**Schroff**).

7 mg. Beträchtliche Erweiterung der Pupille, Gesichtsstörungen (**Michea**).

8 mg. Rauschähnlicher Zustand; unsichere Haltung, schwankender Gang. Bei noch grösseren Gaben erschwertes Harnlassen; Herabsetzung der Empfindlichkeit der Haut (**Michea**).

10 mg. Apathie, Störung des Bewusstseins bis zur Aufhebung desselben; Hallucinationen, Delirien (**Michea**).

Das **Hyoscyamin** wirkt auf das **Gehirn** etwas anders als das Atropin. Am Menschen sollen nach der Anwendung der amorphen Modification die furibunden Delirien in der Regel nicht vorhanden sein, sondern nach kleineren Gaben vielmehr der Hang zu Ruhe und Schlaf vorherrschen (v. **Schroff**). Auch nach der subcutanen Injection von 5 — 10 mg krystallinischen Hyoscyamins tritt neben der Pulsbeschleunigung Schlaf ein (**Gnauck** und **Kronecker**).

Als allgemeine Indication für die Anwendung dieser Atropinwirkungen ergibt sich die **Bekämpfung von Lähmungszuständen des Gehirns**. Doch ist bei der Lähmung des Respirations- und Gefässnervencentrums, also beim gewöhnlichen Collaps, kein Nutzen zu erwarten. Dagegen gelingt es, sowohl bei der

Morphinvergiftung, gegen welche das Atropin in neuerer Zeit am häufigsten empfohlen ist, als auch in Nerven- und Geisteskrankheiten eine oder die andere Lähmungserscheinung des Gehirns zu beseitigen oder wenigstens zu mässigen. Der Erfolg hängt von der Beschaffenheit des concreten Falles ab und lässt sich daher nicht für die einzelnen Krankheiten im Allgemeinen voraussagen. Die bisher gewonnenen empirischen Resultate sind voller Widersprüche, weil der Anwendung in der Regel keine scharf umschriebene Indication zu Grunde gelegen hat.

1. **Atropinum sulfuricum**, Atropinsulfat. Farblose, in Wasser sehr leicht lösliche krystallinische Masse. Gaben innerlich 0,0005—0,001!, täglich bis 0,003!, subcutan 0,0002—0,0005, täglich bis 0,003, in Lösungen.

2. **Folia Belladonnae**, Belladonnablätter, von Atropa Belladonna, Tollkirsche. Wirksame Bestandtheile: die Alkaloide Atropin und Belladonnin. Gaben 0,02—0,2!, täglich bis 0,6!

3. **Extractum Belladonnae**, Belladonnaextract; aus dem frischen in Blüthe stehenden Belladonnakraut mit Wasser und Alkohol hergestellt. Gaben 0,02—0,05!, täglich bis 0,2!, in Pillen oder schleimigen Mixturen.

4. **Herba Hyoscyami**, Bilsenkraut. Blätter und blühende Stengel von Hyoscyamus niger. Wirksame Bestandtheile: krystallisirbares und amorphes Hyoscyamin. Gaben 0,05—0,3!, täglich bis 1,5!.

5. **Extractum Hyoscyami**, Bilsenkrautextract. Aus dem frischen, in Blüthe stehenden Bilsenkraut mit Wasser und Weingeist hergestellt. Gaben 0,02—0,2!, täglich bis 1,0!.

6. **Oleum Hyoscyami**, Bilsenkrautöl. Aus dem frischen Bilsenkraut 4 durch Ausziehen mit Alkohol 3 und Olivenöl 40 und Verdunsten des Alkohols hergestellt. Nur äusserlich; veraltet!.

7. **Folia Stramonii**, Stechapfelblätter, von Datura Stramonium. Wirksame Bestandtheile: Atropin (Daturin) und Hyoscyamin. Gaben 0,02—0,2!, täglich bis 1,0!.

11. Die Gruppe des Muscarins.

Das Muscarin, ein in dem Fliegenpilz (Agaricus muscarius) enthaltenes Alkaloid, verursacht an den gleichen peripheren Organtheilen, die durch das Atropin gelähmt werden (vgl. S. 55), eine hochgradige Erregung. Diese ist an den Hemmungsvorrichtungen des Froschherzens so stark, dass ein vollständiger anhaltender diastolischer Stillstand des letzteren eintritt, aber allerdings nur dann, wenn die Herzmuskulatur sich nicht im Reizzustande befindet, sondern die Pulsationen blos von den motorischen Ganglien vermittelt werden. An Säugethieren bringt die Erregung der entsprechenden Nervenelemente in den verschiedenen Organen folgende Erscheinungen hervor: Verlangsamung der Pulsfrequenz und Sinken des Blutdrucks, Speichel- und Thränenfluss, vermehrte Pancreas-, Gallen-, Schleim- und Schweisssecretion, Pupillenverengerung und Accommodationskrampf, heftige tetanische Contractionen des Magens und Darmkanals mit ihren Folgen Durchfall und Erbrechen, endlich Zusammenziehungen der Blase, der Milz und vielleicht auch des Uterus.

Alle diese Erscheinungen, auch der Herzstillstand an Fröschen, schwinden vollständig nach der Anwendung entsprechender Gaben Atropin oder bleiben umgekehrt an atropinisirten Thieren vollständig aus, falls die Atropinwirkung einen höheren Grad erreicht hat. Wenn nach kleineren Atropingaben die Erregbarkeit nicht völlig aufgehoben, sondern blos abgestumpft ist, so sind grössere Mengen von Muscarin bis zu einem gewissen Grade noch wirksam.

Säugethiere sterben bei der Muscarinvergiftung an den Folgen des Herzstillstandes. Die Gefahr wird schnell und sicher durch kleine Gaben Atropin beseitigt. Letzteres kann daher auch bei der Fliegenpilzvergiftung gute Dienste leisten.

Nach subcutaner Injection von 1—3 mg Muscarin erfolgen am Menschen profuser Speichelfluss, Blutandrang zum Kopf, Steigerung der Pulsfrequenz, die auch bei Hunden der Verlangsamung vorausgeht, Röthung des Gesichts, Schwindel, Beklemmung, Beängstigung, Uebelkeit, Kneifen und Kollern im Leibe, Sehstörungen, namentlich Accommodationskrampf, starke Schweissbildung am Gesicht und in geringerem Grade auch am übrigen Körper.

Von diesen Wirkungen treten zuerst der Speichelfluss und mässige Schweissbildung ein. Das Muscarin könnte daher in ähnlichen Fällen wie das Pilocarpin für therapeutische Zwecke verwendet werden.

12. Die Gruppe des Pilocarpius und Nicotins.

Die beiden Alkaloide Pilocarpin und Nicotin wirken auf dieselben Organe erregend wie das Muscarin, nur sind, wenigstens am Herzen, die Angriffspunkte andere und ausserdem folgt hier auf die Erregung bald eine Lähmung der Endigungen der Hemmungsfasern.

Das Froschherz wird zunächst wie nach Muscarin in diastolischen Stillstand versetzt, dessen Eintreten durch Atropin verhindert werden kann. Der Stillstand ist ein vorübergehender, und wenn dann die Zahl der Herzcontractionen ihr Maximum wieder erreicht hat, so ist Vagusreizung nicht mehr im Stande einen diastolischen Stillstand des Herzens oder auch nur eine Verlangsamung der Pulsationen hervorzurufen, während Muscarin und Sinusreizung sich wie am normalen Herzen verhalten und erst durch Atropin unwirksam gemacht werden. Eine Lähmung der Vagusfasern verursachen Pilocarpin und Nicotin ebensowenig wie irgend ein anderes Gift. Ihre Angriffspunkte an den Hemmungsvorrichtungen liegen daher zwischen den eigentlichen Fasern und jenen Theilen, auf welche das Muscarin seinen erregenden, das Atropin den lähmenden Einfluss ausübt. Grössere Gaben von Pilocarpin lähmen schliesslich das Herz selbst.

Am Auge verhalten sich die beiden Alkaloide wie das Muscarin. Doch folgt auf die Pupillenverengerung ein mässiger Grad von Erweiterung, so dass, ähnlich wie an den Vagusendigungen im Herzen, die ursprüngliche Erregung der Oculomotoriusendigungen von einer Abnahme der Erregbarkeit gefolgt ist.

An den Drüsen und Unterleibsorganen tritt nur die Erregung deutlich zu Tage.

Die Steigerung aller Secretionen, namentlich der Schweiss- und Speichelsecretion, heftige Contractionen des Magens und Darmkanals, die zu Erbrechen und Durchfällen führen, sind die hervorstechendsten Erscheinungen dieser Wirkungen. Auch sie werden leicht durch das Atropin beseitigt.

Das Nicotin führt in grösseren Gaben zu einer rasch eintretenden Lähmung aller Theile des Centralnervensystems und namentlich auch des Respirationscentrums. Der Tod erfolgt daher unter den Erscheinungen des Collaps, wobei fast immer Convulsionen vorausgehen. Auch kleine Gaben, etwa $1/4$—$1/2$ mg auf 1 kg Säugethier oder Mensch, verursachen ähnliche, aber nicht zum Tode führende Collapserscheinungen, d. h. Lähmungszustände geringeren Grades im centralen Nervensystem. Besonders hervortretend ist dabei die allgemeine Schwäche, die mit den Erscheinungen seitens der peripheren Organe, insbesondere mit Uebelkeit und Erbrechen gepaart, das Vergiftungsbild charakterisiren, das häufig bei Anfängern im Rauchen zur Beobachtung kommt. Ausserdem verursacht das Nicotin bei Fröschen erst eine Erregung und dann nach Art des Curare eine Lähmung der Endigungen der motorischen Nerven.

Es ist zwar möglich, durch geeignete Gaben von Nicotin am Menschen einzelne der Wirkungen auf die genannten peripheren Organe, namentlich Speichelfluss und verstärkte Darmperistaltik ohne gleichzeitige Lähmungserscheinungen seitens des centralen Nervensystems herbeizuführen, wie es namentlich durch Application von Tabaksklystieren gelegentlich noch geschieht; doch ist eine solche Anwendung des Nicotins oder Tabaks immer mit einer gewissen Gefahr verbunden und daher zu verwerfen.

Das Pilocarpin verursacht ähnliche Funktionsstörungen des centralen Nervensystems wie das Nicotin, namentlich Dyspnoe, krampfartiges Zucken und Zittern des Körpers, Drehbewegungen; an Fröschen ausgebildete Convulsionen und Lähmungserscheinungen, nach grösseren Gaben (10—15 mg) sofort die letzteren. An Säugethieren tritt die Verminderung des Gefässnerventonus frühe in den Vordergrund.

Aber alle diese Wirkungen bilden kein Hinderniss für die Anwendung des Pilocarpins, wenn es darauf ankommt, **reichliche Schweissbildung und Speichelfluss zu erzielen**, weil sie erst nach viel grösseren Gaben eintreten, als für den therapeutischen Zweck erforderlich sind. Am Menschen kommen besondere Gefahren überhaupt wohl nicht in Frage, weil mit steigender Dose lange vor dem Auftreten der gefahrdrohenden Symptome, die hauptsächlich von der Gefässnerven- und Herzlähmung abhängen, neben den ersten Erscheinungen der Pilocarpinwirkung, dem Speichelfluss und der Schweisssecretion, die Magen- und Darmsymptome, Erbrechen und Durchfälle sich einstellen und den Grad der Wirkung signalisiren, bei welchem der weitere Gebrauch grösserer Gaben des Mittels aufzuhören hat.

Das Pilocarpin kann also dazu benutzt werden, um die Secretionen im Allgemeinen, namentlich aber die **Speichel- und Schweisssecretion zu vermehren**. Obgleich über das Verhalten der Harnsecretion keine ausreichenden Thatsachen vorliegen, so darf doch mit genügender Sicherheit behauptet werden, dass sie durch das Pilocarpin direct nicht beeinflusst wird. Die **Anwendung dieses Mittels bei Nierenerkrankungen** kann daher nur den Sinn haben, das regelrecht durch die Nieren austretende Wasser wie bei einer Schwitzkur auf andere Bahnen zu leiten. Wie weit davon ein therapeutischer Erfolg zu erwarten ist, muss die Erfahrung am Krankenbett lehren, die vorläufig noch zu jung und zu wenig umfangreich ist, um ein sicheres Urtheil zu gestatten. Auch die Antwort auf die Frage, in welchen Fällen eine durch Nerveneinfluss vermehrte Speichel- und namentlich Schweisssecretion von Nutzen ist, lässt sich nicht theoretisch construiren, sondern kann nur auf Grund von Versuchen an Kranken beantwortet werden. Doch darf nach dem Charakter der Pilocarpinwirkung angenommen werden, **dass die therapeutische Bedeutung des Mittels ausschliesslich von den Folgen der gesteigerten Secretionsthätigkeiten abhängt.** Es wird daher vielfach als ein kräftiges „Absorbens" zur Beseitigung von Exsudaten, selbst wenn diese ihren Sitz im Auge haben, angesehen. Umgekehrt sind die Contraindicationen in solchen Fällen gegeben, in denen die Vermehrung jener Secretionen zu vermeiden ist. Dabei ist noch darauf aufmerksam zu machen, dass auch die Secretion in den Bronchien sehr vermehrt wird, dass Kaninchen bei dieser Vergiftung nicht selten an **Lungenödem** sterben und dass die Disposition zu letzterem am Menschen die Anwendung dieses Mittels verbieten könnte. Hier hat die Vorsicht Platz zu greifen, bevor schlimme Erfahrungen dazu nöthigen.

1. **Pilocarpinum hydrochloricum**, salzsaures Pilocarpin, $C_{11}H_{16}N_2O_2,HCl$. In Wasser sehr leicht lösliche Krystalle, meist mit etwas Jaborin, einem nach Art des Atropins wirkenden basischen Zersetzungsproductes des Pilocarpins verunreinigt, welches die therapeutisch wichtigen Wirkungen des letzteren zu beeinträchtigen oder gar aufzuheben im Stande ist. Gaben 0,005—0,03!, täglich bis **0,06!**.

2. **Folia Jaborandi**, Jaborandiblätter. Die Fiederblätter von Pilocarpus pennatifolius. Wirksame Bestandtheile: **Pilocarpin** und **Jaborin** (vergl. das vorige Präparat). Als Aufguss 1 : 30, esslöffelweise.

3. **Folia Nicotianae**, Tabakblätter; von Nicotiana Tabacum; enthalten durchschnittlich 1—3% Nicotin.

13. Die Gruppe des Coniins und Lobelins.

Den Alkaloiden der vorigen Gruppe schliessen sich das Coniin und Lobelin an. Ersteres ist ein sauerstofffreies, flüssiges und flüchtiges Alkaloid, das mit Chlor- und Bromwasserstoff schön krystallisirende Salze liefert. Es erzeugt an den Theilen der Hemmungsvorrichtungen des Herzens, welche von dem Nicotin und Pilocarpin in der angegebenen Weise erst erregt und dann gelähmt werden, von vorne herein eine Lähmung.

Das Lobelin, welches chemisch noch nicht näher untersucht ist, wirkt auf die Hemmungsvorrichtungen nach Art des Atropins.

Das Coniin vermehrt die Thränen-, Speichel- und auch die Harnsecretion (Prevost), das Verhalten der übrigen Drüsen ist unbekannt.

Ob die peristaltischen Bewegungen des Darms eine Verstärkung erfahren, ist nicht besonders untersucht. Doch deuten unter den Vergiftungserscheinungen Erbrechen und Durchfälle auf eine Wirkung im Sinne des Nicotins hin.

Aehnlich verhält sich diesen peripheren Organen gegenüber das Lobelin. Gaben von 2—10 mg pro kg Thier verursachen Speichelfluss, Erbrechen, Durchfälle (Rönnberg).

Beide Alkaloide wirken **lähmend auf das Centralnervensystem** und besonders an Fröschen curarinartig auf die Endigungen der motorischen Nerven.

Das Coniin erzeugt zugleich heftige Convulsionen, an Fröschen aber nur dann, wenn die motorischen Nerven durch Unterbindung der Gefässe vor der Einwirkung des Giftes geschützt werden (Harnack und Meyer). Von anderer Seite wird angegeben, dass die Krämpfe auch unter diesen Bedingungen ausbleiben (Fliess und Kronecker).

Das Lobelin scheint in erster Linie narkotisch auf das Gehirn zu wirken und Somnolenz und Unempfindlichkeit gegen Hautreize hervorzubringen. Am Menschen wurden nach 11 mg, in einzelnen kleineren Dosen gegeben, Kratzen im Schlunde, Kolikschmerzen, Uebelkeit, breiiger Stuhl und leicht soporöser Zustand beobachtet (Rönnberg). Nach dem Gebrauch der officinellen Tinctura Lobeliae hat man diese Erscheinungen im verstärktem Masse, als Brennen im Halse, Dysphagie, Erbrechen, Gefühl von Zusammenschnüren des Kehlkopfs und der Brust, auftreten sehen und daneben Schweisse, Verengerung der Pupille, Schlafsucht und andere intensivere Cerebralsymptome.

Ob einzelne dieser Erscheinungen von besonderen Wirkungen auf centrale oder periphere Theile der Nerven der Respirationsorgane abhängen und ob sich daraus eine Indication für die Anwendung des Lobelins oder der officinellen Präparate des Lobelienkrautes bei asthmatischen Zuständen verschiedenen Ursprungs ergibt, lässt sich zur Zeit nicht entscheiden. Den günstigen Urtheilen über den Erfolg von amerikanischer Seite, stehen weniger günstige auf europäischer gegenüber.

Die Verwendung des Coniins, namentlich bei Krampfkrankheiten, basirt weder auf einer rationellen, noch empirischen Indication. Der Gebrauch ist lediglich durch Tradition fortgepflanzt.

1. **Herba Conii**, Schierling. Blätter und blühende Spitzen des Conium maculatum. Wirksamer Bestandtheil ist das sauerstofffreie Alkaloid Coniin. Gaben 0,05—0,3!, täglich bis 2,0!.

2. **Herba Lobeliae**, Lobelienkraut, indianischer Tabak. Das blühende Kraut der Lobelia inflata. Wirksamer Bestandtheil: Lobelin. Gaben 0,1—0,4, täglich bis zu 2,0—5,0, im Aufguss.

3. **Tinctura Lobeliae**, Lobelientinctur. Lobelienkraut 1, verd. Weingeist 10. Gaben 0,3—1,0!, täglich bis 5,0!.

14. Die Gruppe des Physostigmins.

Das in den Calabarbohnen enthaltene Alkaloid Physostigmin verursacht eine Erregung oder Reizung der quergestreiften und glatten Muskeln und gleichzeitig eine Lähmung aller Gebiete des centralen Nervensystems. Das reine, von dem strychninartig wirkenden Calabarin freie Alkaloid ist von Harnack und Witkowski untersucht.

Die Erregung der Skeletmuskeln macht sich an Säugethieren und bisweilen auch an Fröschen in Form fibrillärer Zuckungen bemerkbar, die sowohl nach Durchschneidung der zuführenden Nervenstämme als auch bei completer Chloralnarkose und bei vorsichtiger aber vollständiger Curarisirung fortbestehen. Ist die letztere zu stark, so hören sie auf, wohl in Folge der Abnahme der Muskelerregbarkeit. Die Erregbarkeit der curarisirten und dann mit Physostigmin vergifteten Muskeln nimmt an Fröschen bei der Reizung mit dem Oeffnungsinductionsschlag erheblich zu, ohne dass ihre Leistungsfähigkeit erhöht wird.

Am Herzen werden durch diese Muskelwirkung kräftigere Contractionen hervorgerufen, die an Säugethieren zu einer Steigerung des Blutdrucks auch dann führen, wenn zuvor Atropin, Curare oder Chloralhydrat gegeben waren, woraus hervorgeht, dass die Druckerhöhung weder von einer Lähmung der Hemmungsvorrichtungen, noch ausschliesslich von einer Gefässverengerung abhängig ist. Die Blutdrucksteigerung ist von einer Verlangsamung der Pulsfrequenz begleitet, die aber bei chloralisirten und dann vergifteten Thieren ausbleibt.

Der durch das Muscarin bewirkte diastolische Herzstillstand bei Fröschen wird durch das Physostigmin soweit aufgehoben, dass regelmässige Contractionen eintreten, doch lässt sich an der Beschaffenheit der Pulse leicht erkennen, dass die Muscarinwirkung noch fortdauert und nur durch die Erregung des Herzmuskels überwunden wird. Auch Vagus- und Sinusreizung veranlassen keinen Stillstand mehr. Der letztere stellt sich aber wieder ein, wenn man nach Muscarin und Physostigmin durch kleine Mengen eines muskellähmenden Giftes, z. B. Apomorphin oder neutrale Kupferoxydlösungen, die Erregbarkeit des Herzmuskels abstumpft und dadurch die Physostigminwirkung beseitigt. Atropin hebt dann schliesslich auch diesen Stillstand auf, wenn die Muskulatur noch genügend erregbar ist.

Verschiedene andere Substanzen setzen das durch Muscarin zur Ruhe gebrachte Herz in derselben Weise wie das Physostigmin wieder in Bewegung. Dahin gehören Campher, Monobromcampher, Borneol, Anilinsulfat, Arnicacampher, Cumarin, Guanidin. Das letztere erregt vermuthlich nicht die Muskeln selbst, sondern die motorischen Ganglien im Herzen.

Die Erregung der glatten Muskeln verursacht am Darm bis zum heftigen Krampf gesteigerte peristaltische Bewegungen und erzeugt Contractionen des Magens, der Milz, der Blase und des Uterus, die durch nervenlähmende Gaben von Atropin nicht beeinflusst werden.

Wenn man in entsprechender Weise einem Thier nacheinander Muscarin, Atropin und Physostigmin (an Katzen von letzterem etwa 5 mg) beibringt, so sieht man besonders schön am Darm erst einen Krampf, dann völlige Erschlaffung und schliesslich durch das letztere Gift wieder einen neuen Krampf auftreten.

Die Erscheinungen dieser Physostigminwirkungen sind Würgen, Erbrechen, Durchfälle und Harnentleerung.

Die gleiche Reihenfolge entsprechender Veränderungen wird am Auge durch die drei Gifte hervorgebracht, und zwar erst durch Muscarin Verengerung der Pupille und Krampf der Accommodation, dann durch Atropin Erweiterung der ersteren und Lähmung der letzteren und schliesslich durch Physostigmin wieder Verengerung und Krampf.

Das Physostigmin macht die atropinisirte Pupille enger, weil es die Irismuskeln erregt, die durch mässige Gaben von Atropin nicht gelähmt werden. Das letztere erweitert aber in der Regel auch die durch Physostigmin enger gemachte Pupille, weil nach der Anwendung dieses Alkaloids die Pupillarweite einerseits von der directen Erregung des Sphincter durch das Gift und andererseits von dem gewöhnlichen Oculomotoriustonus abhängt. Der letztere wird durch das Atropin beseitigt und es folgt Erweiterung.

Da das Physostigmin gleichzeitig den Sphincter und Dilatator in der Iris erregt, die einander entgegenwirken, so lässt sich durch dieses Myoticum die Pupille selbst an Katzen nicht bis zur Berührung der Irisränder verkleinern, wie es beim Muscarin möglich ist.

Nicht zu erklären ist die durch das Physostigmin bewirkte Steigerung der Drüsensecretionen, die Vermehrung des Schleims, Speichels, der Thränen und des Schweisses. Man könnte wohl daran denken, dass es sich hier um eine directe Erregung der Drüsenzellen handle. Damit liesse sich die Thatsache in Einklang bringen, dass auch an der atropinisirten Unterkieferdrüse durch Physostigmin Speichelfluss entsteht, nicht aber die Beobachtung erklären, dass das Calabarextract die durch Atropin gelähmten Endigungen der Speichelnerven wieder erregbar macht (Heidenhain).

Das centrale Nervensystem wird in allen seinen Theilen von dem Physostigmin sehr rasch gelähmt und der Tod tritt in Folge des Respirationsstillstandes unter den Erscheinungen einer acuten Erstickung ein. Der allgemeinen Lähmung geht bei manchen Thierarten, namentlich Katzen, eine hochgradige Aufregung voraus, die sich in ungestümem Hin- und Herrennen kund gibt und von der heftigen Dyspnoe abzuleiten ist. Die tödtlichen Gaben betragen durchschnittlich 0,5—1 mg pro kg Säugethier. Wenn Meerschweinchen durch das Brown-Séquard'sche oder Westphal'sche Verfahren zu epileptiformen Krämpfen disponirt sind, so stellen sich diese Anfälle nach mässiger Physostigminvergiftung in den nächsten Tagen in ungewöhnlich grosser Zahl ein (Harnack und Witkowski). Danach ist wenig Hoffnung, mit dem Physostigmin etwas bei der Behandlung von Krankheiten des centralen Nervensystems auszurichten, in denen Krämpfe oder krampfartige Erscheinungen auftreten, ganz abgesehen davon, dass diese Anwendung stets mit Gefahren verbunden ist, weil da, wo überhaupt wirksame Mengen gegeben werden, leicht auch Collaps sich einstellt. Dem entsprechend sind die empirischen Resultate wenig günstig ausgefallen. Das früher vielfach geübte Probiren mit diesem Mittel scheint gegenwärtig bedeutend eingeschränkt zu sein.

Von den Wirkungen auf periphere Organe lassen sich nur die am Auge ohne alle Gefahr hervorrufen. Ihre Bedeutung besteht einmal in der Pupillenverengerung und dem Accommodationskrampf, der bei lähmungsartigen Zuständen der betreffenden Apparate gleichsam als gymnastisches Mittel verwendet werden könnte. Dann aber erfahren im Innern des Auges auch die Muskeln der Gefässe eine Erregung. Die letzteren werden dadurch enger, und es treten ganz andere Circulationsverhältnisse im Auge ein, die auf die Ernährungsvorgänge im letzteren von dem grössten Einfluss sein können. Die nächste Folge ist eine Abnahme des intraoculären Druckes. Von dieser Gefässwirkung müssen die günstigen Erfolge abgeleitet werden, die bei der Behandlung des acuten Glaucoms zuerst von Laqueur beobachtet sind. Pilocarpin und Muscarin, die keinen Einfluss auf die Gefässe haben, sind für diesen Zweck unbrauchbar. Auch für die Verengerung der Pupille eignet sich das Physostigmin weit besser als jene beiden Alkaloide, weil die Wirkung eine längere Dauer hat.

Physostigminum salicylicum, salicylsaures Physostigmin. Farblose oder schwach gelbliche, in 150 Wasser lösliche Krystalle. Die Lösung nimmt bald eine rothe, später braune Färbung an, ohne dass die

Wirksamkeit wesentlich abgeschwächt wird. Das Alkaloid findet sich neben dem strychninartig wirkenden Calabarin in den Calabarbohnen, die von Physostigma venenosum stammen. Eine geringe Verunreinigung mit dem Calabarin ist für die Anwendung in der Augenheilkunde nicht störend. Auch das unreine Physostigmin wird unter dem Namen Eserin noch hier und da angewandt. Gaben 0,001!, täglich bis 0,003!.

15. Die Gruppe des Apomorphins.

Das Apomorphin, welches aus dem Morphin unter der Einwirkung von concentrirten Mineralsäuren durch Abspaltung von Wasser entsteht, verursacht an Säugethieren anfangs eine hochgradige Erregung und darauf eine Lähmung der Bewegungs- und Empfindungscentra des Gehirns und der Medulla oblongata. An Fröschen wird die Muskelerregbarkeit nach Gaben von 0,5—5,0 mg vermindert, nach 10 mg gänzlich vernichtet, ohne dass hernach Todtenstarre eintritt. Aehnlich verhält sich der Herzmuskel. An Säugethieren ist diese Muskelwirkung nicht mit Sicherheit festzustellen, und es treten ausschliesslich die Veränderungen der Gehirn- und Medullarfunktionen in den Vordergrund, die Erregungserscheinungen namentlich bei Kaninchen, welche nach 5—10 mg heftige Unruhe, Aufregung und grosse Schreckhaftigkeit zeigen, besonders bei Berührung, Lärm und anderen Eindrücken auf die Sinnesorgane. Daneben stellt sich ein lebhafter Trieb zu spontanen Bewegungen ein, der die Thiere zu fortwährendem Hin- und Herlaufen, zu Sprüngen gegen die Wand und zum Bewegen aller Gegenstände veranlasst, die in ihre Nähe kommen.

Der Tod erfolgt bei diesen Thieren erst nach 10—20 mg durch Erstickung, indem das Respirationscentrum nach der anfänglichen Erregung, welche ihren Ausdruck in der Steigerung der Athemfrequenz findet, später einer Lähmung unterliegt. Dem Tode gehen Lähmungserscheinungen und heftige Convulsionen voraus, die zu einer Zeit auftreten, in der die Respirationsstörungen noch nicht soweit gediehen sind, um die Annahme von Erstickungskrämpfen zu rechtfertigen.

Aehnliche Erregungszustände werden bei Katzen und Hunden beobachtet. Doch treten bei den letzteren die Convulsionen erst nach der Injection von 0,5—0,6 g Apomorphin in das Blut auf.

Bevor aber alle diese Wirkungen und die davon abhängigen

Erscheinungen nach grösseren Mengen des Alkaloids sich geltend machen, wird durch weit kleinere Gaben als einziges Symptom der Apomorphinwirkung Erbrechen herbeigeführt, das mit allen seinen charakteristischen Begleiterscheinungen sich ganz regelmässig beim Menschen und bei allen Thieren einstellt, die überhaupt diesem Vorgange unterworfen sind.

An Hunden erfolgt das Erbrechen nach subcutaner Einspritzung von 0,5—1,0 mg Apomorphinhydrochlorat in 2—3 Minuten, beim erwachsenen Menschen nach 5—10 mg selten später als nach 15 Minuten. Bei Kindern in den ersten Lebensjahren genügen 0,5—2,0 mg.

Dem Eintritt des Erbrechens geht der Symptomencomplex voraus, der durch die Nausea charakterisirt ist: Uebelkeit, ein Gefühl von Abspannung, Erschlaffung und Schwäche der Muskelkraft, die Empfindung ausbrechenden Schweisses oder ein leichtes Hitzegefühl, vermehrte Speichel- und wohl auch Schleimabsonderung und unmittelbar vor dem Erbrechen eine starke Vermehrung der Pulsfrequenz. Bei Gaben, welche rasch Erbrechen herbeiführen, können diese Erscheinungen mehr oder weniger fehlen. Kleine Gaben, nach denen es nicht zum Erbrechen kommt, verursachen längere Zeit andauernde Uebelkeit, Erschlaffung, Vermehrung der Secretionen und Abnahme der Pulsfrequenz.

Solche nauseosen Gaben aller Brechmittel werden als sogenannte Expectorantien in Lungenkrankheiten, insbesondere bei Bronchialcatarrhen angewendet, um die Entleerung zähen Schleims durch Husten und Räuspern zu erleichtern. Dadurch wird der Hustenreiz gemildert und der kranken Schleimhaut die zu ihrer Heilung erforderliche Ruhe verschafft. Diese expectorirende Wirkung hängt jedenfalls mit der Vermehrung der Secretionen zusammen, die in dem Stadium der Nausea auftritt und vermuthlich auch die Schleimsecretion betrifft. Wie aber diese und die übrigen Erscheinungen dieses Stadiums und des Brechacts zu erklären sind, kann hier nicht näher erörtert werden. Sicher ist, dass es sich dabei nicht um eine directe Wirkung des Brechmittels handelt.

Die vor dem Eintritt des Erbrechens besonders an Hunden auffällige Steigerung der Pulsfrequenz muss von einer durch den

Brechact bedingten Erregung der pulsbeschleunigenden Nerven abhängig gemacht werden, weil auch in diesem Falle, wie bei der Reizung jener Nerven, die Zunahme der Pulszahlen von keinerlei Veränderungen des Blutdrucks begleitet ist.

Dass das **Erbrechen** nach Apomorphin der **Erregung centraler Gebiete** seinen Ursprung verdankt, kann mit Sicherheit angenommen werden. Es ist der erste, man könnte sagen zarteste unter den Erregungszuständen, in welche später ausgedehntere Gebiete des Centralnervensystems versetzt werden. Man wird dabei an die Thatsache erinnert, dass der Reflexreiz, welcher beim Kitzeln des Gaumens entsteht, Erbrechen erzeugt, während energische Eingriffe auf diese Gegend des Rachens oft unwirksam bleiben.

Als **Brechmittel** verdient das Apomorphin vor dem Brechweinstein, dem Emetin oder der Ipecacuanha und auch vor dem Kupfersulfat den unbedingten Vorzug, weil es sich subcutan anwenden lässt, ohne an der Injectionsstelle Entzündung zu erzeugen, wie es die genannten Mittel so leicht thun. Auch erfolgt die Wirkung sehr rasch und zwar nach verhältnissmässig kleinen Mengen, während die gefahrdrohenden Erscheinungen erst nach weit grösseren Gaben eintreten. Die therapeutische Bedeutung des Erbrechens oder des Brechacts zu erörtern, ist nicht die Aufgabe der Arzneimittellehre.

Wie in anderen Fällen, können auch die durch das Apomorphin hervorgerufene Nausea und das Erbrechen gelegentlich **schlimme Folgen** haben, welche namentlich bei Kindern in Collapsuszuständen bestehen. Das Mittel selbst ist daran unschuldig, denn dass dabei eine directe Muskelwirkung im Spiele ist, erscheint im höchsten Grade unwahrscheinlich.

Apomorphinum hydrochloricum, salzsaures Apomorphin, Apomorphinhydrochlorat. In Wasser lösliche, grauweisse Krystalle. Die Lösung wird bald grün und bei längerem Stehen fast schwarz, ohne dadurch an Wirksamkeit wesentlich einzubüssen. Gaben als Brechmittel subcutan 0,005—0,01!, täglich bis 0,05!. Bei Kindern 0,0005—0,002. Als Expectorans innerlich 0,001—0,002 alle 2—3 Stunden. Nur in Lösungen.

16. Die Gruppe des Emetins.

Das Emetin ist ein in der Brechwurzel oder Ipecacuanha enthaltenes schwer krystallisirendes (Podwyssotzki), farbloses aber am Lichte sich gelb färbendes Alkaloid, das keine deutlich krystallisirenden Salze liefert. Gaben von 0,010 g lähmen an Fröschen das centrale Nervensystem und vermindern die Leistungsfähigkeit der Muskeln, ohne indessen bis zum Eintritt des Todes die Erregbarkeit der letzteren zu vernichten.

Kleinere Gaben, von 0,005 — 0,010 g, verursachen zunächst Unregelmässigkeiten der Schlagfolge und der einzelnen Ventrikelcontractionen des Froschherzens und führen schliesslich Stillstand des letzteren im erschlafften und deshalb diastolischen Zustande mit Verlust der Erregbarkeit herbei. Doch kann nach diesen Mengen noch Erholung der Thiere erfolgen.

An Säugethieren, namentlich an Hunden, entwickeln sich bei jeder Art der Application allmählich heftige Darmerscheinungen, bestehend in einfachen oder blutigen Durchfällen, mit Schwellung, Röthung und Ekchymosirung der Schleimhaut, ähnlich wie bei der Vergiftung mit Arsen-, Platin-, Antimon-, Eisenverbindungen und mit Sepsin. Auch die Lungen befinden sich häufig, besonders bei Kaninchen (Duckworth), im Zustande hochgradiger Congestion, ödematöser Infiltration und rother Hepatisation.

Bei subcutaner oder intravenöser Injection erfolgt der Tod durch Herzlähmung; bei Katzen im ersteren Falle nach 0,09—0,1 g, im letzteren schon nach 0,02—0,05 g. Vorher aber sinkt die Blutdruckcurve fast auf die Nulllinie herab, während die einzelnen Pulse ähnlich wie beim Chloralhydrat (vergl. S. 35) sich 50—60 mm über der Abscisse erheben (Podwyssotzki).

Es wird also das Gefässsystem früher gelähmt als das Herz, ganz in derselben Weise, wie man es bei den oben genannten Vergiftungen beobachtet, welche die gleichen Darmerscheinungen hervorbringen.

Das Emetin wirkt auch entzündungserregend. Es erzeugt bei subcutaner Injection leicht Abscesse, in Salbenform auf die Haut gebracht Pusteln, an den Schleimhäuten Reizung und Entzündung, z. B. an der Conjunctiva und der Bronchialschleimhaut, wenn verstäubte Ipecacuanha hineingelangt. Von diesen Wirkungen hängen die Darmerscheinungen nicht ab, weil sie bei jeder Art der Application eintreten.

Das wichtigste Symptom der Emetinwirkung ist in praktischer Hinsicht das Erbrechen, welches sich in der Regel, wie nach Apomorphin, früher als alle übrigen Wirkungen einstellt. Zuweilen treten gleichzeitig Durchfälle auf.

Ueber das Zustandekommen des Erbrechens ist nichts Sicheres bekannt. Die Ansicht, dass es durch periphere Reizung centripetalleitender Nerven der Verdauungsorgane auf reflectorischem Wege ausgelöst wird, hat ebensoviel für sich, wie die Annahme, dass das Emetin central gelegene Theile, etwa ein Brechcentrum, direct in Erregung versetzt.

Das nauseose Stadium gestaltet sich ganz ähnlich wie beim Apomorphin (vergl. S. 74). Als Expectorans dürfte das Emetin in Form der Ipecacuanha vor dem Apomorphin den Vorzug verdienen, weil es langsamer resorbirt wird, und die Wirkung daher leichter über einen grösseren Zeitraum in gleichmässiger Weise ausgedehnt werden kann.

Früher wurde die Ipecacuanha häufiger als gegenwärtig in nauseosen und brechenerregenden Gaben bei Magen- und Darmkrankheiten der verschiedensten Art, unter anderen auch bei Durchfällen und namentlich in der Ruhr angewendet. Dass das Erbrechen in solchen Fällen durch Entleerung des Magens zuweilen nützlich werden kann, ist verständlich, nur wird es gegenwärtig häufig durch Schlundsonde und Magenpumpe ersetzt. Hinsichtlich der Wirkung kleiner Mengen bedarf zunächst die Frage einer eingehenden kritischen Untersuchung, ob und in welchen Fällen das Emetin oder die Brechwurzel auf Magen- und Darmleiden einen günstigen Einfluss ausübt. Dann erst kann eine Erklärung des letzteren versucht werden. Einstweilen widersprechen sich die betreffenden Angaben noch gar zu sehr.

1. **Radix Ipecacuanhae**, Brechwurzel. Die Wurzeläste der Psychotria Ipecacuanha (Cephaëlis Ipecacuanha). Gaben als Brechmittel 1,0 alle 10—15 Minuten, in Pulvern. Als Expectorans im Aufguss 1 : 200 esslöffelweise, 2—3 stündlich.

2. **Tinctura Ipecacuanhae**. Ipecacuanha 1, verd. Weingeist 10. Gaben 0,2—0,5 (5—15 Tropfen), 2—3 stündlich.

3. **Vinum Ipecacuanhae**, Brechwein. Ipecacuanha 1, Xereswein 10. Gaben wie bei der Tinctur.

4. **Syrupus Ipecacuanhae**. Auf 100 Theile 1 Thl. Ipecacuanha. Gaben als Expectorans 1—2 Theelöffel, 2—3 stündlich.

17. Die Gruppe des Saponins.

Der Gruppe des Emetins schliessen sich solche Droguen an, welche als einzigen wirksamen Bestandtheil **Saponin** oder andere diesem nahe stehende Substanzen enthalten. Zu diesen Droguen gehören die **Senegawurzel** und die **Sassaparille**.

Das **Senegin**, welches sich in der ersteren findet, scheint mit dem Saponin der Seifenwurzel identisch zu sein. In der Sassaparille ist neben gewöhnlichem **Saponin** (Dragendorff und Otten) das krystallisirbare, in Wasser sehr schwer lösliche **Parillin** oder Smilacin enthalten.

Das **Digitonin**, welches neben den anderen wirksamen Substanzen in der Digitalis vorkommt, ist eine besondere Art von Saponin, während das **Cyclamin** des Cyclamen europaeum und das **Primulin** der Primula officinalis mit dem gewöhnlichen Saponin anscheinend identisch sind (Mutschler).

Die **Saponine** sind amorphe in Wasser leicht zu schäumenden Flüssigkeiten lösliche Glykoside, die im Pflanzenreich eine grosse Verbreitung haben.

Die Wirkung derselben lässt sich der des Emetins an die Seite stellen. Wenn das Saponin in ebenso kleinen Mengen wirksam und nicht schwerer resorbirbar wäre, wie das letztere, so liesse sich wahrscheinlich zwischen beiden in dieser Beziehung kaum ein Unterschied erkennen.

Das Saponin verursacht an den Applicationsstellen **Entzündung**; im subcutanen Zellgewebe Phlegmone, im Magen und Darmkanal sogar Gastroenteritis. Es **lähmt das Nervensystem und die Muskeln**, verbreitet sich aber von den Applicationsstellen aus so langsam, dass es zunächst nur die den letzteren benachbarten Theile ergreift und partielle Lähmungen erzeugt. An Säugethieren erfolgt der Tod bei der Einspritzung in das Blut hauptsächlich durch Herzlähmung, weil das Gift zuerst mit diesem Organ in Berührung kommt.

Kleine Mengen rufen am Menschen Erscheinungen hervor, die denen des **Nausea-Stadiums** der Brechwirkung sehr ähnlich sind, namentlich Kratzen im Halse, Hustenreiz und vermehrte Schleimsecretion. Man kann daher die saponinhaltigen Droguen als **Expectorantien** in demselben Sinne anwenden, wie die eigentlichen Brechmittel. Das geschieht hauptsächlich mit der **Senegawurzel**. Ein Vortheil dieses Mittels gegenüber der Ipecacuanha kann darin gesucht werden, dass wegen der langsamen Resorption und wahrscheinlich auch trägen Ausscheidung des Saponins die schwächsten Grade der expectorirenden Wirkung ohne lästige oder schädliche Nebenerscheinungen sich noch bequemer als beim Emetin längere Zeit hindurch in gleichmässigem Grade unterhalten lassen. Man hätte dem entsprechend der Senega in solchen Fällen vor anderen Expectorantien den Vorzug zu geben, in denen der Gebrauch längere Zeit, Wochen und Monate hindurch fortgesetzt werden soll, also in chronischen Zuständen und bei Personen, die höhere Grade der Wirkungen des nauseosen Stadiums der Brechmittel schlecht vertragen. Unentbehrlich ist indess die Senega nicht, weil sich bei geschickter Handhabung der gleiche Zweck auch durch die Ipecacuanha erreichen lässt.

In Bezug auf die Anwendung der Sassaparille in Form der berühmten Zittmann'schen Decocte bei der Behandlung der Syphilis ist Böcker vor einem Vierteljahrhundert nach sorgfältigen historischen, kritischen und experimentellen Untersuchungen zu der Ansicht gelangt, „dass die Sassaparille vielleicht ein treffliches Heilmittel sein kann, dass dieses aber bis jetzt noch nicht bewiesen ist." Wir dürfen heute auch den Vordersatz bezweifeln und es ohne Bedenken aussprechen, dass die Sassaparille gegenüber anderen ähnlich zusammengesetzten Droguen, z. B. der Seifenwurzel, unmöglich ein vortreffliches Arzneimittel sein kann. Dass nach ihrem Gebrauch eine schwache Saponinwirkung in dem oben angegebenen Sinne gelegentlich nützlich wird, ist damit natürlich nicht ausgeschlossen.

1. **Radix Senegae**, Senegawurzel. Von Polygala Senega. Wirksamer Bestandtheil **Saponin** (Senegin). Gaben 5,0—15,0 täglich auf 100—200 Aufguss.

2. **Syrupus Senegae**. Auf 100 Syrup 5 Senegawurzel. Gaben theelöffelweise mehrmals täglich.

3. **Radix Sarsaparillae**, Sassaparille. Wurzeln centralamerikanischer Smilax-Arten. Wirksamer Bestandtheil **Saponin** und daneben vielleicht das **Parillin** (Smilacin).

4. **Decoctum Sarsaparillae compositum fortius**, starkes Zittmann'sches Decoct. Sassaparille 100, Zucker 5, Alaun 5, Anis 5, Fenchel 5, Sennesblätter 25, Süssholz 10 auf 2500 Theile Decoct.

5. **Decoctum Sarsaparillae compositum mitius.** Schwaches Zittmann's Decoct. Sassaparille 50, Citronenschale 5, Zimmt 5, Cardamomen 5, Süssholz 5 auf 2500 Theile Decoct. Gaben Morgens 500 g starkes Decoct warm, Nachmittags ebenfalls 500 g von dem schwachen kalt zu trinken.

18. Die Gruppe des Digitalins.

Eine Anzahl stickstofffreier, neutraler Pflanzenbestandtheile, von denen der grösste Theil zu den Glykosiden gehört, wirkt, abgesehen von quantitativen Unterschieden, in so gleichartiger Weise auf das Herz der verschiedensten Thierarten, dass jede dieser Substanzen in Bezug auf diese Wirkung wie eine getreue Copie der anderen erscheint.

Die wichtigsten unter ihnen sind das Digitalin, Digitaleïn und Digitoxin als Bestandtheile der Digitalis, und nach diesen das Scillaïn, welches das wirksame Agens der Meerzwiebel ist und im Handel in sehr unreinem Zustande unter dem Namen Scillitoxin vorkommt. Von den übrigen sind noch besonders zu nennen das in Wasser leicht lösliche, in den Helleborus-Arten sich findende Helleboreïn, ferner das Oleandrin, dem neben einem Gehalt an Digitaleïn (Neriin) der gemeine Oleander seine grosse Giftigkeit verdankt, dann das Apocynin, welches neben dem Apocyneïn im indianischen Hanf (Apocynum cannabinum) vorkommt, und das in der Frühlings-Adonis enthaltene Adonidin. Die drei letzteren sind, wie auch das Scillaïn, nicht krystallisirbar und in Wasser sehr schwer löslich. Das Convallamarin der Maiblumen, sowie das Digitaleïn und Apocyneïn sind Glykoside, welche, wie das Saponin, mit Wasser stark schäumende Lösungen geben. Andere dieser Gruppe angehörende Substanzen sind Seltenheiten, wie das Antiarin, Strophantin und Thevetin und der Rest theils noch nicht genauer untersucht, theils ohne besonderes Interesse.

Die Wirkung dieser Stoffe besteht fast ausschliesslich darin, dass sie in eigenartiger Weise die **Elasticitätsverhältnisse des Herzmuskels verändern**, ohne zunächst die Contractilität zu beeinträchtigen. Als nächste Folge dieser Veränderung lässt sich eine Zunahme des Pulsvolums unter Vergrösserung der diastolischen Phase nachweisen. Die **absolute Leistungsfähigkeit des Herzens** erfährt in diesem Stadium der Digitalinwirkung weder eine Erhöhung noch eine Verminderung. Dagegen ist die Blutmenge, welche unter diesen Verhältnissen in die Aorta getrieben wird, nicht nur bei jedem Pulsschlag, sondern auch in der Zeiteinheit grösser als vorher, also auch dann, wenn die Zahl der Pulsationen eine Verminderung erfahren hat. Diese Mittel bewirken daher eine stärkere Füllung der Arterien, indem sie die relative Arbeitsleistung des Herzens vergrössern. Dadurch wird der **Blutdruck** unter allen Umständen **erhöht**, gleichgültig ob er sich vorher relativ hoch oder, wie z. B. in der tiefsten Chloralnarkose, sehr niedrig befand. Mit dieser Druckerhöhung, die man indirect auch am Menschen nachzuweisen im Stande ist, tritt zugleich eine **Verlangsamung der Pulsfrequenz** ein, die von einer zum Theil in der Bahn des Vagus fortgeleiteten, zum Theil localen Errregung der Hemmungsvorrichtungen des Herzens abhängt und ausbleibt, wenn man die letzteren vorher durch Atropin lähmt. Auf das Zustandekommen der Druckerhöhung hat diese Lähmung keinen Einfluss. Im Verlaufe der Vergiftung verlieren die herzhemmenden Vagusendigungen auch ohne Atropin ihre Erregbarkeit, und dann beobachtet man gesteigerten Blutdruck mit beschleunigter Pulsfrequenz.

Der nächst stärkere Grad der Digitalinwirkung macht sich am **Froschherzen** durch eigenthümlich unregelmässige, sog. **peristaltische Bewegungen des Herzventrikels** kenntlich, an **Säugethieren** bei anhaltend hohem Druck durch Unregelmässigkeiten der Herzthätigkeit und wechselnde Pulsfrequenz.

Schliesslich tritt beim Frosch ein charakteristischer **Stillstand des Ventrikels in systolischer Stellung** ein, dem nach kurzer Zeit auch die Ruhe der Vorhöfe folgt.

In diesem Zustande ist aber das Herz noch nicht gelähmt, denn mechanische Ausdehnung desselben, durch welche es in die diastolische Stellung übergeführt wird, veranlasst wieder lebhafte Contractionen, bis schliesslich völlige Unerregbarkeit des Muskels Platz greift. Doch behält der letztere auch dann noch die Eigenschaft bei, nach dem Aufhören der Ausdehnung rasch wieder in die ausgesprochenste systolische Stellung zurückzukehren. An Säugethieren ist selbstverständlich diese Art der Herzruhe nicht nachzuweisen. Wenn schliesslich, meist plötzlich ein Stillstand eintritt, was sich durch rasches Absinken des Blutdrucks markirt, so ist das Herz sofort gelähmt, und das Thier unmittelbar darauf todt.

Von diesen Wirkungen lässt sich der erste Grad, die Erhöhung des Blutdrucks und die in der Regel damit verbundene Verlangsamung der Pulsfrequenz, durch geeignete kleine Gaben der Stoffe dieser Gruppe ohne besondere Gefahr für das Leben auch am Menschen hervorrufen und selbst längere Zeit unterhalten. Nur der Drucksteigerung kann man eine wesentliche therapeutische Bedeutung beimessen. Die übrigen Erscheinungen, namentlich auch die Verlangsamung der Pulsfrequenz, auf die man bei der Anwendung der Digitalis ein so grosses Gewicht gelegt hat, sind entweder nur Folgen des hohen arteriellen Drucks oder treten wie die entzündlichen Vorgänge an den Applicationsstellen nur gelegentlich als störende Momente ein.

Wenn eine stärkere Füllung der Arterien und die davon abhängige Steigerung des arteriellen Druckes die Veränderungen sind, die man an Gesunden und Kranken durch diese Stoffe zu erzeugen im Stande ist, so ergeben sich die Indicationen für ihre rationelle Anwendung von selbst. Ueberall da, wo Krankheitserscheinungen von einer zu geringen Füllung der Arterien und einem abnorm niederen Blutdruck abhängen, können diese Mittel in gewissen Fällen nützlich werden.

Zu den Krankheiten, deren Folgezustände und Symptome im Wesentlichen von einem zu geringen Blutgehalt der arteriellen Gefässe und einem niederen Druck in denselben abzuleiten sind, gehören in erster Linie die Klappenfehler des Herzens. Sie verursachen zunächst Stauungen des Blutes in den Venen und Capillaren des grossen und kleinen Kreislaufs. Das führt weiter zur Verminderung der Harnsecretion, zu Respirationsstörungen und Auftreten von Wassersuchten. Wird in diesen Fällen der Blutdruck erhöht, so nimmt die Harnsecretion zu, die ausgetretene Flüssigkeit wird aus den Höhlen und Geweben des Körpers resorbirt und die Respirationsstörungen schwinden.

Die sogenannte diuretische Wirkung ist nur als Folge des erhöhten Blutdrucks zu betrachten. Ist letzterer bereits normal hoch, so wird in der Regel durch die Digitalis keine Vermehrung der Harnabsonderung hervorgebracht, offenbar deshalb nicht, weil diese bereits ihr Maximum erreicht hat. Es kann auf der Höhe der Wirkung an Thieren die Harnmenge sogar abnehmen (Brunton).

In welchen speciellen Fällen die künstliche Erhöhung des

Blutdrucks von Nutzen ist, das festzustellen, ist die Aufgabe der speciellen Pathologie und Therapie.

Da das Herz unter dem Einfluss der Digitalinwirkung gezwungen ist, eine grössere Arbeitsleistung zu vollführen, so muss der Zustand seiner Musculatur diesen Anforderungen gewachsen sein. Erkrankungen derselben, z. B. Degenerationen, Atrophien, Dilatation, können daher im Allgemeinen die Anwendung verbieten.

Ob die Digitalinwirkung auch in solchen Krankheiten von Nutzen ist, in denen eine geringe Füllung der Arterien nicht von Abnormitäten des Herzens, sondern von anderen Ursachen abhängig ist, lässt sich aus Mangel an rationellen Beobachtungen nicht entscheiden. Es liegt in dieser Richtung zunächst die Aufforderung nahe, in der Pneumonie eine stärkere Füllung des arteriellen Systems herbeizuführen, wenn die Beschaffenheit des Pulses auf einen geringen Blutgehalt der Arterien hindeutet, um in dieser Weise die Circulation in den Lungen zu begünstigen und einen heilsamen Einfluss auf den entzündlichen Process auszuüben. Bisher hat man die Digitalis in dieser Krankheit blos zur Bekämpfung des Fiebers und der hohen Pulsfrequenz angewendet. Eine Herabsetzung der Temperatur kommt unter dem Einfluss dieses Mittels nur in der Weise zu Stande, dass entweder die Ursachen des Fiebers, z. B. die pneumonische Exsudation, beseitigt oder durch den Einfluss auf die Circulation der Stoffwechsel und die Wärmebildung beeinträchtigt werden. Letzteres geschieht aber nur in den stärkeren Graden der Digitalinwirkung, wenn bereits die Herzlähmung beginnt. Der Effect ist dem eines Collaps gleich zu setzen, wie er im Verlaufe schwerer Erkrankungen in Folge lähmungsartiger Zustände des Herzens, der Respiration oder anderer Gebiete auftritt. Man kann einen künstlichen Collaps erzeugen und dadurch die Körpertemperatur erniedrigen. Ganz abgesehen von der Frage, ob eine derartige Behandlung des Fiebers Nutzen schafft, ist sie für den Kranken jedenfalls mit Gefahren verbunden.

Die Anwendung der Stoffe der Digitalingruppe in der Lungenentzündung darf nur darauf ausgehen, wo es indicirt erscheint, eine stärkere Füllung der Arterien und in Folge dessen vielleicht eine Begünstigung des Lungenkreislaufs zu Wege zu bringen. In diesem Sinne sind Erfolge auch in solchen Krankheitsfällen denkbar, in denen **habituelle Lungencongestionen** zu **Lungenblutungen** führen und das Auftreten von Tuberkulose begünstigen. Auch ist es nicht unwahrscheinlich, dass eine längere Zeit unterhaltene stärkere Füllung der Arterien in derartigen Zuständen einen günstigen Einfluss auf die Ernährung im Allgemeinen auszuüben vermag. In früherer Zeit spielte die Digitalis sogar bei der Behandlung der ausgesprochenen Lungenschwindsucht eine grosse Rolle.

In der Praxis sind die reinen wirksamen Stoffe bisher so gut wie gar nicht in Anwendung gekommen; man gebraucht hauptsächlich die **Digitalis** und in gewissen Fällen die **Scilla**.

Die erstere enthält neben den drei zu dieser Gruppe gehörenden Bestandtheilen auch noch wirksame Spaltungsprodukte derselben und zwar das **Digitaliresin** und **Toxiresin**, welche durch Erregung entsprechender Gebiete des verlängerten Marks nach Art des Pikrotoxins Pulsverlangsamung, Gefässverengerung und in den höheren Graden der Wirkung Convulsionen hervorbringen. Es ist aber nicht wahrscheinlich, dass beim Gebrauch der Digitalis diese Substanzen in Frage kommen. Noch weniger lässt sich das von dem gleichfalls im rothen Fingerhut enthaltenen, dem Saponin chemisch und pharmakologisch nahe stehenden **Digitonin** annehmen.

Bei der praktischen Anwendung der Digitalis kommt daher nur die Digitalinwirkung in Betracht. In der Meerzwiebel sind andere wirksame Bestandtheile als das Scillaïn bisher nicht aufgefunden worden.

Die Frage, ob einzelne der oben genannten reinen Substanzen sich für therapeutische Zwecke eignen, kann vorläufig nicht mit Sicherheit beantwortet werden. Die einen sind schwer oder gar nicht in der nöthigen Menge ohne übermässige Kosten zu beschaffen, andere ihrer Eigenschaften wegen nicht zu gebrauchen. Zu den letzteren gehört das in Wasser absolut unlösliche **Digitoxin**, welches deshalb sehr langsam und ungleichmässig resorbirt wird. Eine Gabe von 1 mg desselben blieb ganz unwirksam, während an derselben Person 2 mg eine schwere nicht weniger als 4 Tage anhaltende Vergiftung erzeugten. Auch die in Wasser löslichen Substanzen gehen nicht ganz leicht in das Blut und die Gewebe über und werden anscheinend langsam ausgeschieden. Daher findet nach etwas längerem Gebrauch der Digitalis zuweilen eine Anhäufung der wirksamen Bestandtheile im Organismus statt und führt unerwartet zu einer unerwünscht starken, der sog. cumulativen Wirkung. Die anzuwendende Substanz muss daher möglichst gleichmässig resorbirt und ausgeschieden werden. Diesen Anforderungen dürfte am besten ein Alkaloid, das Erythrophleïn, entsprechen, welches in der Rinde von Erythrophleum guineense (Sassy-Rinde) enthalten ist. Doch bringt es neben der Digitalin- auch die pikrotoxinartige Digitaliresinwirkung (vergl. S. 84) hervor (Harnack und Zabrocki). Ob die letztere störend ist, muss durch Versuche an Kranken festgestellt werden.

Von den oben genannten Stoffen verdienen in erster Linie das chemisch reine Digitalin, das Adonidin, Scillaïn, Oleandrin und Apocynin Berücksichtigung. Sie sind zwar in Wasser schwer, aber doch in genügendem Masse löslich, um eine Resorption vom Magen aus zu ermöglichen. Dann ist das in Wasser leicht lösliche Helleboreïn zu nennen.

An die subcutane Anwendung dieser Substanzen ist kaum zu denken, weil sie mehr oder weniger leicht, auch dann, wenn sie in Wasser löslich sind, phlegmonöse Entzündung verursachen, das Digitoxin an Hunden schon in Gaben von $1/10 - 1/2$ mg. Damit hängt auch ihre Wirkung auf den Magen und Darmkanal zusammen, welche beim Gebrauch der Digitalis zuweilen zu gastrischen Störungen, Durchfällen und anderen Erscheinungen eines Gastrointestinalcatarrhs führt.

Diese Wirkungen können ebenfalls ein Hinderniss für die Anwendung einer sonst geeigneten Substanz bilden. Dass die Meerzwiebel so stark auf den Darmkanal einwirkt, hängt vielleicht damit zusammen, dass in ihr viel colloide Stoffe, hauptsächlich das Kohlehydrat Sinistrin, vorkommen, welche den Uebergang des Scillaïns in den Darm zu begünstigen, die Resorption aber zu beeinträchtigen im Stande sind.

1. **Folia Digitalis**, Fingerhutblätter; zur Blüthezeit gesammelte Blätter von Digitalis purpurea. Wirksame Bestandtheile Digitalin, Digitaleïn und Digitoxin, ausserdem die pikrotoxinartig wirkenden

Zersetzungsprodukte derselben, **Digitaliresin** und **Toxiresin**, und das saponinartige **Digitonin**. Gaben 0,05—0,2!, täglich bis 1,0! als Aufguss.

2. **Tinctura Digitalis.** Getrocknete Digitalisblätter 1, verd. Weingeist 10. Gaben 0,5—1,5!, täglich bis 0,5!.

3. **Extractum Digitalis.** Aus dem frischen Digitaliskraut durch Auspressen und mit Hilfe von ein wenig Wasser und Weingeist bereitet. Gaben 0,05—0,2!, täglich bis 1,0!.

4. **Acetum Digitalis.** Digitalisblätter 5, Weingeist 5, verd. Essigsäure 9, Wasser 36. Gaben 0,5—2,0! täglich bis 10,0!.

5. **Bulbus Scillae**, Meerzwiebel; die mittleren gelblich-weissen Schalen (die rothen äusseren sind weit wirksamer) der Zwiebel von Urginea maritima (Urginea Scilla, Scilla maritima). Wirksamer Bestandtheil das in Wasser sehr schwer lösliche Glykosid **Scillaïn**. Gaben 0,05—0,2!, täglich bis 1,0!, als Macerationsaufguss.

6. **Extractum Scillae.** Aus Meerzwiebel mit verdünntem Weingeist. Gaben 0,1—0,2!, täglich bis 1,0.

7. **Acetum Scillae.** Meerzwiebel 5, Weingeist 5, verd. Essigsäure 9, Wasser 36. Gaben 1,0—2,0!, täglich bis 10,0!.

8. **Oxymel Scillae**, Meerzwiebelhonig. Meerzwiebelessig 5, Honig 10, auf 10 Theile eingedampft. Gaben 5,0—10,0.

9. **Tinctura Scillae.** Meerzwiebel 1, verd. Weingeist 5. Gaben 10—20 Tropfen.

19. Die Gruppe des Veratrins.

Das **Veratrin**, welches neben anderen Alkaloiden in verschiedenen Veratrum-Arten enthalten ist, wirkt fast ohne Ausnahme auf alle Theile des peripheren und centralen Nervensystems heftig lähmend ein. Der Lähmung geht an verschiedenen Organen eine Erregung voraus. Die quergestreiften Muskeln werden zunächst in einen eigenartigen Zustand versetzt, in welchem sie sich bei Reizung zwar in der normalen Weise verkürzen, aber nur sehr langsam wieder auf die frühere Länge ausdehnen. Daher erfolgt bei Fröschen die Streckung rasch, wie unter gewöhnlichen Verhältnissen, die Beugung und das Anziehen der gestreckten Gliedmassen dauert dagegen sehr lange (v. Bezold). Dieser Vorgang ist für jede einzelne Zuckung mit einer grösseren Wärmebildung, also mit einem massenhaften Stoffumsatz verbunden (Böhm und Fick).

In ähnlicher Weise gestalten sich an diesen Thieren die Erscheinungen am Herzen. Die Systole vollzieht sich wie gewöhnlich, der Uebergang in die Diastole erfordert relativ viel Zeit (Böhm). Das lange Verharren im mehr oder weniger contrahirten Zustande verleiht dem Herzen in vielen Fällen den Anschein eines mit Digitalin vergifteten.

Bei fortschreitender Wirkung werden die Muskeln gelähmt, namentlich leicht der Herzmuskel der Säugethiere und wahrscheinlich auch die in demselben eingebetteten motorischen Ganglien.

Die Erscheinungen seitens der Drüsen und des Verdauungskanals, die in Absonderung eines schäumenden Secrets auf der Haut von Fröschen, in Speichelfluss, Ekel, Erbrechen, Kolikschmerzen, reichlichen Stuhlentleerungen an Säugethieren bestehen und ohne Zeichen von Entzündung auftreten, sind in Bezug auf ihr Zustandekommen noch nicht genauer untersucht.

Auf die Endigungen der motorischen Nerven der Skeletmuskeln, der Hemmungsfasern des Herzens, der sensiblen Nerven der Haut und der Schleimhäute und der centripetal leitenden Fasern in der Lunge wirkt das Veratrin erst erregend oder reizend und dann lähmend ein.

Besondere Beachtung verdient unter diesen Wirkungen die Erregung der Empfindungsnerven der Haut, der Zunge, des Rachens, des Magens und der Conjunctiva. Auf der Nasenschleimhaut reizt das Alkaloid daher zum Niesen, an den Augen ruft es Thränen, auf der Zunge Brennen, im Rachen und Magen Kratzen und prickelnde Empfindungen hervor. Wird es in einer fettigen Masse vertheilt oder in einer alkoholischen Flüssigkeit gelöst auf die Haut gebracht, so entstehen erst Wärmegefühl und Prickeln, die sich bis zum brennenden und stechenden Schmerz steigern können, ohne dass eine Röthung oder andere Erscheinungen einer entzündlichen Reizung auftreten. Darauf folgt eine Abstumpfung der localen Empfindung mit einem Gefühl von Kälte und Pelzigsein. Auf Grund dieser Wirkung findet das Veratrin in Salbenform als locales Anästheticum bei Neuralgien, namentlich des Gesichts und der Supraorbitalregion, vielfach Verwendung. Ein Erfolg ist mit einiger Sicherheit nur dann zu erwarten, wenn der Sitz der neuralgischen Erkrankung ein ganz oberflächlicher ist, wie es wohl am häufigsten bei Supraorbitalneuralgien vorkommt.

Unter den Wirkungen auf das Centralnervensystem, die alle mit allgemeiner Lähmung enden, treten neben dieser am Frosch tetanische Krämpfe, am Säugethier eine Lähmung des Respirationscentrums schärfer hervor. Sie führen im Verein mit der energischen Herabsetzung der Herzthätigkeit auch in den schwächeren Graden am Menschen zu Erscheinungen, die denen entsprechen, welche in ihrer Gesammtheit als Collaps bezeichnet werden.

Das Zustandekommen des letzteren wird noch besonders dadurch begünstigt, dass das Veratrin wie die eigentlichen Brechmittel, Apomorphin, Emetin und Brechweinstein, im hohen Masse Nausea mit ihren Begleiterscheinungen (vergl. S. 74) erzeugt, welche bei kleinen Kindern und schwächlichen Leuten allein für sich einen Collaps einzuleiten im Stande sind.

Das Veratrin kann daher als ein Mittel angesehen werden, durch welches man einen **künstlichen Collaps** herbeizuführen vermag. Schwindel, Verdunkelungen des Gesichts, Gefühl allgemeiner Schwäche und Hinfälligkeit, erst Beschleunigung, dann Verlangsamung sowie Schwäche und Unregelmässigkeit des Pulses, Uebelkeit, Würgen und andere Gastrointestinalsymptome, zuweilen Tage lang anhaltendes krampfhaftes Schluchzen (Wachsmuth), Kälte und Blässe der Haut und des Gesichts sind die Erscheinungen, welche man nach wiederholten und sogar nach einzelnen Gaben von durchschnittlich 3 mg essigsaurem Veratrin an Gesunden und Kranken hat auftreten sehen.

Es ist ferner leicht erklärlich, dass die Störung so zahlreicher Funktionen auch eine erhebliche **Abnahme der Körpertemperatur**, wahrscheinlich in Folge von Verminderung des Gesammtstoffwechsels, herbeiführt. Das kann auch bei Kranken mit hohen Fiebertemperaturen zu Wege gebracht werden.

Daher hat man das Veratrin vielfach als **antipyretisches Mittel** empfohlen und angewendet, namentlich bei Pneumonie und acutem Gelenkrheumatismus, die selber weniger leicht Collaps erzeugen, als z. B. der Typhus. Doch darf bei dieser Anwendung nicht vergessen werden, dass es sich dabei vielmehr um die Erzeugung eines künstlichen Collaps als um eine Entfieberung handelt (Wachsmuth). Die Erörterung der Frage aber, ob und wie weit ein solcher zur Behandlung von Krankheitsvorgängen dienen darf, die durch stärkeren Verbrauch von Körperbestandtheilen leicht Erschöpfung herbeiführen, liegt bereits ausserhalb des Bereiches der Arzneimittellehre.

Vielleicht liesse sich die Veratrinwirkung auf die Muskeln mit Vortheil therapeutisch verwenden, wenn es möglich wäre, sie ohne Gefahr in erheblichem Grade hervorzurufen.

1. **Veratrinum**, Veratrin. In Wasser fast unlösliches Alkaloid der Veratrum-Arten, welches mit verdünnten Säuren leicht lösliche Salze bildet. Gaben 0,002—**0,005**!, täglich bis **0,020**!. In Mixturen; weniger zweckmässig in Pillen.

2. **Rhizoma Veratri**, weisse Nieswurz; von Veratrum album. Wirksame Bestandtheile krystallisirbares und amorphes **Veratrin** und **Jervin** (Viridin).

3. **Tinctura Veratri.** Nieswurz 1, verd. Weingeist 10.

20. Die Gruppe des Aconitins.

Diese Gruppe umfasst die verschiedenen noch sehr ungenügend untersuchten Alkaloide der Aconitum- und Delphinium-Arten.

Es sind darunter besonders zu nennen: 1. Das krystallisirbare **Aconitin**, $C_{33}H_{43}NO_{12}$, im Aconitum Napellus. 2. **Pseudaconitin** oder **Nepalin**, $C_{36}H_{49}NO_{12} + H_2O$, krystallinisch; in der Wurzel von Aconitum ferox. 3. **Japaconitin**, $C_{66}H_{88}N_2O_{21}$, Krystalle; in der Wurzel von Aconitum japonicum. 4. **Delphinin**, $C_{22}H_{35}NO_6$, krystallinisch. 5. **Staphisagrin**, $C_{22}H_{33}NO_5$, amorph.

Die Wirkung dieser Alkaloide hat im Wesentlichen den gleichen Grundcharakter und betrifft das **Herz** und das **Centralnervensystem**. An Fröschen werden beide Organgebiete zugleich gelähmt, an Säugethieren tritt die Vernichtung der Erregbarkeit des Respirationscentrums in den Vordergrund.

Die älteren Untersuchungen beziehen sich vorzugsweise auf das sog. deutsche Aconitin des Handels, welches ein Gemenge von amorphem, nicht näher untersuchtem Aconitin und verschiedenen anderen Alkaloiden und deren Zersetzungsproducten zu sein scheint. Mit den oben genannten Basen experimentirten insbesondere Böhm und seine Schüler, Molènes (mit dem Aconitin von Duquesnel), Langaard (Japaconitin), v. Anrep. Eine vergleichende pharmakologische Untersuchung mit analysirten Präparaten fehlt noch.

Bei gleichen Gewichtsmengen wirkt das Japaconitin am stärksten (Langaard), ihm nahe stehend ist das krystallisirte Aconitin, welches in einem Falle in einer Gabe von 3—4 mg den Tod eines Menschen herbeiführte. Dann folgen das Pseudaconitin und Delphinin und schliesslich die relativ schwach wirkenden amorphen Handelspräparate.

Das Wesen der Wirkung dieser Alkaloide auf das Herz besteht darin, dass die motorischen Herzganglien erst erregt und dann gelähmt werden. Für das krystallisirte Aconitin wird die Erregung allerdings geleugnet (v. Anrep).

An Fröschen erfahren die Herzschläge zuerst eine Beschleunigung, dann eine Verlangsamung, hierauf werden sie in ähnlicher Weise wie nach Digitalin unregelmässig, und es erfolgt diastolischer Herzstillstand, der von der Lähmung der motorischen Ganglien abhängt und anfangs, wie es nach der Vergiftung mit amorphem Aconitin beobachtet ist, in eigenartiger Weise durch Vagusreizung aufgehoben wird (Böhm). Zuletzt stellt sich vollständige Unerregbarkeit des Herzens ein.

Auch an Säugethieren ist die Herzlähmung neben den Wirkungen auf das Centralnervensystem stets nachzuweisen, aber wenig deutlich. Nach kleinen Mengen der Gifte und in den Anfangsstadien ihrer Wirkung hängen indessen die Veränderungen der Pulsfrequenz und des Blutdrucks von verschiedenen Einflüssen ab, die sich zum Theil noch nicht übersehen lassen.

Das deutsche Aconitin bewirkt zunächst, und zwar auch nach Vagusdurchschneidung und nach Atropinvergiftung, Pulsverlangsamung ohne Blutdruckerniedrigung, während der Herzlähmung eine Pulsbeschleunigung vorausgeht. Das Pseudaconitin verursacht anfänglich Pulsverlangsamung und plötzliches Sinken des Blutdrucks. Diese Erscheinungen sind Folgen einer centralen Erregung des Vagus und bleiben nach der Durchschneidung des letzteren oder bei Anwendung von Atropin aus. Auch die Dyspnoe hört darnach mehr oder weniger vollständig auf und ist daher wahrscheinlich von jenen Kreislaufsstörungen abhängig. Das Delphinin führt in kleinen Gaben zu einer Steigerung des Blutdrucks und einer Zunahme der Pulsfrequenz. Diese Wirkungen bleiben auch nach Halsmarkdurchschneidung nicht aus und sind deshalb auf eine Erregung der Herzganglien zu beziehen.

Der Verlauf der Vergiftung an Säugethieren wird durch die Lähmung des Respirationscentrums und ihre Folgen beherrscht. In dieser Beziehung verhalten sich die oben genannten Alkaloide ziemlich gleich. Das gilt auch für die Gefässnervencentren, die besonders stark von dem Delphinin afficirt und zunächst für die auf centripetalen Bahnen zu ihnen gelangenden Reize unempfindlich gemacht werden.

Das Schwinden des Gefässtonus stellt sich früher ein als die Abnahme der Herzthätigkeit. Daher pflegen auch hier stärkere Pulserhebungen das Sinken des Blutdrucks zu begleiten (vgl. S. 35).

Die directe **Lähmung der übrigen Theile des Centralnervensystems** kommt wegen des rasch eintretenden Respirationsstillstandes kaum gehörig zur Ausbildung. Das Delphinin zeichnet sich dadurch aus, dass es an Fröschen und Säugethieren die Reflexerregbarkeit besonders früh vernichtet.

Die **Convulsionen**, die an Säugethieren eintreten, hängen wahrscheinlich nicht blos von der Erstickung ab, denn sie sind am schwächsten nach **Staphisagrin** oder fehlen hier wohl auch ganz, obgleich bei der Vergiftung mit diesem Alkaloid der Tod rein auf Erstickung beruht.

An **Fröschen** sind allgemeine Convulsionen nur in einzelnen Fällen nach Delphinin beobachtet worden (Böhm und Serck). Dagegen fehlen bei diesen Thieren mehr oder weniger starke **fibrilläre Zuckungen der Muskeln** niemals. Die Ursache derselben ist in einer Erregung der Endigungen der motorischen Nerven zu suchen, welche schliesslich eine Lähmung erfahren, so dass eine curarinartige Wirkung zu Stande kommt.

Von den Wirkungen auf andere periphere Gebiete ist besonders die **Erregung der sensiblen Nervenendigungen** in der Haut und an den Schleimhäuten hervorzuheben, die sich ähnlich wie nach Veratrin gestaltet, indem auf die ursprüngliche Erregung eine Abstumpfung der Empfindlichkeit folgt. Die Aconitine können daher, mit Ausnahme des deutschen Handelspräparats, welches in dieser Beziehung sich indifferent verhält, unter ähnlichen Bedingungen bei Neuralgien von Nutzen sein, wie das Veratrin.

Ausserdem erzeugen diese Alkaloide **Speichelfluss** und wohl auch die Vermehrung anderer Secretionen. Wie weit sie die Hemmungsvorrichtungen des Herzens nach Art des Atropins beeinflussen, lässt sich vorläufig nicht entscheiden. Eine Wirkung auf die **Muskeln** ist mit Sicherheit nicht nachzuweisen.

Die in früherer Zeit ziemlich zahlreichen **empirischen**

Indicationen für die Anwendung der Aconitumpräparate sind gegenwärtig wenigstens in Deutschland fast vollständig aufgegeben. Eine rationelle Grundlage für den Gebrauch der Alkaloide ergibt sich, mit Ausnahme der Anwendung bei Neuralgien, aus ihren Wirkungen vorläufig nicht. Das Aconitum, welches im vorigen Jahrhundert von Störk in den Arzneischatz aufgenommen wurde, kann daher gegenwärtig unbedenklich zu den obsoleten Mitteln gerechnet werden.

1. **Tubera Aconiti**, Eisenhutknollen; die Wurzel des Aconitum Napellus. Gaben 0,03—0,1!, täglich bis 0,5!.
2. **Extractum Aconiti**. Aus Aconitknollen mit Wasser und Weingeist. Gaben 0,01—0,02!, täglich bis 0,1!.
3. **Tinctura Aconiti**. Aconitknollen 1, verd. Weingeist 10. Gaben 0,1—0,5!, täglich bis 2,0!.

21. Die Gruppe des Colchicins.

Das Colchicin ist eine in allen Theilen der Herbstzeitlose enthaltene stickstoffhaltige, aber nicht deutlich basische Substanz, deren isomeres, sauer reagirendes, krystallinisches Zersetzungsprodukt, das Colchiceïn, ebenfalls wirksam ist. Genauere Untersuchungen über die Wirkungen des völlig reinen Colchicins fehlen bisher. Doch kennt man die Symptome, welche das im Handel vorkommende, wahrscheinlich mit Colchiceïn verunreinigte Präparat an Menschen und Thieren hervorbringt (Schroff, Albers, Harnack, Rossbach, Roy).

An Fröschen bewirkt es Schwinden der Muskelerregbarkeit (Harnack), Krämpfe und Lähmung des centralen Nervensystems, an Säugethieren neben der letzteren heftige Magen- und Darmerscheinungen nach Art des Emetins (Schroff, Roy), die in Erbrechen, Durchfällen, starker Röthung, Schwellung und Ekchymosirung der Darmschleimhaut bestehen. Auf das Herz scheint das Gift keine besondere Wirkung zu haben. Der Blutdruck sinkt allmählich in Folge der als Theilerscheinung der Lähmung des Centralnervensystems eintretenden Unerregbarkeit der Gefässnervencentren. Daher bringt Splanchnicusreizung auch nach grossen Gaben noch Steigerung des Blutdrucks hervor

(Rossbach). Bei der allgemeinen Vergiftung soll eine Lähmung der peripheren Endigungen der sensiblen Nerven eintreten, während auf die Oberfläche der Haut gebrachte Conchicinlösungen die Sensibilität nicht alteriren (Rossbach).

Von diesen Wirkungen lässt sich eine **rationelle Indication** für die Anwendung der Colchicumpräparate nicht ableiten. Auf den empirischen Gebrauch bei rheumatischen und gichtischen Zuständen und bei vermehrter Harnsäurebildung setzt man gegenwärtig kein grosses Vertrauen mehr.

1. **Semen Colchici**, Zeitlosensamen; von Colchicum autumnale.
2. **Tinctura Colchici.** Colchicumsamen 1, verd. Weingeist 10, Gaben 0,3—2,0!; täglich bis 6,0!.
3. **Vinum Colchici.** Colchicumsamen 1, Xereswein 10. Gaben 0,5—2,0!, täglich bis 6,0!.

22. Die Gruppe des Chinins.

Das **Chinin** ist ein Universalgift für die verschiedensten Organelemente des Thierkörpers, und zwar nicht nur für solche, denen, wie den Muskeln und Nerven, specifische Funktionen zugewiesen sind, sondern auch für jene Protoplasmastätten, an welchen sich blos Vorgänge der Ernährung und des Stoffumsatzes abspielen. Abgesehen von einer mässigen entzündlichen Reizung der Gewebe an den Applicationsstellen, einer geringen Steigerung der Reflexerregbarkeit des Rückenmarks bei Fröschen und einer noch zweifelhaften Erregung der glatten Muskelfasern der Unterleibsorgane, verursacht dieses Alkaloid in allen Fällen von vorne herein Lähmungen, die mit wachsender Gabe allmählich zunehmen und schliesslich mit der Vernichtung aller Funktionen der betroffenen Gebilde enden, selbst wenn die letzteren blos chemische Vorgänge zu vermitteln haben.

Der **Gesammtorganismus** geht bei den verschiedenen Thierarten an den Folgen des Fortfalls solcher Funktionen zu Grunde, die für seinen Fortbestand am wichtigsten sind. An Warmblütern wird der Tod durch Respirations- und Herzstillstand, an Fröschen vorzugsweise durch den letzteren herbeigeführt. Bei den niedersten Organismen lässt sich nur das Aufhören der Bewegungserscheinungen constatiren. Die letzteren werden bei Infusorien aller Art sofort unterdrückt, wenn die Flüssigkeiten, in denen diese sich befinden, 0,5—1,0 p. Mille Chinin enthalten (Binz). Unter den gleichen Bedingungen stellen auch die farblosen Blutkörperchen ihre amöboiden Bewegungen ein. An Fröschen wird die Auswanderung dieser Gebilde aus den Gefässen, z. B. an dem entzündeten Mesenterium, gehemmt, entweder in Folge dieser lähmenden Chininwirkung (Binz) oder der unter dem Einfluss der letzteren auftretenden Kreislaufstörungen (Zahn, Köhler). Infusorien und andere Entozoën, die sich im Blute dieser Thiere finden, werden dagegen bei der Chininvergiftung weder gelähmt noch getödtet (Zahn).

Weit weniger stark als auf die genannten Gebilde wirkt das Chinin auf Bakterien und auf organisirte Fäulniss- und Gährungsorganismen im Allgemeinen ein. Ihre Bewegungen werden erst dann unterdrückt und ihre Fortentwickelung gehemmt, Gährungs- und Fäulnissvorgänge dem entsprechend verhindert und aufgehoben, wenn der Chiningehalt der Flüssigkeiten oder Massen 2—8 p. Mille erreicht.

Von den Organelementen, die aus contractilem Protoplasma bestehen, hat an Wirbelthieren beim Eintritt des Todes nur der Herzmuskel mehr oder weniger seine Erregbarkeit eingebüsst, während die übrigen quergestreiften Muskeln selbst an Fröschen wenig verändert erscheinen. Die Lähmung des Herzens führt anfangs zu Pulsverlangsamung und endet bei den letztgenannten Thieren mit Stillstand des Organs im erschlafften Zustande und mit völliger Vernichtung seiner Reizbarkeit.

Am Menschen und an Säugethieren veranlassen kleinere Gaben des Alkaloids zunächst Zunahme der Pulsfrequenz und Hand in Hand mit dieser eine Steigerung des Blutdrucks.

Die Ursache dieser Erscheinungen ist noch nicht genügend aufgeklärt. Man leitet sie von einem Nachlass des Tonus der herzhemmenden Vagusfasern ab, in Folge verminderter Erregbarkeit ihrer centralen Ursprünge (Schlockow) oder ihrer peripheren Endapparate (Block, Jerusalimsky). Eine Lähmung dieser Apparate kommt indessen erst nach grösseren Gaben zu Stande (Jerusalimsky), sie ist aber auch unter diesen Verhältnissen nicht immer nachzuweisen (Schlockow,

Lewitzky) oder wenigstens keine vollständige (Binz). Es kann die Blutdrucksteigerung auch von einer directen Affection des Herzmuskels abhängig sein (Lewitzky), durch welche, vielleicht als Folge einer Zunahme der „Extensibilität" der Muskelsubstanz (Chirone), eine Vergrösserung des Pulsvolums wie nach Digitalin hervorgebracht wird.

Grössere Gaben Chinin, beim Menschen etwa von 1 g ab, verursachen von vorne herein **Abnahme der Pulsfrequenz und Sinken des Blutdrucks**, die von einer beginnenden Lähmung des Herzens bedingt werden. Die letztere führt schliesslich im Verein mit der Lähmung der Respirationscentra den Tod herbei.

Ziemlich übereinstimmend ist von zahlreichen Forschern eine **Verkleinerung der Milz** unter dem Einfluss des Chinins sowohl an Menschen als auch an Thieren beobachtet worden. Ob es sich dabei um eine directe Erregung der glatten Muskelfasern handelt, lässt sich zur Zeit mit Sicherheit nicht entscheiden. Auch die in Folge der Durchschneidung der zuführenden Nervenplexus vergrösserte Milz erfährt durch das Chinin eine Verkleinerung (Mosler, Jerusalimsky). Analoge Contractionen, die am **Uterus** und in Form verstärkter Peristaltik am **Darm** eintreten, hat man von einer Erregung der glatten Muskelfasern abhängig zu machen gesucht (Chirone, Monteverdi).

Die Wirkungen des Chinins auf das **Nervensystem** betreffen nur die cerebro-spinalen Theile des letzteren, während in den peripheren Gebieten besondere Veränderungen sich nicht nachweisen lassen, bis auf die etwas zweifelhafte Lähmung der Endigungen der herzhemmenden Fasern des Vagus und eine atropinartige Wirkung auf die Speichelnerven bei directer Injection des Alkaloids in die Drüse (Heidenhain).

Die **Gehirnerscheinungen an Menschen** bestehen in Schwindel, Kopfschmerz, Ohrensausen, Schwerhörigkeit, und selbst Taubheit, Empfindlichkeit gegen Licht, Verdunkelung des Gesichtsfeldes und Doppelsehen, Verwirrung der Ideen, Schlafsucht und Betäubung.

Diesen Erscheinungen, die man als **Chininrausch** bezeichnet hat, liegen vielleicht ebensowenig directe Erregungen bestimmter Gehirngebiete zu Grunde, wie den leichteren Graden des Alkoholrausches und der Morphinnarkose. Indessen lässt sich das hier nicht mit der gleichen

Sicherheit behaupten, wie von jenen Vergiftungen. — An Fröschen ruft das Chinin eine ähnliche Narkose hervor wie das Morphin.

Bewustlosigkeit, Delirien, Coma, zuweilen Convulsionen bilden **beim Menschen das Endstadium der Chininwirkung**. Tritt Erholung ein, so hinterbleiben zuweilen dauernde Störungen der Sinnesfunktionen, namentlich Taubheit, aber auch Amblyopie und sogar Blindheit. Der **Tod** erfolgt an Menschen durch Collaps, an Thieren nach subcutaner Injection von amorphem Chinin hauptsächlich durch Respirationslähmung, welche dem Herzstillstand vorausgeht (Heubach).

Die Wirkungen des Chinins auf das **Rückenmark** und die **Medulla** werden an Säugethieren durch die bald eintretenden Veränderungen der Respirations- und Herzthätigkeit mehr oder weniger verdeckt. Durch kleinere Gaben von amorphem Chinin wird die Reflexerregbarkeit des Rückenmarks und der Gefässnervencentren an Kanninchen nicht herabgesetzt (Heubach), während an diesen Thieren nach 0,04—0,12, an Hunden nach Gaben von 0,16—0,18 g pro kg Körpergewicht zugleich mit dem Eintritt eines sehr niedrigen Blutdrucks die Erregbarkeit dieser Centra sowohl für die reflectorische wie für die directe Reizung während der Erstickung aufgehoben ist (v. Schroff).

Welchen Ursprung die häufigen, aber nicht regelmässigen **Convulsionen** haben, lässt sich vorläufig nicht mit genügender Sicherheit beurtheilen. An Fröschen ist nach 1—5 mg amorphem Chinin eine Steigerung der **Reflexerregbarkeit** regelmässig vorhanden (Heubach). Nach grösseren Gaben des gewöhnlichen Chinins traten von der Herzwirkung unabhängige Lähmungserscheinungen seitens des Gehirns auf; nur die Reflexerregbarkeit erhält sich sehr lange (Schlockow).

Es ist leicht verständlich, dass in Folge der energischen Einwirkung des Chinins auf die Respiration und das Herz in ähnlicher Weise wie beim Veratrin (vergl. S. 88) durch die Anfangsstufen eines Collaps sowohl die **Temperatur als auch der Stoffwechsel** vermindert werden. Während aber bei jenem Alkaloid die letztgenannten Folgen nur in dieser Art zu Stande kommen, lässt sich für das Chinin schon auf Grund seiner therapeutischen Wirkungen ein von den Veränderungen der Respiration und Herzthätigkeit unabhängiger selbständiger Einfluss auf die **elementaren Stätten des Stoffumsatzes** annehmen. Die experimentellen Beweise für diese Annahme sind zur Zeit zwar noch sehr spärlich, fehlen aber doch nicht ganz. Dahin gehören vor allen Dingen die Beobachtungen, dass das Chinin die Säurebildung im Blut vor und nach der Gerinnung desselben hindert (Binz) und die Hippursäuresynthese in der Niere in bedeutendem Grade hemmt. Es erscheint daher wahrscheinlich, dass das Alkaloid auch im lebenden Organismus die in den Geweben ablaufenden Spaltungen, Oxydationen und Synthesen bis zu einem gewissen Umfange beeinträchtigt und dem entsprechend den Stoffwechsel und die Wärmebildung herabsetzt.

Man hat sich vielfach bemüht, das Verhalten des Stoffwechsels und der Körpertemperatur unter dem Einfluss des Chinins festzustellen. Die darauf gerichteten Untersuchungen haben theils unklare und schwankende, theils einander widersprechende Resultate geliefert. Das hängt einerseits von den Wirkungen des Chinins selbst, andererseits von den angewandten Methoden und den Versuchsbedingungen ab. Nach kleinen Gaben fand man häufig eine Steigerung (Waldorf; Duméril, Demarquay und Lecointe; Bonwetsch), nach grösseren meist eine Abnahme der Körpertemperatur. Die Kohlensäuremenge war in Versuchen mit dem Pettenkofer'schen Respirationsapparat an Katzen bald ein wenig vermindert, bald um ein geringes vermehrt (Bauer und v. Boeck); bei tracheotomirten Kaninchen, welche durch Müller'sche Ventile athmeten, liess sich in Bezug auf Kohlensäureausscheidung und Sauerstoffverbrauch während einer Viertelstunde zwischen vergifteten und unvergifteten Thieren kein Unterschied nachweisen (Strassburger).

Aehnliche Schwankungen zeigen die Resultate in Betreff der stickstoffhaltigen Bestandtheile des Harns. Im Allgemeinen ist eine Abnahme des Harnstoffs beobachtet worden. Einige Experimentatoren konnten keinen Einfluss des Chinins auf die Ausscheidung des letzteren nachweisen (Unruh). An Hühnern wurde die Harnsäureproduction nach innerlicher Darreichung des Mittels vermindert, nach subcutaner Injection vermehrt gefunden (Jansen).

Aus allen diesen Resultaten geht mit einiger Sicherheit nur das hervor, dass am gesunden Organismus durch Chinin ein unter allen Umständen constanter Einfluss auf die Temperatur und den Stoffwechsel nicht erzielt werden kann. Die Veränderungen des letzteren hängen nach kleineren Gaben von den Chininwirkungen anscheinend in der Weise ab, dass der Effect verschiedener Factoren sich entweder summirt oder kreuzt. Das Alkaloid verursacht regelmässig, obwohl nur in beschränktem Grade, entzündliche Störungen an den Applicationsstellen, namentlich an den Schleimhäuten. Es entstehen daher bei seinem Gebrauch leicht catarrhalische Zustände des Magens, welche zu Verdauungsstörungen führen, so dass die aufgenommene Nahrung nicht ausgenutzt wird, und dem entsprechend ein Ausfall im Stoffwechsel sich bemerkbar macht. In dieser Weise ist die Abnahme der Harnsäurebildung bei Hühnern nach innerlicher Darreichung zu erklären. Wenn die nach kleinen Gaben häufig beobachteten Puls-, Blutdruck- und Temperatursteigerungen mit einem vermehrten Auftreten von Stoffwechselprodukten verbunden sind, so könnten jene Verdauungsstörungen diesen Effect mehr oder weniger compensiren. Aber alle dabei in Betracht kommenden Verhältnisse lassen sich schwer übersehen.

Grössere Gaben vermindern unter normalen Verhältnissen und im Fieber ziemlich regelmässig die Temperatur und den Stoffwechsel. Welchen Antheil dabei einerseits der directe Einfluss des Alkaloids auf die Gewebe und andererseits ein gewisser Grad von künstlichem Collaps hat, lässt sich im Allgemeinen schwer entscheiden. Wenn in den acuten Krankheiten mit continuirlichem Fieber ein wesentlicher, rasch eintretender Temperaturabfall nach der Anwendung des Mittels eintritt, so fehlen dabei wohl niemals die Anfänge einer collapsartigen Wirkung, die in demselben Sinne wie beim Veratrin aufzufassen ist.

Bei längerem Gebrauch kleinerer Mengen, wie sie z. B. bei hektischem Fieber gegeben werden, tritt anscheinend der directe Einfluss auf die Stoffwechselvorgänge schärfer in den Vordergrund. Doch ist die Affection des Magens in solchen Fällen schwer zu vermeiden.

Ganz im Unklaren sind wir über die Natur der Chininwirkung beim Wechselfieber und bei den Malariakrankheiten im Allgemeinen, da es sich hier nicht um eine Temperaturherabsetzung, sondern um die Verhinderung der periodischen Temperatursteigerung handelt. Zu einer Erklärung dieser heilsamen Wirkung fehlt uns vor allen Dingen die Kenntniss des Wesens dieser Krankheiten. Auffallend sind die Angaben, dass bei Wechselfieberkranken nach der Unterdrückung des Fieberanfalls durch Chinin, zu der Zeit, in der dieser eintreten sollte, trotz normaler Körpertemperatur die Stickstoffausscheidung durch den Harn (Sidney Ringer, Senator) und die Wärmabgabe (Naunyn und Hattwich) noch vermehrt sind.

Es wäre daher gewagt, zu entscheiden, ob bei der Behandlung des Wechselfiebers die eine oder die andere Kategorie der Chininwirkungen, die auf die Stoffwechselstätten oder jene auf das Circulations- und Nervensystem in Frage kommt, oder ob die eigenartige Combination dieser Wirkungen, wie sie sich gerade bei dieser Base der Chinolinreihe findet, massgebend ist.

Die Anwendung des Chinins in Malariakrankheiten und bei anderen Zuständen, die einen typischen Verlauf haben, wie namentlich Neuralgien, hat daher vorläufig nur eine rein empirische Grundlage. Die Regeln, nach denen der Gebrauch in solchen Fällen stattzufinden hat, gehören in das Gebiet der speciellen Therapie und brauchen hier nicht wiederholt zu werden.

Wie man in früherer Zeit bemüht war, das Chinin durch gewisse, namentlich bitter schmeckende Pflanzenbestandtheile zu ersetzen, so hat man in neuester Zeit den Versuch gemacht, an seiner Statt künstlich dargestellte Verbindungen der aromatischen Reihe anzuwenden.

Es darf nicht bezweifelt werden, dass es gelingen wird, unter den zahllosen aromatischen Verbindungen solche zu finden, die ohne nennenswerthe Wirkungen auf Herz und Respiration oder auf andere Muskel- und Nervenorgane in hervorragender Weise und noch besser als das Chinin die Stoffwechselvorgänge hemmen. Der Anfang ist in dieser Richtung mit der Salicylsäure gemacht worden. Ihr hat die chemische und medicinische Industrie bereits eine grössere Anzahl anderer stickstofffreier und stickstoffhaltiger aromatischer Verbindungen angereiht und wird wohl in nächster Zeit diese Zahl noch bedeutend vermehren. Es dürfte aber schwerlich zum Heile der Kranken gereichen, wenn jede der auftauchenden Empfehlungen ohne weiteres Berücksichtigung fände, und die kranke Menschheit gezwungen wäre, als Prüfstein für die vortheilhafte Verwendung von Erzeugnissen der chemischen Industrie zu dienen.

Wenn es daher sehr leicht sein dürfte, antifebrile Mittel im Allgemeinen zu entdecken, so lässt sich dagegen auch nicht im Entferntesten übersehen, ob das Chinin jemals bei der Behandlung des Wechselfiebers und der zu dieser Kategorie gehörenden Krankheiten einen Ersatz finden wird. Selbst die übrigen Chinaalkaloide lassen sich, mit Ausnahme des Conchinins, welches in dem Chinoidin der Pharmacopoe enthalten ist, jenem nicht an die Seite stellen.

1. **Chininum hydrochloricum**, salzsaures Chinin. In 3 Weingeist und 34 Wasser lösliche Krystalle, welche bei 100° getrocknet 9% Wasser verlieren. Gaben 0,05—0,1, mehrmals täglich. Bei hohem Fieber und bei Intermittens vor dem Anfall 0,5—2,0.

2. **Chininum sulfuricum**, schwefelsaures Chinin. Zarte, seidenglänzende, verwitternde, in 800 Wasser lösliche Krystalle, welche bei 100° 15% Wasser verlieren. Gaben wie beim salzsauren Chinin.

3. **Chininum bisulfuricum**, zweifach schwefelsaures Chinin. Glänzende Prismen; in 11 Wasser und 32 Weingeist löslich. Gaben wie bei den vorigen.

4. **Chininum ferro-citricum**. Citronensäure 6, Eisenfeile 3, Chinin 1, Wasser 500, eingetrocknet. Ueberflüssiges und irrationelles Präparat.

5. **Chinoïdinum**. Chinoidin; im Wesentlichen amorphes Chinin; wirkt wie das letztere. Schwarzbraune, harzartige, in Wasser wenig, in verdünnten Säuren leicht lösliche Masse. Gaben wie beim Chinin und in Form der folgenden Tinctur.

6. **Tinctura Chinoïdini**. Chinoïdin 10, verdünnt. Weingeist 85, Salzsäure 5. Gaben theelöffelweise, mehrmals täglich.

7. **Cortex Chinae**, Chinarinde; zweig- und Stammrinden cultivirter Cinchonaarten, besonders solche der Cinchona succirubra. Sie müssen mindestens 3,5% Alkaloide enthalten.

Die folgenden Chinapräparate haben im Wesentlichen die Bedeutung aromatischer und bitterer Mittel.

8. **Extractum Chinae aquosum**; aus der Chinarinde mit Wasser dargestellt. Dünnes Extract, welches nur ein Drittel der in der Rinde vorkommenden Alkaloide enthält und daher irrationell ist.

9. **Extractum Chinae spirituosum**; aus der Chinarinde mit verdünntem Weingeist dargestelltes, trockenes Extract; überflüssig. Gaben 0,5—1,0.

10. **Tinctura Chinae.** Chinarinde 1, verd. Weingeist 5. Gaben 1,0—3,0, täglich bis 20,0.

11. **Tinctura Chinae composita.** Chinarinde 6, Pomeranzenschalen 2, Enzianwurzel 2, Zimmt 1, verd. Weingeist 50. Gaben 1—2 Theelöffel, täglich bis 30,0.

12. **Vinum Chinae.** Chinatinctur 1, Glycerin 1, Xereswein 3. Gaben: thee- und esslöffelweise, täglich bis 100,0—150,0.

II. Mittel, welche durch moleculare Eigenschaften Veränderungen verschiedener Art an den Applicationsstellen hervorbringen.

Während bei den Nerven- und Muskelgiften die Wirkungen erst nach der Resorption, vom Blute aus, wie man zu sagen pflegt, zu Stande kommen, rufen zahlreiche Substanzen in ähnlicher Weise wie jene Gifte moleculare Veränderungen blos an solchen Stellen des Körpers hervor, mit denen sie zunächst in directe Berührung kommen, also an der äusseren Haut und den Schleimhäuten der Respirations-, Verdauungs- und Harnorgane sowie an der Conjunctiva. Eine Resorption solcher Stoffe ist zwar nicht ausgeschlossen, sie werden aber in Folge von Veränderungen, die sie vor oder nach der Aufnahme in das Blut erleiden, entweder unwirksam gemacht oder erfahren bei der Verbreitung im Organismus eine so grosse Vertheilung und Verdünnung, dass in den einzelnen Organen gleichzeitig nur geringe Mengen enthalten sind, die daher ohne Wirkung bleiben. Jedoch kann in den Ausscheidungsorganen wieder eine Concentration eintreten, und an ihnen eine ähnliche Veränderung wie an den ursprünglichen Applicationsstellen bedingt werden. Aus diesem Grunde erzeugt das im Organismus unveränderliche Cantharidin nicht nur an der

Haut eine exsudative Entzündung, sondern verursacht auch entsprechende Veränderungen in den Nieren, wenn es in grösseren Mengen zur Resorption gelangt ist.

Die Wirkungen dieser Klasse von pharmakologischen Agentien bestehen entweder in einer **Anregung verschiedener Funktionen** oder in **nutritiver Reizung** der Gewebe im Allgemeinen. Die erstere betrifft vorzugsweise die sensiblen Nerven, die Geschmacks- und Geruchsorgane und die motorischen Vorrichtungen des Darmkanals, durch die letztere werden mehr oder weniger alle Elemente der Applicationsstelle betroffen, und alle Grade funktioneller Erregung und entzündlicher Ernährungsstörungen hervorgerufen.

Bei Gemengen verschiedener Substanzen, die sich chemisch indifferent gegen einander verhalten, kann dennoch eine **gegenseitige moleculare Einwirkung** eintreten, so dass die Eigenschaften des einen oder des anderen der Bestandtheile, und in Folge dessen ihr Verhalten bei der Resorption und ihr Einfluss auf die Gewebe durch die Gegenwart der übrigen Stoffe mehr oder weniger modificirt werden. In diesem Sinne gibt es entsprechend einer älteren Auffassung auch für die Wirkung sogenannte Corrigentia. Zu dieser Kategorie gehören vor allen Dingen die **einhüllenden Mittel**, welche in verschiedener Richtung im Munde, Magen und im Darmkanal eine grosse Rolle spielen und deshalb an die Spitze dieser Klasse von Arzneimitteln gestellt werden können.

Eine eigentliche **pharmakologische Eintheilung** der letzteren ist hier nicht durchführbar, weil man es in der Regel nicht mit chemisch reinen Verbindungen, sondern mit Droguen und ihren Rohprodukten zu thun hat, in denen häufig verschiedenartig wirkende Bestandtheile enthalten sind. In manchen Fällen kennt man die letzteren noch gar nicht und ist daher auch nicht im Stande, sie einer bestimmten Gruppe zuzuweisen. Man muss sich daher vorläufig damit begnügen, den therapeutischen Zweck in den Vordergrund zu stellen und danach die Eintheilung vorzunehmen, obgleich die Terpene, welche durch das Terpentinöl repräsentirt werden, und die Senföle sowie einzelne Kategorien von Abführmitteln auch pharmakologisch gut charakterisirt sind.

1. Die einhüllenden Mittel.

Gummi, Zucker, Leim und andere pharmakologisch indifferente Substanzen dienen bei der Herstellung von Pillen, Kügelchen (Granules), Plätzchen (Pastillen), Pulvern, Kapseln, Oblaten und ähnlichen Arzneiformen zur mechanischen Einhüllung der wirksamen Stoffe. Aber abgesehen davon haben die in Wasser löslichen oder quellbaren colloiden Pflanzenbestandtheile, wie Gummi, Schleim, Stärkekleister, Dextrin u. dergl., noch eine besondere Bedeutung als einhüllende Mittel. Sie vermögen vor allen Dingen den **scharfen, namentlich sauren Geschmack vieler Substanzen zu mildern**, gleichsam einzuhüllen, obgleich sie selber ganz geschmacklos sind. Bei gleichem Säuregehalt schmeckt eine Flüssigkeit, z. B. Limonade, weit weniger sauer, wenn sie diese colloiden Körper enthält, als ohne dieselben, wovon man sich durch einen einfachen Versuch mit Gummilösung oder Stärkekleister und Weinsäure leicht überzeugen kann.

Eine grosse Rolle spielen in dieser Beziehung die mit dem Namen **Pectinstoffe** bezeichneten colloiden Substanzen der **Obstarten** und **Früchte**. Der saure Geschmack der letzteren hängt nicht blos von der Säuremenge und dem Zuckergehalt, sondern im Wesentlichen von dem Verhältniss der ersteren zur Quantität des Gummis und der Pectinstoffe ab. In der Himbeere findet sich auf die Gewichtseinheit Säure weniger Zucker, als in der Johannisbeere; sie enthält aber 13 Mal soviel von jenen colloiden Bestandtheilen als die letztere (Fresenius), die deshalb sauer schmeckt, während jene eine süsse Frucht ist.

Aehnlichen Verhältnissen begegnet man beim Bier. Das letztere schmekt unter sonst gleichen Bedingungen, d. h. bei gleichem Gehalt an Alkohol und Hopfenbestandtheilen, weniger wässrig und weniger bitter, wenn es grössere Mengen colloiden Extracts enthält.

Ob diese eigenthümliche einhüllende Wirkung colloider Stoffe sich bis in **den Magen und Darm** hinein erstreckt und in der Weise zur Geltung kommt, dass die Einwirkung reizender und scharfer Agentien auf die Schleimhaut abgeschwächt wird, lässt sich vorläufig nicht entscheiden, obgleich es nicht unwahrscheinlich ist. Dagegen kann man mit genügender Sicherheit annehmen, dass alle unverdaulichen colloiden Substanzen, namentlich Gummi und Pflanzenschleim, nicht nur selber längere Zeit im Verdauunskanal verweilen, sondern auch die Resorption anderer Stoffe zu verzögern im Stande sind. In Folge dessen können die Nahrungsmittel, wenn sie zu lange im Magen und Darmkanal zurückgehalten werden, Gährungen und abnorme Zersetzungen erleiden und zu Gesundheitsstörungen Veranlassung geben. Die Schwerverdaulichkeit mancher Gemüse und Früchte, die Schädlichkeit der Kunstweine, der sogenannte „schwere" Charakter der consistenten Biere sind zum grossen Theil auf solche Verhältnisse zurückzuführen.

Man kann aber diesen Einfluss des Gummis, Pflanzenschleims und ähnlicher Colloide auf die Resorption anderer Substanzen mit Vortheil bei der Herstellung solcher Arzneiformen benutzen, deren wirksame Bestandtheile in den Darm überzugehen bestimmt sind, aber schon im Magen leicht resorbirt werden. Zu ihnen gehören vorzugsweise die Gerbsäuren, die daher bei Darmcatarrhen gern mit schleimigen Abkochungen oder in Form der rohen Pflanzenextracte gegeben werden.

Auch die Bevorzugung anderer Extracte gegenüber den in ihnen enthaltenen reinen wirksamen Bestandtheilen bei der Behandlung von Darmkrankheiten, z. B. die Wahl des Opiums statt des Morphins, des Belladonna- und Krähenaugenextracts statt des Atropins und Strychnins, kann darin ihre Erklärung finden, dass die colloiden Antheile solcher Extracte den Uebergang der Arzneistoffe in den Darm begünstigen.

Von den in der deutschen Pharmacopoe enthaltenen Droguen und Präparaten gehören insbesondere die folgenden hierher, obgleich die in der nächsten Abtheilung aufgeführten Zuckerarten in dieser Richtung ebenfalls nicht ohne Bedeutung sind.

1. **Amylum tritici**, Weizenstärke. Zur Herstellung von Stärkeschleim oder Kleister 1 : 50 Wasser.

2. **Tubera Salep**; die Wurzelknollen verschiedener Orchis-Arten und anderer Orchideen. Sie enthalten neben Stärke viel **Pflanzenschleim**. 3. **Mucilago Salep**. 1 Salep auf 100 Wasser.

4. **Gummi arabicum**, arabisches Gummi; von verschiedenen Acacia-Arten, hauptsächlich von A. Senegal (A. Varek). Besteht im Wesentlichen aus einer Calciumverbindung der **Arabinsäure**. 5. **Mucilago Gummi arabici**. Gummi 1, Wasser 2.
6. **Emulsiones**, Emulsionen. Sie sind dazu bestimmt, in Wasser unlösliche, fett- oder harzartige Stoffe in feiner Vertheilung suspendirt zu erhalten. **Samenemulsionen**, aus 1 Thl. Samen (Mohn- und Hanfsamen, süsse Mandeln) auf 10 Thl. Colatur. Die Emulsionirung wird durch die colloiden Bestandtheile der Samen vermittelt. **Oelemulsionen** aus Mandelöl 2, arab. Gummi 1 und Wasser 17. 7. **Amygdalae dulces** und **Amygdalae amarae**, süsse und bittere Mandeln; erstere zur Herstellung der Mandelemulsionen (Mandelmilch).
8. **Tragacantha**, Traganth; der eingetrocknete Schleim zahlreicher Astragalus-Arten. Besteht aus dem in Wasser quellbaren aber nicht löslichen neutralen **Bassorin**.

Die folgenden Droguen enthalten an Bestandtheilen, welche hier in Betracht kommen, nur **Pflanzenschleim**; die Blätter und Blüthen indess nur in geringer Menge.

9. **Radix Althaeae**, Eibischwurzel; von Althaea officinalis. 10. **Folia Althaeae**, Eibischkraut. 11. **Syrupus Althaeae**. Eibischwurzel 10, Zucker 300 auf 500 Syrup.
12. **Folia Malvae** und 13. **Flores Malvae**; von Malva vulgaris und M. silvestris. 14. **Flores Verbasci**, Wollblumen; die Blumenkronen von Verbascum phlomoïdes. 15. **Folia Farfarae**, Huflattigblätter; von Tussilago Farfara.

Die nachstehenden **Flechten** wurden in früheren Zeiten für specifische Nährmittel in Krankheiten gehalten. Dieser Glaube hat sich noch hier und da, besonders im Volke erhalten. Den aus ihnen dargestellten Gallerten kann gegenwärtig nur die Bedeutung einhüllender Mittel zugeschrieben werden.

16. **Carrageen**, irländisches Moos; von Chondrus crispus und Gigartina mammillosa. Enthält einen eigenartigen Schleim. 17. **Gelatina Carrageen**. Carrageen 1, Zucker 2 auf 10 Gelatine. 18. **Lichen islandicus**, isländisches Moos; der ganze Thallus von Cetraria islandica. Enthält ein stärkemehlähnliches Kohlehydrat, das **Lichenin**. 19. **Gelatina Lichenis islandici**. Isländisches Moos 3, Zucker 3, Wasser 100 auf 10 Gallerte.

Das **Süssholz** enthält ein eigenartiges, süssschmeckendes, amorphes, quellbares Glykosid, die **Glycyrrhizinsäure**, welche schwach abführend wirkt. Bei der gewöhnlichen Art der Anwendung der Süssholzpräparate hat es im Wesentlichen die Bedeutung anderer colloider Stoffe. 20. **Radix Liquiritiae**, spanisches Süssholz; von Glycyrrhiza glabra. 21. **Radix Liquiritiae mundata**, russisches Süssholz; von der russischen Form der G. glabra. 22. **Succus Liquiritiae**, Lakriz. Wässriges, durch Auskochen des Süssholzes erhaltenes Extract. 23. **Succus Liquiritiae depuratus**, gereinigter Lakriz. Durch Extraction des Lakriz mit Wasser und Eindampfen der klaren Lösung bereitet. 24. **Syrupus Liquiritiae**; enthält auf 100 Thl. das wässrig-ammoniakalische Extract von 20 Thl. russischen Süssholzes. 25. **Pulvis gummosus**, zusammengesetztes Gummipulver. Süssholz 10, arab. Gummi 15, Zucker 5.

2. Die specifischen Geruchs- und Geschmacksmittel.

a. Genussmittel und Geschmackscorrigentia.

Wohlschmeckende und angenehm riechende Pflanzenbestandtheile gebraucht man einerseits zur **Verbesserung des Geschmacks und Geruchs** schlecht schmeckender und übel riechender Arzneien (Geschmackscorrigentia) und andererseits zur Herstellung von erfrischenden Limonaden und anderen Genussmitteln. Es kommt dabei wenig oder gar nicht auf eine besondere Wirkung der einzelnen Bestandtheile, sondern lediglich auf den Genuss an, den sie Gesunden und Kranken bereiten. Die **Limonaden** sind passende Mittel, um dem Organismus kühles Wasser in grösseren Mengen in angenehmer Form zuzuführen. Sie hätten keine andere Bedeutung als jede indifferente, wässrige Flüssigkeit, wenn man sie statt durch den Mund, in Form eines Klystiers appliciren wollte.

Nicht nur **süsse** und **saure**, sondern auch **aromatisch** und **bitterschmeckende Substanzen** können in der verschiedensten Combination zur Herstellung von Genussmitteln für Kranke benutzt werden. Es ist keine undankbare Aufgabe des Arztes, dieser Seite der Krankenbehandlung eine besondere Aufmerksamkeit zuzuwenden. Ein zweckmässig gewähltes Genussmittel ist zuweilen grössere Dienste zu leisten im Stande, als manches viel gepriesene Recept.

Zu dieser Kategorie von therapeutischen Agentien gehören ausser den folgenden Präparaten auch die weiter unten aufgeführten Gewürze, verschiedene ätherische Oele, namentlich die der Citrusarten, eine Anzahl organischer Säuren, das Fleischextract, der Wein und die coffeïnhaltigen Genussmittel, bei deren Gebrauch es nicht immer auf die specifischen Wirkungen der betreffenden Bestandtheile ankommmt.

1. **Saccharum**, Zucker, Rohrzucker. 2. **Elaeosacchara**, Oelzucker; 1 Tropfen eines ätherischen Oels (Citronen-, Pfefferminzöl) auf 2 g gepulverten Zucker. 3. **Saccharum Lactis**, Milchzucker; in 7 Th. Wasser löslich. 4. **Syrupus simplex**, weisser Syrup; enthält 60% Zucker. 5. **Syrupus Rubi Idaei**, Himbeersyrup. 6. **Syrupus Cerasorum**, Kirschensyrup. 7. **Syrupus Amygdalarum**, Mandelsyrup. Auf 34 Thl. Syrup sind 5 Thl. süsse und 1 Thl. bittere Mandeln verwendet.

8. **Folia Menthae piperitae**, Pfefferminze; von Mentha piperita. Wird auch als Theespecies zu 4—12 g auf 2 Tassen Thee gebraucht. 9. **Oleum Menthae piperitae**. Das ätherische, eigenartig riechende Oel der Pfefferminze besteht aus einem Terpen und dem campherartigen Menthol. 10. **Spiritus Menthae piperitae**. Pfefferminzöl 1, Weingeist 9. 11. **Rotulae Menthae piperitae**, Pfefferminzplätzchen; 1,0 Pfefferminzöl auf 200,0 Zuckerplätzchen. 12. **Aqua Menthae piperitae**; 1 Thl. Pfefferminzblätter auf 10 Thl. wässr. Destillats. Schwach trübe Flüssigkeit. 13. **Syrupus Menthae**. Pfefferminzblätter 10, Weingeist 5, Wasser 50, Zucker 60 auf 100 Syrup. 14. **Folia Menthae crispae**, Krauseminze; von Mentha crispa. 15. **Aqua Menthae crispae**; 1 Thl. Krauseminze auf 10 Thl. wässrigen Destillats.

16. **Mel depuratum**, gereinigter Honig. 17. **Mel rosatum**, Rosenhonig; aus gereinigtem Honig und Rosenblättern. 18. **Flores rosae**, die Blumenblätter der Rosa centifolia. 19. **Oleum Rosae**, das ätherische Oel der Rosen. 20. **Aqua Rosae**; 1 Tropfen Rosenöl auf 1 Liter Wasser. 21. **Fructus Vanillae**; von Vanilla planifolia. Der riechende Bestandtheil ist das auch künstlich dargestellte Vanillin.

b. Theespecies.

Sie sind eine besondere Art von geschmacksverbessernden Mitteln. Es kommt öfters vor, dass dem **Organismus grössere Quantitäten warmen Wassers zugeführt** werden müssen, z. B. um die Bedingungen der Schweissbildung oder in krampfartigen Zuständen eine Erschlaffung herbeizuführen. Da aber das reine warme Wasser leicht Uebelkeit und sogar Erbrechen erregt, so setzt man demselben aromatisch schmeckende und wohlriechende Blüthen, Früchte und Kräuter, die sogenannten

Theespecies zu, wodurch ein solcher Aufguss sogar zu einem angenehmen Genussmittel wird. Besondere Wirkungen der geringen Mengen ätherischer Oele, die in solchen Droguen enthalten sind, kommen dabei kaum in Betracht. Man kann ausser den nachstehenden auch noch zahlreiche andere Pflanzenprodukte zur Herstellung solcher Theeaufgüsse verwenden.

1. **Flores Sambuci**, Hollunder- oder Fliederblüthen; von Sambucus nigra; 5—15 g auf 2 Tassen Theeaufguss. 2. **Flores Tiliae**, Lindenblüthen; von Tilia parvifolia und T. grandifolia; 5—15 g auf 2 Tassen. 3. **Folia Salviae**, Salbeiblätter; von Salvia officinalis; 4—12 g auf 2 Tassen. Sie werden vorzugsweise als Zusatz zu adstringirenden Gurgelwässern gebraucht. Dabei kommt auch ihr Gerbsäuregehalt in Betracht. Das ätherische Oel enthält ein Terpen', gewöhnlichen Campher und das mit diesem isomere Salviol. 4. **Flores Chamomillae**, Kamillen; von Matricaria Chamomilla. Das blau gefärbte, aus verschiedenen Bestandtheilen bestehende ätherische Oel kommt wegen der Wirkung auf den Magen in Betracht; 4—8 g auf 2 bis 3 Tassen Theeaufguss. 5. **Species pectorales**, Brusthee. Eibischwurzel 8, Süssholz 3, Veilchenwurzel 1, Huflattigblätter 4, Wollblumen 2, Anis 2; 5—10 g auf 2—3 Tassen Theeaufguss.

c. Riechmittel.

Zahlreiche flüchtige Substanzen werden als Riechmittel verwendet, nicht blos um als Wohlgerüche dem Genusse zu dienen, sondern auch um von der Nasenschleimhaut aus reflectorische Einwirkungen auf das Centralnervensystem insbesondere auf das verlängerte Mark auszuüben. Einem solchen Vorgang verdankt bekanntlich das Niesen seine Entstehung.

Bei jeder, besonders aber bei der durch verschiedene Gase und Gasgemische erzeugten Reizung der Nasenschleimhaut tritt ein Reflex in der Bahn des Trigeminus in Wirksamkeit, der sich in der Athmung stets durch einen mit gleichzeitigem Verschluss der Stimmritze einhergehenden Expirationskrampf, im Kreislauf durch Verlangsamung der Herzschläge in Folge centraler Erregung der Hemmungsfasern und durch gleichzeitiges Steigen des arteriellen Blutdrucks äussert (Hering und Kratschmer). Die Verlangsamung oder ein Stillstand der Herzcontraction ist öfters beim Beginn der Chloroformathmung (Dogiel, Holmgreen) oder bei der Einwirkung anderer reizender Substanzen auf die Nasenschleimhaut (Krishaber, Marey und François-Franck) beobachtet worden. Auf einer solchen reflectorischen Erregung des verlängerten Marks beruht der Nutzen der Riechmittel bei Ohnmachten, asphyctischen und anderen Zuständen.

Man wählt für diesen Zweck nicht die specifisch riechenden Substanzen, sondern solche flüchtige Verbindungen, welche zugleich oder ausschliesslich eine stärkere sensible Reizung hervorbringen. Flüchtige Fettsäuren, besonders die Ameisen- und Essigsäure, Ammoniak, Senföl in grosser Verdünnung, verschiedene Aetherarten eignen sich dazu am besten. Als Volksmittel dienen die beim Verbrennen von Federn und beim Glimmen einer Kerze auftretenden Producte, unter denen sich im letzteren Falle das reizende und übelriechende Acroleïn findet.

d. Uebelriechende Substanzen als Nervenmittel.

Manche specifisch unangenehm riechende Pflanzenbestandtheile finden bei allgemeiner gesteigerter sensibler und motorischer Empfindlichkeit des Nervensystems insbesondere in hysterischen Zuständen eine ausgedehntere Anwendung. Es sind namentlich der Asant und die Baldrianwurzel. Da sich in ihnen eigenartig wirkende Bestandtheile nicht nachweisen lassen, so ist man zu der Annahme gezwungen, dass die wohl nicht zu bezweifelnden heilsamen Folgen mit dem für nervenfeste Menschen üblen Geruch im Zusammenhang stehen und lediglich auf reflectorischem Wege zu Stande kommen. Der eigenthümliche Einfluss des Baldriangeruchs auf das psychische Verhalten der Katzen spricht für die Möglichkeit einer solchen specifischen reflectorischen Einwirkung.

Das flüssige Borneol des Baldrianöls, welches durch Oxydation in gewöhnlichen Campher übergeht, scheint in grossen Gaben wie der letztere zu wirken und könnte in ähnlichen Fällen von Nutzen sein.

1. **Asa foetida**, Asant; das Gummiharz von Ferula-(Peucedanum)-Arten des westlichen Hochasiens, bes. von Ferula Scorodosma und F. Narthex. Der eigenartig widerlich riechende Bestandtheil ist ein Gemenge von zwei schwefelhaltigen, ätherischen Oelen. Die Asantbestandtheile verhielten sich bei Selbstversuchen völlig indifferent

(Buchheim und Semmer). 2. **Tinctura Asae foetidae.** Asant 1, Weingeist 5. Gaben 5—10 Tropfen.

Die **aqua foetida antihysterica**, Prager- oder Stinktropfen, enthält Asant, Baldrian, Castoreum u. a.

3. **Radix Valerianae**, Baldrianwurzel; von Valeriana officinalis. Das ätherische Oel enthält neben **Baldriansäure**, welche allein den eigenthümlichen Geruch zu bedingen scheint, verschiedene Verbindungen der Campherreihe, und zwar **flüssiges Borneol** und einen **Aether und Ester** desselben. 4. **Tinctura Valerianae.** Baldrianwurzel 1, verd. Weingeist 5. Gaben 20—50 Tropfen. 5. **Tinctura Valerianae aetherea.** Baldrianwurzel 1, Aetherweingeist 10. Gaben 20—50 Tropfen.

3. Die aromatisch und bitter schmeckenden Magenmittel.

Man schreibt seit den ältesten Zeiten vielen aromatisch und bitter schmeckenden Substanzen des Pflanzenreichs einen wohlthätigen Einfluss auf die Magen- und wohl auch auf die Darmfunktionen zu. Da die Bezeichnung aromatisch und bitter, die sich blos auf den Geschmack bezieht, zugleich auch zur Charakterisirung der therapeutischen Bedeutung dieser Stoffe dient, so deutet schon dieser Sprachgebrauch darauf hin, dass man von ihrer Wirkung auf den Magen noch wenig weiss. In der That lässt sich mit einiger Sicherheit nur angeben, dass durch solche Mittel leichtere catarrhalische Erkrankungen der Magenschleimhaut und gewisse funktionelle Störungen, wie Dyspepsien, denen keine tieferen anatomischen Veränderungen zu Grunde liegen, gelegentlich beseitigt, und lästige Empfindungen in den Verdauungsorganen häufig zum Schwinden gebracht werden. Deshalb sind derartige Mittel den meisten Kranken dieser Kategorie angenehm, und sie setzen in der Regel ein grosses Vertrauen auf dieselben.

Gewisse Substanzen, wie die, welche als **Gewürze** im Gebrauch sind, veranlassen eine allgemeine **Reizung der Magenschleimhaut**. Es ist von vorn herein nicht unwahrscheinlich, dass dadurch die während der Verdauung eintretende Hyperämie verstärkt, und die Bildung der Verdauungssäfte begünstigt wird. Indessen ergaben **Verdauungsversuche an Hunden**, denen durch eine Magenfistel in dünne Säckchen eingenähte Eiweissstückchen theils für sich theils mit den betreffenden

Arzneimitteln in den Magen gebracht wurden, dass Salicin, Wermuthharz, Chinin, Pfeffer, Senf, Kochsalz und andere Stoffe die Eiweissverdauung nicht befördern, sondern constant ein wenig vermindern (Buchheim und Engel, Schrenck). Dabei kann es sich um eine antifermentative Wirkung gehandelt haben, durch welche die Lösung des Eiweisses in ähnlicher Weise beeinträchtigt wurde, wie es bei einzelnen dieser Substanzen in Bezug auf die Alkoholgährung festgestellt ist (Buchheim und Engel). Auf die von L. Wolfberg gefundene sehr geringe Beschleunigung der Lösung des Fibrins unter dem Einfluss kleiner Chininmengen bei künstlichen Verdauungsversuchen ist kein Gewicht zu legen.

Dagegen erscheint es nicht unwahrscheinlich, dass derartige Substanzen auch im Magen antiseptisch wirken und in krankhaften Zuständen zuweilen abnorme Zersetzungen und Gährungen des Mageninhalts verhindern, ohne die Eiweissverdauung zu stören.

Wenn man diese Möglichkeit zulässt und die Wahrscheinlichkeit berücksichtigt, dass eine gelinde Reizung der Magenschleimhaut vielleicht nicht den normalen, auf seiner Höhe befindlichen Verdauungsvorgang zu beschleunigen im Stande ist, ihn aber zu verstärken oder anzuregen und wieder in Gang zu bringen vermag, sobald derselbe in Folge von leichteren Erkrankungen und durch Ueberreizung der Magenschleimhaut nach einem Uebermass im Essen und Trinken darniederliegt, so hat man in dieser Art der Wirkung der aromatischen und gewürzhaften Substanzen eine genügende Erklärung für die heilsamen Folgen, die man zuweilen nach ihrem Gebrauch bei der Behandlung der erwähnten Zustände des Magens beobachtet. Dass auch die Bewegungen des letzteren bei einer allgemeinen mässigen Reizung seiner Schleimhaut eine Verstärkung erfahren, und dass dadurch ebenfalls ein günstiger Einfluss auf die Verdauung ausgeübt wird, kann zwar vermuthet, aber vorläufig nicht erwiesen werden. Die Droguen, welche reichliche Mengen ätherischer Oele enthalten, werden zur Anregung der Darmbewegungen benutzt, um bei Koliken die angesammelten Gase zu entfernen.

Es ist sehr schwer nach rationellen Grundsätzen eine Uebersicht der zahlreichen Droguen und ihrer Präparate zu geben, die sich in der Pharmacopoe noch jetzt finden und zu der Kategorie der Magenmittel gerechnet werden können. Vieles davon ist ganz veraltet, anderes völlig überflüssig, weil der gleiche Zweck sich zwar durch eine grosse Anzahl dieser Mittel erreichen lässt, dazu aber schon wenige derselben ausreichen. Man hat sich bei der Herstellung der Pharmacopoe offenbar nur deshalb gescheut, diese langen Reihen von Kräutern, Blüthen, Früchten und Wurzeln, die meist nur der Apotheker zu sehen bekommt, noch mehr zu lichten, weil man einerseits den Gedanken an die Möglichkeit einer noch zu entdeckenden specifischen Wirkung nicht aufgegeben hat und anderseits die alten Tincturen für besonders zweckmässig hält, in denen die Zahl solcher Mittel eine recht grosse ist.

a. **Gewürze und gewürzhafte Magenmittel.**

Die den Citrusarten entstammenden Droguen enthalten neben den zur Klasse der Terpene gehörenden ätherischen Oelen, die lediglich die Bedeutung von Geschmacksmitteln haben und deshalb zum Theil jenen zugezählt werden müssten, auch aromatische und bittere Stoffe wie das Limonin und Aurantiin.

1. Cortex fructus Citri, Citronenschalen; von Citrus Limonum. 2. Oleum Citri; aus den frischen Citronenschalen ohne Destillation gewonnen. 3. Oleum florum Aurantii, Pomeranzen- oder Orangenblüthenöl (Neroliöl); aus den frischen Blüthen von Citrus vulgaris durch Destillation mit Wasser gewonnen. 4. Aqua florum Aurantii, Aqua Naphae, Orangenblüthenwasser; schwach opalisirend. 5. **Syrupus florum Aurantii;** aus Orangenblüthenwasser 20 und Zucker 60 auf 100 Syrup.

6. Cortex fructus Aurantii, Pomeranzenschalen; von den ausgewachsenen Früchten von Citrus vulgaris.

7. **Tinctura Aurantii.** Pomeranzenschalen 1, Weingeist 5. Gaben 20—60 Tropfen.

8. **Syrupus Aurantii.** Pomeranzenschalen 5, Zucker 60 auf 100 Syrup.

9. Fructus Aurantii immaturi, unreife Pomeranzen; enthalten in reichlicher Menge einen Bitterstoff und können daher auch den bitteren Mitteln angereiht werden.

Der **Zimmt** enthält ein ätherisches Oel, welches im Wesentlichen aus dem eigenartig riechenden und brennend schmeckenden **Zimmtaldehyd** besteht. Die Präparate haben hauptsächlich die Bedeutung von Geschmacksmitteln.

10. **Cortex Cinnamomi**, chinesischer Zimmt; von Cinnamomumarten Südchinas. 11. **Oleum Cinnamomi**, äther. Zimmtöl. 12. **Aqua Cinnamomi**. Zimmt 1, Weingeist 1 auf 10 wässr. Destillat. 13. **Syrupus Cinnamomi**; aus Zimmt, Zimmtwasser und Zucker hergestellt. 14. **Tinctura Cinnamomi**. Zimmt 1, Weingeist 5.

Das in den **Gewürznelken** vorkommende Nelkenöl besteht aus **Eugenol** und einem Terpen und wirkt heftig reizend an allen Applicationsstellen.

15. **Caryophylli**, Gewürznelken; die nicht geöffneten Blüthen von Eugenia caryophyllata (Caryophyllus aromaticus). 16. **Oleum Caryophyllorum**, Nelkenöl; ursprünglich farblos, an der Luft bald braun werdend.

Die **Muskatnüsse** sind ziemlich stark giftig. Der wirksame Bestandtheil zersetzt sich leicht, anscheinend unter Bildung von ätherischem Oel. Das Muskatnussöl bildet ein Gemenge zur Klasse der Terpene und Campherarten gehörender Verbindungen. Das Muskatblüthenöl (Macisöl) ist ähnlich zusammengesetzt.

17. **Semen Myristicae**, Nuces Moschatae, Muskatnüsse; von Myristica fragrans. 18. **Oleum Macidis**, Muskatblüthenöl; das äther. Oel des Samenmantels der Myristica fragrans.

Die folgenden **Küchen- und Arzneigewürze**, von denen die vier erstgenannten den Zingiberaceen entstammen, enthalten theils ätherische Oele theils anderweitige brennend oder scharf aromatisch schmeckende Bestandtheile, die meist noch wenig bekannt sind.

19. **Fructus Cardamomi**, malabarische Cardamomen; von Elettaria Cardamomum.
20. **Rhizoma Zingiberis**, Ingwer; von Zingiber officinale. Enthält ein ätherisches Oel, welches zu den Terpenen gehört, und eine bitter und scharf schmeckende Substanz, das **Gingerol** (Cardol?).
21. **Tinctura Zingiberis**. Ingwer 1, verd. Weingeist 5.
22. **Rhizoma Zedoariae**, Zitwerwurzel; von Curcuma Zedoaria (C. Zerumbet). Schmeckt bitterlich und brennend. Das ätherische Zitweröl hat einen campherartigen Geruch.
23. **Rhizoma Galangae**, Galgant; von Alpinia officinarum.

Das ätherische Oel hat einen brennend scharfen Geschmack. Die krystallisirbaren, gelb gefärbten Bestandtheile Kämpferid, Galangin und Alpinin scheinen völlig unwirksam zu sein.

24. **Tinctura aromatica.** Zimmt 5, Ingwer 2, Galgantwurzel 1, Gewürznelken 1, Cardamomen 1, verd. Weingeist 50. Gaben 20—60 Tropfen.

25. **Rhizoma Calami**, Kalmuswurzel; von Acorus Calamus. Neben dem ätherischen Oel findet sich in ihr das bitter und aromatisch schmeckende, harzartige, stickstoffhaltige Glykosid Acorin. 26. **Extractum Calami**; aus der Wurzel mit Wasser und Weingeist ausgezogen. Gaben 0,3—0,8. 27. **Tinctura Calami**. Kalmuswurzel 1, Weingeist 5. Gaben 20—60 Tropfen. 28. **Oleum Calami**, ätherisches Kalmusöl; besteht aus zwei Terpenen, von denen das eine nur einen geringen Antheil bildet.

Die Kalmuspräparate hat man in Form von Bädern mit Vorliebe auch als gelinde Hautreizmittel verwendet.

29. **Radix Angelicae**, Engelwurz, Angelica; von Archangelica officinalis. Enthält ätherisches Oel, welches einen gewürzhaften, brennenden Geschmack hat, ferner krystallisirbares, brennend und aromatisch schmeckendes Angelicin und das amorphe, in Wasser leicht lösliche Angelicabitter. 30. **Spiritus Angelicae compositus.** Angelica 16, Baldrian 4, Wacholderbeeren 4, Weingeist 75 und Wasser 125 auf 100 Destillat, welches mit 2 Campher versetzt wird.

31. **Rhizoma Imperatoriae**, Meisterwurzel; von Imperatoria Ostruthium. Enthält campherartig scharf riechendes und schmeckendes aus Terpenen und Terpenhydraten bestehendes ätherisches Oel, das geschmacklose Ostruthin und das krystallisirbare Peucedanin (Imperatorin), welches in der weingeistigen Lösung brennend scharf schmeckt und ein kratzendes Gefühl im Munde und Rachen verursacht.

32. **Radix Pimpinellae**, Bibernellwurzel; Rhizome und Wurzeln von Pimpinella Saxifraga und P. magna. Neben einem petersilienartig riechenden und bitterlich schmeckenden ätherischen Oele findet sich in der Wurzel das dem Peucedanin nahe stehende, ebenfalls krystallysirbare und in weingeistiger Lösung brennend schmeckende Pimpinellin (Buchheim). 33. **Tinctura Pimpinellae.** Bibernellwurzel 1, Weingeist 5. Gaben 10—20 Tropfen.

Die folgenden Samen verschiedener Umbelliferen enthalten meist zu den Terpenen gehörende ätherische Oele, aber keine brennend schmeckenden Bestandtheile, wie die drei letztgenannten Doldengewächse. Diese Samen wurden mit Vorliebe als sog. Carminativa zur Abtreibung von Darmgasen verwendet.

34. **Fructus Carvi**, Kümmel; von Carum Carvi. 35. **Oleum Carvi**, äther. Kümmelöl. 36. **Fructus Foeniculi**, Fenchel; von Foeniculum capillaceum. 37. **Oleum Foeniculi**, äther. Fenchelöl. 38. **Aqua Foeniculi**; etwas trübes wässriges Destillat (30) des Fenchels (1). 39. **Fructus Anisi**, Anis; von Pimpinella Anisum. 40. **Oleum Anisi**, Anisöl; besteht aus flüssigem und festem **Anethol** (Aniscampher). 41. **Fructus Phellandrii**, Wasserfenchel; von Oenanthe Phellandrium.

b. Bittere Magenmittel.

Unter den eigentlichen Muskel- und Nervengiften zeichnen sich verschiedene Alkaloide und andere Stoffe durch einen intensiv bitteren Geschmack aus, namentlich das Strychnin und Chinin. Sie werden daher bei der praktischen Anwendung in kleinen Gaben ebenfalls zu den bitteren Mitteln gerechnet. Man kann aber eine pharmakologische Gruppe von Bitterstoffen aufstellen, die dadurch charakterisirt ist, dass die zu ihr gehörenden Substanzen wenigstens an höheren Thieren keine auffälligeren Wirkungen auf das Nervensystem oder die Muskeln hervorbringen. Dann bleibt freilich als pharmakologisches Merkmal nur der bittere Geschmack übrig. Man kann zwar annehmen, dass diese Stoffe auf gewisse in der Magenwandung eingebettete, vielleicht nutritiven Zwecken dienende Nervenelemente einen analogen specifischen Einfluss ausüben, wie auf die Geschmacksnerven; indessen fehlt für eine solche Annahme vorläufig jede thatsächliche Grundlage. — Nach der Injection von Columbin und Cetrarin in das Blut wurde nach einer anfänglichen vorübergehenden Erniedrigung eine Steigerung des arteriellen Blutdrucks beobachtet (Köhler). Doch ist es zweifelhaft, ob diese Wirkung für die Bitterstoffe charakteristisch ist. Es erscheint vielmehr wahrscheinlich, dass die einzelnen Substanzen sich in dieser Beziehung verschieden verhalten.

Von den Gewürzen unterscheiden sich die rein bitteren Mittel dadurch, dass sie keine allgemeine Reizung der Magenschleimhaut verursachen. Dagegen kommt ihnen in ähnlicher Weise wie jenen bis zu einem gewissen Grade eine antiseptische Wirkung zu.

In praktischer Hinsicht sind diese bitteren Pflanzentheile auch deshalb von Interesse, weil sie zur Herstellung der **bitteren Branntweine** dienen, die ebensowohl Genuss- als populäre Magenmittel sind.

Unter den nachstehenden Droguen und Präparaten verdient keines besonders bevorzugt zu werden. Der eine Praktiker wird mit Vorliebe dieses, der andere jenes Mittel anwenden. Bei einzelnen kommt auch ein Gehalt an Gerbsäure in Betracht.

42. **Lignum Quassiae**, Quassia; zerkleinertes Holz und Rindenstücke von Quassia amara und Picraena excelsa. Der Bitterstoff ist das krystallisirbare, chem. indifferente, in Wasser wenig lösliche **Quassiin**. Als Macerationsaufguss zu 1,0—4,0. 43. **Extractum Quassiae**; durch Auskochen des Holzes mit Wasser gewonnen. Gaben 0,3—0,6.

44. **Herba Absinthii**, Wermuth; Blätter und blühende Spitzen von Artemisia Absinthium. Der krystallisirbare Bitterstoff **Absinthin** ist in Wasser sehr wenig löslich. Das ätherische Oel enthält das mit dem Campher isomere **Absinthol**. 45. **Extractum Absinthii**; mit Weingeist und Wasser aus dem Wermuthkraut. Gaben 0,5—1,0. 46. **Tinctura Absinthii**. Wermuthkraut 1, verd. Weingeist 5. Gaben 20—30 Tropfen.

47. **Folia Trifolii fibrini**, Bitter- oder Fieberklee; die Blätter der Menyanthes trifoliata. Der Bitterstoff **Menyanthin** ist ein in kaltem Wasser schwer lösliches amorphes Glykosid. Gaben 1,0—4,0, als Abkochung. 48. **Extractum Trifolii fibrini**; aus dem Bitterklee mit heissem Wasser dargestellt. Gaben 0,5—2,0.

49. **Radix Gentianae**, Enzianwurzel; Wurzelstöcke und Wurzeläste von Gentiana lutea, G. pannonica, G. purpurea und G. punctata. Der Bitterstoff **Gentiopicrin** ist ein in Wasser leicht, in absol. Alkohol schwer lösliches krystallisirbares Glykosid. Das Gentisin ist in jeder Beziehung indifferent. 50. **Extractum Gentianae**; aus der Enzianwurzel mit Wasser. 51. **Tinctura Gentianae**. Enzianwurzel 1, Weingeist 5. Gaben 20—60 Tropfen.

52. **Herba Centaurii**, Tausendgüldenkraut; das blühende Kraut der Erythraea Centaurium. Enthält vielleicht Gentiopicrin; das Erythrocentaurin ist indifferent.

53. **Tinctura amara**. Enzianwurzel 3, Tausendgüldenkraut 3, Pomeranzenschalen 2, Pomeranzen 1, Zitwerwurzel 1, verd. Weingeist 50. Gaben 20—60 Tropfen. 54. **Elixir Aurantiorum compositum**. Pomeranzenschalen 50, Zimmt 10, Kaliumcarbonat 2,5, Xereswein 250; der abgepressten Macerationsflüssigkeit werden zugesetzt: Enzianextract 5, Wermuthextract 5, Bitterkleeextract 5, Cascarillextract 5. Theelöffel-

weise. Stimmt in seiner Bedeutung mit jedem bitteren Branntwein überein. 55. **Elixir amarum.** Wermuthextract 10, Pfefferminzölzucker 5, aromatische Tinctur 5, bittere Tinctur 5, Wasser 25. Theelöffelweise.

56. Glandulae Lupuli, Hopfendrüsen; die Drüsen des Fruchtstandes von Humulus Lupulus. Sie enthalten ätherisches Oel und einen harzartigen Bitterstoff.

57. Herba Cardui benedicti, Cardobenedictenkraut; die Blätter und blühenden Zweige des Cnicus benedictus (Carbenia benedicta). Der krystallisirbare Bitterstoff Cnicin ist in kaltem Wasser schwer löslich. 58. Extractum Cardui benedicti; mit heissem Wasser hergestellt. Gaben 0,5—1,0.

59. Radix Taraxaci cum Herba, Löwenzahn; Taraxacum officinale. Der Bitterstoff Taraxacin ist krystallisirbar und in Wasser löslich. — Bei den sog. Frühlingscuren mit frischen Kräutersäften, zu denen der Löwenzahn mit Vorliebe verwendet wurde, kommt bes. die gelinde abführende und diuretische Wirkung der in ihnen enthaltenen Salze mit organischen Säuren in Betracht. 60. Extractum Taraxaci, Löwenzahnextract; aus der getrockneten Pflanze mit Wasser. Gaben 0,5—1,0.

61. **Radix Colombo**, Colombowurzel; von Iateorrhiza Calumba. Der krystallisirbare Bitterstoff Columbin ist in Wasser sehr wenig löslich. Ausserdem enthält die Wurzel das Alkaloid Berberin und Columbosäure, die ebenfalls bitter schmecken. Die Stärke, welche in ihr vorkommt, und wohl noch andere colloide Substanzen vermitteln den Uebergang der genannten Bestandtheile in den Darm (vgl. S. 104). In Folge dessen werden durch das Mittel Durchfälle beseitigt. Doch lässt sich über die Art der Wirkung nichts bestimmtes angeben, denn Gerbsäure scheint in der Drogue nicht vorzukommen. Vielleicht handelt es sich um ähnliche Verhältnisse, wie bei dem indifferenten, stickstoffreien Cotoïn und dem analogen Paracotoïn, welche durch Erweiterung der Darmgefässe die Circulations- und die Ernährungsverhältnisse des Darms bessern (Albertoni). Gaben 0,5—1,0, täglich 10,0 als Decoct.

62. **Cortex Cascarillae**; von Croton Eluteria. Der Bitterstoff Cascarillin ist krystallisirbar und in Wasser sehr schwer löslich. Das ätherische Oel besteht aus einem Terpen und anderen Kohlen- und Oxykohlenwasserstoffen. Auch der Gerbsäuregehalt kommt in Frage. Einzelgaben 0,5—2,0, täglich 5,0—15,0, als Abkochung 1:10. 63. Extractum Cascarillae, aus der Cascarillrinde mit heissem Wasser. Einzelgaben 0,3—1,0, täglich 2,0—5,0.

Eine Anzahl anderer, Bitterstoffe enthaltender Pflanzen reiht sich diesen an. Darunter sind besonders zu nennen die Schafgarben, das blühende Kraut von Achillea Millefolium, mit dem sehr bitter schmeckenden Achilleïn, und die in den Alpen wachsende **Moschusschafgarbe**, Achillea moschata, in der sich das bittere, harzartige Ivaïn neben ätherischem Oel findet.

4. Den verschiedensten Zwecken dienende, zum grossen Theil veraltete und obsolete Droguen und Präparate.

Die Mehrzahl der im Folgenden aufgeführten Droguen und Präparate, welche die Pharmacopoe den Aerzten noch bietet, lässt sich nach ihrem Zweck heute überhaupt nicht mehr charakterisiren. Da gibt es Antidyskrasica, Corrigentia und Adjuvantia in Bezug auf die Wirkung anderer Mittel, Tonica, Nervina, Diapnoïca, Stomachica, Digestiva, Diuretica und manches andere, darunter die alten Universalmittel Cajeputöl und Arnica. — Thatsächlich handelt es sich meist um schwache Wirkungen ätherischer Oele, die hauptsächlich der Terpen- und Camphergruppe angehören. Es braucht kaum besonders erwähnt zu werden, dass auch durch diese Agentien, z. B. durch die Arnica, manches therapeutische Resultat, namentlich bei der Anwendung als Geschmackscorrigentien, als Magen- und Hautreizmittel u. dergl., erzielt werden kann. Sie sind aber auch in dieser Richtung nichts weniger als unersetzlich. Die Pharmakologie kann mit diesen Kräutern, Wurzeln u. dergl. ebensowenig etwas anfangen, wie gegenwärtig die Therapie.

Die ätherischen Oele der nachstehenden **Labiaten** gehören chemisch und vermuthlich auch pharmakologisch der Terpen- und Camphergruppe an. Gewöhnlichen **Campher** enthalten das Lavendel- und Rosmarinöl.

1. **Folia Melissae**, Citronenmelisse; von der cultivirten Melissa officinalis. 2. **Spiritus Melissae compositus**, Carmelitergeist; weingeistiges Destillat aus Melisse, Citronenschalen, Muskatnuss, Zimmt, Gewürznelken. 3. **Herba Thymi**, Gartenthymian; blühende, beblätterte Zweige von Thymus vulgaris. 4. **Oleum Thymi**, ätherisches Thymianöl; enthält **Thymol**, Cymol und das Terpen Thymen. 5. **Herba Serpylli**, Quendel; beblätterte, blühende Zweige von Thymus Serpyllum. Das ätherische Oel besteht hauptsächlich aus einem Terpen. 6. **Flores Lavandulae**, Lavendelblüthen; von Lavandula vera. 7. **Oleum Lavandulae**; das ätherische Lavendelöl enthält neben einem Terpen gewöhnlichen Campher. 8. **Spiritus Lavandulae**;

weingeistiges Destillat der Lavendelblüthen. 9. **Oleum Rosmarini**, Rosmarinöl; von Rosmarinus officinalis; besteht aus einem Terpen, gewöhnlichem Campher und Borneol. 10. **Species aromaticae**. Pfefferminz, Quendel, Thymian, Lavendel je 2 Theile, Gewürznelken und Cubeben je 1 Thl. Sie dienen besonders in Form von Kräuterkissen als gelindes Hautreizmittel.

Aetherische Oele, darunter ebenfalls Terpene und Campherarten, aromatische und andere Bestandtheile sind in den folgenden, verschiedenen Pflanzenfamilien entstammenden Droguen enthalten.

11. **Flores Arnicae**; Blüthenköpfchen von Arnica montana. Bestandtheile: ätherisches Oel und **Arnicin**; letzteres ist eine gelbe, harzartige, bitter schmeckende Substanz. 12. **Tinctura Arnicae**. Arnikablüthen 1, verd. Weingeist 10. Gaben 10—20 Tropfen.

13. **Oleum Cajeputi**, Cajeputöl; das ätherische Oel der Blätter von Melaleuca Leucadendron, Myrtac.; von campherartigem Geruch und brennendem Geschmack. Enthält Terpene (Cajeputenhydrat).

14. **Fructus Lauri**, Lorbeeren; von Laurus nobilis. 15. **Oleum Lauri**; grünliches Gemenge von fettem und aus Terpenen bestehendem ätherischen Oel.

16. **Myrrha**; Gummiharz der Balsamea Myrrha (Balsamodendron Myrrha). Bestandtheile: ätherisches Oel (Myrrhol), Harz (Myrrhin). „Balsamicum, Stomachicum, Emmenagogum" u. dergl. Gaben 0,3—0,6. 17. **Tinctura Myrrhae**; 1 Theil auf 5 Weingeist.

18. **Mixtura oleoso-balsamica**, Hoffmann'scher Lebensbalsam. Lavendel-, Nelken-, Zimmt-, Thymian-, Citronen-, Macis- und Pomeranzenblüthenöl je 1 Thl., Perubalsam 3, Weingeist 240 Thle. Zu Einreibungen, als Riechmittel, bei Zahnschmerzen.

19. **Rhizoma Iridis**, Veilchenwurzel; von verschiedenen Irisarten. Bestandtheile: Gummi, ätherisches, campherartig erstarrendes Oel (Iriscampher, $C_8H_{16}O_2$).

20. **Radix Helenii**, Alantwurzel; von Inula Helenium. Indifferenter Bestandtheil Helenin, C_6H_3O. 21. **Extractum Helenii**; aus der Alantwurzel mit Wasser und Weingeist.

22. **Herba Meliloti**, Steinklee; von Melilotus officinalis. 23. **Semen Faenugraeci**, Bockshornsamen; von Trigonella Faenum Graecum. Schleim, Bitterstoff, riechendes Harz.

Zur Bereitung der veralteten Holztränken, die als **blutreinigende, schweiss- und harntreibende Mittel** im Besonderen, als Antidyskrasica, Resolventia und Alterantia im Allgemeinen dienten und denen sich in neuerer Zeit die Condurangorinde als Krebsmittel angereiht hat, wurden vorzugsweise folgende Droguen verwendet.

24. **Lignum Sassafras**, Fenchelholz; das Holz der Wurzel von Sassafras officinalis (Laurus Sassafras, L.). Fenchelartig riechendes ätherisches Oel, aus 10% Safreu, $C_{10}H_{16}$ und 90% Safrol, $C_{10}H_{10}O_2$ bestehend; letzteres krystallisirt, bleibt aber leicht flüssig.

25. **Lignum Guajaci**, Guajakholz; das Kernholz von Guajacum officinale. Enthält Guajakharz.

26. **Radix Ononidis**, Hauhechelwurzel; von Ononis spinosa. Enthält das geruchlose, in Wasser fast unlösliche, krystallisirbare, kratzend schmeckende Glykosid Ononin, ferner Ononid (Ononisglycyrrhizin) und Onocerin.

27. **Species Lignorum**, Holzthee. Guajakholz 5, Ononiswurzel 3, russ. Süssholz 1, Sassafrasholz 1.

28. **Cortex Condurango**, von Gonolobus Condurango. Als sicheres Mittel gegen Krebs empfohlen. Eine gewisse Wirksamkeit bei Magenleiden ist wohl dem Gerbsäuregehalt zuzuschreiben. Enthält ausserdem ein eigenartiges Glykosid und in sehr geringer Menge eine strychninartig wirkende Base.

29. **Herba Violae tricoloris**, Stiefmütterchen, Freisamkraut; von Viola tricolor.

30. **Radix Levistici**, Liebstöckel; von Levisticum officinale. Enthält ätherisches Oel und ein unangenehm schmeckendes Balsamharz.

Das **Löffelkraut** wird beim Scorbut gebraucht, auf Grund der Erfahrung, dass Seeleute, welche an dieser Krankheit leiden, genesen, wenn sie in nördlichen Gegenden ein Land erreichen, welches ihnen als einziges frisches Gemüse oder Salat dieses Kraut bietet.

31. **Herba Cochleariae**, Löffelkraut; das blühende Kraut von Cochlearia officinalis. Das ätherische Löffelkrautöl ist das Senföl des secundären Butyls.

32. **Spiritus Cochleariae**. Frisches, blühendes Löffelkraut 8 mit Wasser und Weingeist je 3 auf 4 Theile Destillat.

5. Desinfections- und Reizmittel für die Harnorgane.

Eine Anzahl namentlich den Terpenen angehörender Pflanzenbestandtheile ist dazu bestimmt, nach der Resorption vom Magen aus meist im veränderten Zustande die Nieren zu passiren und dabei in verschiedener Weise heilsam zu wirken. Während man durch die Wacholderpräparate die Harnsekretion zu befördern

sucht, will man durch den Copaïvabalsam und die Cubeben
namentlich auf die blennorrhoïsch erkrankte Schleimhaut der
Harnröhre einen günstigen Einfluss ausüben.

In den Wacholderbeeren finden sich Alkalisalze organischer
Säuren, welche in derselben Weise wie andere Salze dieser Art
die Harnabsonderung zu vermehren im Stande sind. Ferner verursachen
die Bestandtheile der ätherischen Oele, wenn sie im
unveränderten Zustande in die Nieren gelangen, eine Reizung
derselben, die in den höheren Graden zur Entzündung führen
kann, in sehr mässiger Stärke dagegen nur die Durchlässigkeit
des Nierengewebes für die Harnbestandtheile, namentlich für das
Wasser zu erhöhen scheint.

Die ätherischen Oele der genannten Droguen bestehen zum
grossen Theil aus Terpenen, welche ihrer Flüchtigkeit wegen
leicht resorbirt werden und im Organismus gepaarte Glykuronsäuren
bilden. Diese gehen in Form leicht löslicher Salze in
den Harn über. Ob sie dabei, wie andere Salze, die Ausscheidung
des Wassers beschleunigen, ist noch nicht untersucht. Es
wird ihnen in dieser Richtung kaum eine grosse Bedeutung zuzuschreiben
sein. Dagegen spielen die gepaarten Verbindungen
der Terpene wenigstens in gewissen Fällen eine wichtige Rolle
im Harn, die darin besteht, dass der letztere gleichsam vor
seiner Absonderung aseptisch gemacht wird. Dieses Verhalten
ist vorläufig nur nach dem Einnehmen von Copaïvabalsam beobachtet,
dürfte aber auch für andere ähnliche Substanzen, namentlich
die Cubeben, Geltung haben.

Der Harn, welcher von Menschen und Thieren nach dem
Einnehmen von Copaïvabalsam gelassen wird, geht in der Regel
schwerer in Fäulniss über als unter gewöhnlichen Verhältnissen.
Er bleibt längere Zeit völlig klar, und selbst wenn schliesslich sich
Trippelphosphat abscheidet, und die Oberfläche sich mit Schimmelpilzen
bedeckt, treten Fäulnissbakterien entweder gar nicht oder
nur in geringer Menge auf. Aus dieser Beschaffenheit des Harns
ergibt sich die Bedeutung des Copaïvabalsams und wohl auch
der Cubeben bei der Behandlung der blennorrhoïsch erkrankten
Harnröhrenschleimhaut von selbst. Wenn an derselben auch nur
wenige Tropfen gewöhnlichen Harns hängen bleiben, so können

sie unter solchen Verhältnissen leicht in Zersetzung übergehen und dadurch die Heilung verzögern. Wenn der Harn dagegen auch nur weniger leicht fault, so ist er relativ unschädlich, und damit ein Hinderniss für die Heilung beseitigt. Direct in die Harnröhre gebrachte Desinfectionsmittel werden den gleichen Erfolg deshalb nicht haben, weil der in solchen Zuständen öfters gelassene Harn sie fortschwemmt.

Von den Bestandtheilen des Copaïvabalsams scheinen besonders die Terpene in Form von gepaarten Glykuronsäuren und zum Theil auch als Aetherschwefelsäuren im Harn aufzutreten. Mit der Glykuronsäure geben alle Terpene, auch das gewöhnliche Terpentinöl, gepaarte Verbindungen und sind daher geeignet, den Harn mehr oder weniger aseptisch zu machen. Nur kommt es bei dem praktischen Gebrauch darauf an, dass von den betreffenden Substanzen während einer nicht zu kurzen Zeit die nöthigen Mengen in den Magen gebracht werden können, ohne die Funktion des letzteren zu beeinträchtigen. Ob der Copaïvabalsam und die Cubeben dieser Anforderung in der That am besten entsprechen und ob dadurch ihre Bevorzugung in der Praxis gerechtfertigt ist, oder ob andere Stoffe den Magen noch weniger schädigen und den Harn noch stärker aseptisch machen, muss durch methodische Untersuchungen festgestellt werden. In früherer Zeit hat man neben diesen Mitteln nicht nur die Wacholderbeeren und verschiedene Balsamharze, sondern auch das Terpentinöl gebraucht und gerühmt.

1. **Tructus Juniperi**, Wacholderbeeren; von Juniperus communis. Gaben 15,0—30,0 täglich, im Aufguss. 2. **Succus Juniperi inspissatus**, Wacholdermuss; aus den frischen Beeren durch Abpressen mit heissem Wasser und Eindampfen gewonnen. Theelöffelweise. 3. **Spiritus Juniperi**. Wacholderbeeren 5, Weingeist 15, Wasser 15 auf 20 Destillat. Gaben 20—60 Tropfen. 4. **Oleum Juniperi**; ätherisches, aus zwei Terpenen bestehendes Oel der Wacholderbeeren.

5. **Balsamum Copaivae**, Copaïvabalsam; Harzsaft von Copaïfera officinalis und C. guianensis; enthält Copaïvaöl ($C_{10}H_{16}$), harzartige Copaïvasäure und neutrales Harz. Gaben 1,0—4,0, in Kapseln, Emulsionen oder in Pillen mit gebrannter Magnesia.

6. **Cubebae**, Cubeben; die vor der Reife gesammelten Früchtchen von Cubeba officinalis (Piper Cubeba). Sie enthalten das aus zwei Terpenen bestehende Cubebenöl, das chemisch indifferente, Proto-

catechusäure liefernde **Cubebin** ($C_{10}H_{10}O_3$) und die harzartige **Cubebensäure**. Gaben 1,0—5,0, täglich 30,0—50,0, gepulvert in Oblaten, Bissen oder Pillen. 7. **Extractum Cubebarum**; aus den Cubeben mit Weingeist und Aether. Gaben 0,3—1,0, täglich 2,0—5,0, in Gallertkapseln oder mit Cubebenpulver in Pillen.

6. Die Hautreizmittel.

Eine wichtige Rolle spielt in der Therapie die **Hautreizung**. Durch zahlreiche, den verschiedensten pharmakologischen Gruppen angehörende Substanzen sucht man an beschränkteren und ausgedehnteren Stellen der Haut oder der gesammten Körperoberfläche bald nur die gelinderen Grade einer **sensiblen Erregung** und die ersten Anfänge der **Hautröthung**, bald die intensivsten Formen der Reizung aller morphologischen Elemente der Haut mit **exsudativer Entzündung** hervorzurufen. Man will durch solche Eingriffe entweder direct die Haut oder erkrankte Theile und krankhafte Produkte an derselben verändern oder indirect auf entferntere Organe einwirken.

Mässige Grade der entzündlichen Reizung, besonders wenn sie längere Zeit hindurch unterhalten werden, können an den Applicationsstellen und in deren Nachbarschaft **Exsudate**, **Gewebswucherungen** und andere pathologische Produkte zum Schwinden bringen, z. B. auch Trübungen an der Cornea.

Auf specifische nutritive oder funktionelle Wirkungen kommt es dabei nicht an, wie man das beim Jod häufig angenommen hat, sondern hauptsächlich oder ausschliesslich auf die Intensität und Extensität sowie auf die Dauer und die Gleichartigkeit der Reizung. Wie weit sich der Einfluss der letzteren bei längerer Dauer in die Tiefe erstreckt, lässt sich weder im Allgemeinen noch in speciellen Fällen entscheiden. Zuelzer bestrich Kaninchen 14 Tage lang an der einen Seite mit Cantharidencollodium und fand dann eine Anämie der darunter liegenden tieferen Theile. Doch ist dieser Befund schwerlich für die Entscheidung jener Frage zu verwerthen.

An eine Erklärung der Wirkungen der **Blasenpflaster** und der in Form von **Fontanellen** hervorgebrachten chronischen Entzündungen und Eiterungen auf entferntere Organe darf um so weniger gedacht werden, als die erwarteten und zuweilen wohl auch beobachteten Erfolge vielleicht in keinem Falle mit völliger Sicherheit mit der Anwendung dieser Mittel in Zusammenhang gebracht werden können. Man liefe Gefahr etwas erklären zu wollen, was vielleicht gar nicht existirt.

Die stärkeren Reizmittel, welche bei temporärer Application lebhaften **Schmerz** und **intensivere Hautröthung** verursachen, verdanken ihren, wenigstens in gewissen Fällen wohl ausser Zweifel stehenden günstigen Einfluss auf verschiedene krankhafte, namentlich entzündliche, rheumatische und neuralgische Zustände einer in Folge der Erregung der sensiblen Nerven auf reflectorischem Wege zu Stande kommenden Wirkung auf mehr oder weniger von der gereizten Stelle entfernte Organe.

Früher hat man den Heilerfolg von einer directen „**Ableitung**" von Blut aus dem erkrankten Organ abhängig gemacht. Jetzt wissen wir, **dass sensible Reize auf reflectorischem Wege** auf die Zustände und Funktionen zahlreicher Organe von dem grössten Einfluss sind. Sicher ist, dass man solchen Einwirkungen in therapeutischer Beziehung eine grosse Rolle einräumen muss. Wie sich aber der Zusammenhang zwischen ihnen und dem Heilerfolg im Einzelnen oder auch nur im Grossen und Ganzen gestaltet, welche Bahnen die Reflexe einschlagen, welche von den möglichen Veränderungen das heilsame Moment bilden, das Alles entzieht sich der Beurtheilung. Man muss sich einfach damit begnügen, die von der Haut aus zu Stande kommenden Reflexwirkungen zu registriren.

In ähnlicher Weise wie durch jede stärkere Empfindung der Schlaf unterbrochen wird, können auch bei **Ohnmachten** und **somnolenten Zuständen** das geschwundene Bewusstsein und andere Gehirnfunktionen durch stärkere Hautreize wieder zur Thätigkeit erweckt werden.

Besonders mächtig ist die Einwirkung der letzteren auf die **Respirations- und Circulationsorgane**. Doch wird die Deutung der beobachteten Erscheinungen an Menschen und Thieren dadurch erschwert, dass der unter solchen Umständen wohl nie fehlende Einfluss der psychischen Vorgänge auf die Funktionen jener Organe sehr schwer ausgeschlossen werden kann.

Auch fehlt es bisher an umfassenderen, methodisch durchgeführten Untersuchungen über den Gesammteinfluss der Hautreizung auf die verschiedenen Gebiete. Die vorhandenen Angaben beziehen sich auf einzelne sensible Nervengebiete.

Im Allgemeinen nimmt die Zahl der **Athemzüge** bei schwächeren sensiblen Reizen zu, bei stärkeren in bedeutendem Masse ab (P. Bert, Langendorff). Darauf beruht wahrscheinlich auch das Stocken des Athems bei Menschen, wenn die Haut in grösserer Ausdehnung plötzlich mit kaltem Wasser in Berührung kommt. Dass es sich dabei um eine reflectorische Contraction der Bronchialmuskeln handelt, wie man früher wohl angenommen hat, ist zwar nicht unmöglich, erscheint aber weniger wahrscheinlich.

Die **Gefässe** werden durch sensible Reize auf reflectorischem Wege entweder verengert oder erweitert (Lovén, Naumann). Die verschiedenen Gefässgebiete verhalten sich in dieser Beziehung verschieden. Doch lässt sich Näheres darüber mit Bestimmtheit nicht angeben. In der Regel verursacht ein mässiger Grad von Reizung zunächst eine **Gefässverengerung**. In Folge dessen steigt der arterielle Blutdruck. Gewöhnlich wird dabei auch die Frequenz der Herzschläge grösser, wie es auch in anderen Fällen bis zu einer gewissen Höhe der Blutdrucksteigerung zu geschehen pflegt, wenn sich erhöhte Widerstände dem Austritt des Blutes aus dem linken Ventrikel entgegenstellen (v. Bezold und Stezinsky).

Auf die Verengerung der Gefässe folgt namentlich bei starker sensibler Reizung sehr bald eine **Erweiterung** derselben und in Folge einer, am Frosch in der Bahn des Sympathicus fortgeleiteten, reflectorischen Vagusreizung eine mehr oder weniger erhebliche Verlangsamung der Herzschläge. Erreicht die letztere einen höheren Grad, so sinkt bei Säugethieren der Blutdruck (Marey und François-Franck).

Durch solche Veränderungen an den Kreislauforganen wird sicherlich auch die **Blutvertheilung** in den einzelnen Organen wesentliche Schwankungen erleiden, und diese hat man bei der Behandlung von Erkrankungen innerer Organe mit Hautreizmitteln als das heilsame Moment anzusehen. Am häufigsten pflegt man sie bei Hyperämien, Congestionen und entzündlichen Zuständen der Lungen, des Verdauungskanals, des Gehirns, Rückenmarks und der Häute der beiden letzteren anzuwenden. In diesen Fällen ist am ehesten ein Erfolg von einer, sei es auch nur vorübergehenden Veränderung der Blutvertheilung zu erwarten.

Endlich hat man auch einen Einfluss der sensiblen Hautreize auf die **Körpertemperatur** und den **Stoffwechsel** beobachtet. Bei Reizung des centralen Abschnitts der sensiblen Nerven tritt unter gleichzeitiger Steigerung des arteriellen Blutdrucks eine Temperaturabnahme im Inneren des Körpers ein (Heidenhain). Ebenso verhalten sich starke Hautreize jeder Art. Sie veranlassen wahrscheinlich durch vermehrte Wärmeabgabe in Folge der peripheren Gefässerschlaffung ein Sinken der Körpertemperatur, während schwächere Grade derselben die letztere erhöhen (Röhrig und Zuntz), vielleicht im Wesentlichen durch Steigerung der Wärmeproduktion; wenigstens hat man bei Kaninchen, denen Senfteige applicirt wurden, eine Vermehrung des Sauerstoffverbrauchs und eine Zunahme der Kohlensäureausscheidung beobachtet (Paalzow).

Die Regeln und die näheren Indicationen und Contraindicationen für die Anwendung der Hautreizmittel in Krankheiten beruhen auf rein empirischer Grundlage und sind Sache der ärztlichen Kunst. Es muss aber nochmals darauf hingewiesen werden, dass es sich in keinem Falle, nicht einmal beim Jod, um eine specifische Wirkung handelt, und dass es daher nicht auf die Natur des Mittels an sich ankommt, sondern auf die Stärke und Dauer seiner Einwirkung an bestimmten, ausgedehnteren oder beschränkteren Hautstellen. Diese Verhältnisse in der richtigen Weise zu bemessen, ist für den concreten Fall die Aufgabe des Arztes.

Welches von den zahlreichen, für derartige Zwecke zu Gebote stehenden Mitteln jedes Mal zu wählen ist, um die gewünschte Beschaffenheit der Reizung sicher zu erzielen, das ergibt sich aus den Eigenschaften und dem pharmakologischen Verhalten der einzelnen Substanzen.

Wenn man eine mässige Reizung der gesammten Körperoberfläche oder wenigstens grösserer Partien derselben durch Bäder, Waschungen und Einreibungen herbeizuführen wünscht, so wählt man dazu ausser verdünnten Lösungen von Säuren, Alkalien und Salzen, alkoholische Flüssigkeiten, ätherische Oele und flüchtige Stoffe im Allgemeinen.

Soll eine beschränkte Hautstelle eine mit Röthung der letzteren verbundene starke sensible Reizung erfahren, so gebraucht man mit Vorliebe das Senföl in den weiter unten aufgeführten Formen. Zur Erzeugung von exsudativer Entzündung mit Blasenbildung dient vorzugsweise das Cantharidin in Form der Cantharidenpflaster.

Diesen therapeutischen Kategorien entsprechen drei pharmakologische Gruppen, und zwar die Terpentinölgruppe, zu der alle Terpene und viele Kohlenwasserstoffe und ätherische Oele gerechnet werden können, ferner die Gruppe des Senföls und die des Cantharidins und anderer sogenannter scharfer Stoffe.

Alle bei gewöhnlicher Temperatur nicht zu schwer flüchtige Substanzen ohne Ausnahme verursachen an den Applicationsstellen eine mehr oder weniger starke allgemeine Reizung. Diese ist davon abhängig zu machen, dass solche Stoffe wegen ihrer Flüchtigkeit rasch in die Gewebe eindringen, sich hier mit Leichtigkeit verbreiten und in molecularer Vertheilung gleichsam als Fremdkörper auf die Gewebselemente einwirken. Die Terpentinölarten, viele ätherische Oele des Pflanzenreichs, zahlreiche Stoffe der Fettreihe, z. B. Chloroform, Aethylenchlorür, Petroleum, ferner das Benzol und andere Verbindungen der aromatischen Reihe bedingen im Wesentlichen in dieser Weise die locale Reizung. Daher wirken auch die flüchtigen Säuren der Fettreihe, z. B. die Essigsäure, und unter den Alkalien das Ammoniak stärker reizend als die nicht flüchtigen Verbindungen dieser Gruppen.

Besitzen chemisch indifferente flüchtige Substanzen ausserdem specifisch reizende Eigenschaften, wie das beim ätherischen Senföl in so hohem Masse der Fall ist, so ist ihre Wirkung eine ungemein heftige. Sie erzeugen dann in der kürzesten Zeit alle Stufen einer allgemeinen Reizung: Schmerz,

Hautröthung, exsudative Entzündung mit Blasenbildung und mit Ausgang in Eiterung und Gewebszerfall.

Man könnte das Senföl als universales Hautreizmittel verwenden, wenn es möglich wäre, die Stärke der Wirkung nach der Tiefe in genügender Weise zu reguliren. Das ist aber in den höheren Graden nicht zu erreichen, weil sich das veränderte Gewebe von dem gesunden nirgends scharf abgrenzt. Bringt man durch Sinapismen in derselben Weise wie durch Cantharidenpflaster Blasen an der Haut hervor, so befindet sich nicht nur die oberste Schicht der Cutis, welche das Exsudat liefert, im Zustand der Entzündung, sondern es werden auch die darunter liegenden Theile bis zu einer beträchtlichen Tiefe ergriffen und gehen leicht in Eiterung über. Daher erfolgt die Heilung solcher durch Senföl hervorgerufenen Blasenbildungen nur langsam.

Wenn dagegen **specifisch reizende**, aber bei gewöhnlicher Temperatur **nicht flüchtige Stoffe**, wie das **Cantharidin**, in einem die Hautschmiere lösenden Vehikel, z. B. in einer fettigen Salben- oder harzigen Pflastermasse, auf die Haut gebracht werden, so durchdringen sie die Epidermis nur langsam, gelangen auf die Cutis und erzeugen zunächst nur hier eine exsudative Entzündung, die zu Blasenbildung führt, während die tieferen Schichten noch ziemlich intact bleiben. Es kann daher in diesem Falle die Heilung rasch und leicht ohne Eiterung und Gewebszerfall eintreten.

a. Die Gruppe des Terpentinöls.

Zu ihr gehören die verschiedenen **Terpene der Coniferen**, die sogenannten Terpentinöle, ferner auch jene Terpene, die bei zahlreichen Droguen bereits oben genannt sind. Alle Terpentinöle wirken annähernd gleich stark reizend; nur das **Sadebaum-** oder **Sabinaöl** zeichnet sich durch eine besonders starke entzündungserregende Wirkung aus. Es verursacht, in den Magen gebracht, leicht Gastroenteritis und erzeugt blutigen Harn.

Von den im Nachstehenden aufgeführten Präparaten kann jedes für den einen oder den anderen Zweck geeignete Verwendung finden. Jedoch genügen für alle Fälle einzelne wenige.

Das längere Zeit in Flaschen mit einem Luftraum aufbewahrte Terpentinöl enthält Ozon und oxydirt Phosphor zu unterphosphoriger Säure. Es ist daher zur Oxydation des Phosphors im Magen bei Vergiftungen mit letzterem empfohlen worden. Wenn es in solchen Fällen gebraucht wird, so muss darauf geachtet werden, dass es wirklich stark ozonhaltig ist, sonst könnte es nur dazu beitragen, durch Lösung des Phosphor dessen Resorption zu begünstigen.

Die Terpentinöle der Kiefern- und Fichtennadeln (Waldwolleöl) sowie der Krummholzkiefer oder Latsche (Oleum pini pumilionis) unterscheiden sich in pharmakologischer Hinsicht von dem gewöhnlichen Terpentinöl im Wesentlichen nur durch den Geruch, der weniger scharf ist als beim letzteren.

1. Oleum Terebinthinae, Terpentinöl; das ätherische Oel der Terpentine, besonders derjenigen von Pinus Pinaster, Pinus australis und Pinus Taeda. Siedp. 150—160°.

2. Oleum Terebinthinae rectificatum; durch Destillation mit Kalkwasser gereinigtes, zum innerlichen Gebrauch bestimmtes Terpentinöl. Gaben 5—20 Tropfen.

3. Terebinthina, gemeiner Terpentin; das Harz der Pinusarten, besonders von P. Pinaster und P. Laricio. Besteht aus 70—85% Harz und 15—30% Terpentinöl.

4. Unguentum Terebinthinae. Terpentin, gelbes Wachs, Terpentinöl (je 1).

5. Unguentum basilicum, Königssalbe. Olivenöl 45, gelbes Wachs 15, Colophonium 15, Talg 15, Terpentinöl 10.

6. Linimentum terebinthinatum, Terpentinliniment. Pottasche 6, Schmierseife 54, Terpentinöl 40.

7. Pix liquida, Holztheer; vorzüglich von Pinus silvestris und P. sibirica.

8. Aqua Picis, Theerwasser; mit gepulvertem Bimsstein gemischter Theer wird mit Wasser geschüttelt. Die Flüssigkeit kann wie schwaches Carbolwasser auch als Desinfectionsmittel verwendet werden.

9. Summitates Sabinae, Sabinakraut, Sadebaumspitzen; die Spitzen des wilden und cultivirten Juniperus Sabina. Enthält Sadebaumöl, welches ein Terpen ist. Früher auch innerlich zu 0,3—0,6.

10. Extractum Sabinae: mit Wasser und Weingeist aus den Sadebaumspitzen dargestellt. Auch innerlich. Gaben 0,05—0,2, täglich 0,5—1,0.

11. Unguentum Sabinae, Fontanellensalbe. Sabinaextract 1, Wachssalbe 9.

Die nachstehenden **Linimente** und weingeistigen Lösungen enthalten flüchtige Stoffe (Ammoniak, Campher), deren reizende Wirkung auf die Gewebe der Applicationsstelle bei der Bildung der pharmakologischen Gruppen nur nebenbei in Betracht kommt. Diese Präparate können wegen ihrer Verwendung als Hautreizmittel hier ihren Platz finden.

12. **Spiritus camphoratus.** Campher 1, Weingeist 7, Wasser 2.
13. **Linimentum ammoniatum**, Linimentum volatile, flüchtige Salbe. Olivenöl 3, Mohnöl 1, Ammoniakflüssigkeit 1. 14. **Linimentum ammoniato-camphoratum**, flüchtiges Campherliniment. Campheröl 3, Mohnöl 1, Ammoniak 1.
15. **Linimentum saponato-camphoratum**, Opodeldok. Medicinische Seife 60, Campher 20, Weingeist 810, Glycerin 50, Thymianöl 4, Rosmarinöl 6, Ammoniak 50. 16. **Linimentum saponato-camphoratum liquidum**, flüssiger Opodeldok. Campherspiritus 120, Seifenspiritus 350, Ammoniak 24, Thymianöl 2, Rosmarinöl 4.

b. Die Gruppe des Senföls.

Das ätherische **Oel** des schwarzen Senfs, welches Isosulfocyansäure-Allyläther ist, entsteht in den zerkleinerten Senfsamen bei Gegenwart von Wasser durch die Einwirkung eines Fermentes, des Myrosins, auf das myronsaure Kalium ($C_{10}H_{18}KNS_2O_{10}$), welches dabei in je 1 Mol. Senföl (CNS,C_3H_5), Zucker und saures schwefelsaures Kalium zerfällt. In dem frisch bereiteten **Senfteig** und dem frisch angefeuchteten **Senfpapier** ist nur wenig Senföl enthalten. Erst nach einiger Zeit erreicht die Menge desselben ihr Maximum. Während der Application steigert sich daher die Wirksamkeit jener Präparate, ein Umstand, der bei der Bemessung der Stärke der Wirkung nach der Zeit, während welcher das Senfpflaster auf der Haut liegen bleibt, zu berücksichtigen ist.

Das Senföl wird auch synthetisch dargestellt. Die Isosulfocyansäure-Aether anderer Alkoholradicale, die man in der Chemie schlechtweg als Senföle bezeichnet, haben bisher keine pharmakologische Untersuchung und keinerlei praktische Anwendung gefunden. Das Butylsenföl ist bei dem Löffelkraut (S. 120) erwähnt worden.

1. **Semen Sinapis**, Senfsamen; von Brassica nigra (Sinapis nigra). Die Samen von Sinapis alba können in derselben Weise gebraucht werden. Zur Herstellung von Senfteigen wird reines oder mit gewöhnlichem Mehl vermischtes Senfmehl mit Wasser zu einem dicken Brei angerührt, dieser auf Leinwand gestrichen, mit einer dünnen Gaze bedeckt und so lange (5—10 Minuten) auf der Haut liegen gelassen, bis Röthung und heftiges Brennen entsteht. 2. **Charta sinapisata**, Senfpapier; mit entöltem Senfpulver überzogenes Papier. Es wird vor der Anwendung mit warmem Wasser angefeuchtet. 3. **Oleum Sinapis aethereum**. In 50 Wasser löslich. Für sich wegen der heftigen Wirkung nicht anwendbar. 4. **Spiritus Sinapis**, Senfspiritus. Senföl 1, Weingeist 49.

c. Die Gruppe des Cantharidins und Euphorbins.

Die wirksamen Bestandtheile der zu dieser Gruppe gehörenden Hautreizmittel sind bei gewöhnlicher Temperatur nicht flüchtig. Das Cantharidin der spanischen Fliegen und das Euphorbin des Euphorbiumharzes sind Säureanhydride. Ersteres ist auch als Säure und in Form der Salze wirksam und scheidet sich aus diesen durch Zusatz von Säuren wieder unverändert ab. Das Euphorbin ist nach seiner Umwandlung in die Euphorbinsäure unwirksam, und diese geht bei der Abscheidung aus ihren Salzen nicht wieder in das Anhydrid über.

Im spanischen Pfeffer ist das chemisch indifferente, krystallisirbare Capsaïcin ($C_9H_{14}O_2$) der scharf brennend schmeckende und reizend wirkende Bestandtheil, und vielleicht auch das ölartige Capsicol.

Cantharidin, Euphorbin und Capsaïcin sind in Alkohol, Aether, flüssigen Kohlenwasserstoffen und in fetten Oelen löslich.

Zu dieser Gruppe können ferner das dem Euphorbin analoge Mezereïn der Seidelbastrinde, von Daphne Mezereum, das Anemonin, welches sich in verschiedenen Ranunculaceen findet, und das in den Früchten von Anacardium occidentale und A. orientale und dem Giftsumach enthaltene, ölartige Cardol ($C_{21}H_{30}O_2$) gerechnet werden.

1. **Cantharides**, spanische Fliegen; der möglichst wenig beschädigte Käfer Lytta vesicatoria. Enthalten etwa 0,4% Cantharidin ($C_{10}H_{12}O_4$), welches ausserdem in verschiedenen Käferarten der Gattung Mylabris vorkommt.

2. **Unguentum Cantharidum**, Spanischfliegensalbe. Canthariden 2, Baumöl 8; von dem Filtrat 7, gelbes Wachs 3; auf 100 Salbe 20 Cantbariden.

3. **Emplastrum Cantharidum ordinarium**, Spanischfliegenpflaster. Canthariden 50, Olivenöl 25, gelbes Wachs 100, Terpentin 25; enthält 25% Canthariden.

4. **Emplastrum Cantharidatum perpetuum**, Zugpflaster. Geigenharz 70, gelbes Wachs 50, Terpentin 35, Talg 20, Canthariden 20, Euphorbium 5; enthält 10% Canthariden und 2,5% Euphorbium. Zieht keine Blasen.

5. **Collodium cantharidatum**, Cantharidencollodium. Canthariden 50, Aether 80; von der Colatur 42, Collodiumwolle 2, Weingeist 6. Dient zum Blasenziehen.

6. **Oleum cantharidatum**, Cantharidenöl. Cantbariden 3, Rüböl 10, im Dampfbad digerirt und ausgepresst. 7. **Tinctura Cantharidum**. Cantbariden 1, Weingeist 10. Ehemals innerlich angewendet. 8. **Euphorbium**; Gummiharz der Euphorbia resinifera. Euphorbin vergl. oben.

9. **Fructus Capsici**, spanischer Pfeffer; von Capsicum annuum. Capsaïcin und Capsicol vergl. oben. 10. **Tinctura Capsici**. Spanischer Pfeffer 1, Weingeist 10. Zweckmässig als Zusatz zu Einreibungen, wenn eine anhaltendere reizende Wirkung gewünscht wird, als sie gewöhnlich bei der Anwendung von flüchtigen Stoffen zu erzielen ist.

7. Die Abführmittel.

Die dem Pflanzenreich entstammenden Abführmittel entsprechen in Bezug auf die Natur ihrer Wirkung den Hautreizmitteln. Wie die letzteren an der Haut, so rufen sie im Darmkanal eine Reizung oder Erregung hervor, die zu **verstärkten peristaltischen Bewegungen** und in Folge dessen zu einer raschen Entleerung des Darminhalts führt. Letzterer behält dabei eine flüssigere Beschaffenheit, weil er keine Zeit zur Eindickung findet.

Die Reizung kann alle Elemente der Darmwand betreffen, wenn die angewendeten Stoffe zu den **entzündungserregenden im Allgemeinen gehören**, wie das Gutti und Crotonöl. Es genügen die schwächsten Grade der Wirkung, um verstärkte Peristaltik und Stuhlentleerungen hervorzurufen. Nach grösseren Gaben tritt leicht Entzündung des Darmkanals (Gastroenteritis) ein.

In anderen Fällen sind die abführenden Agentien an anderen Theilen so wenig wirksam, dass sie z. B. an der Haut keine merkliche Reizung erzeugen, im Darmkanal dagegen nicht nur eine Steigerung der peristaltischen Bewegungen veranlassen, sondern sogar zu Entzündungen führen, wie es namentlich die Coloquinthen thun.

Manche Stoffe, zu denen das Jalapenharz und der wirksame Bestandtheil des Ricinusöls gehören, finden überhaupt erst im Darmkanal die Bedingungen ihrer Wirksamkeit dadurch, dass sie nur in den Darmflüssigkeiten löslich sind.

Bei einzelnen Mitteln scheint es sich im Wesentlichen um eine Erregung der motorischen Ganglien des Darms zu handeln, von welchen die peristaltischen Bewegungen des letzteren abhängig sind. Zu dieser Kategorie müssen die Senna, die Rhabarber, die Faulbaumrinde und das Podophyllotoxin des käuflichen Podophyllins gerechnet werden. Dem entsprechend hat man bei Thieren nach der Einspritzung eines Sennaaufgusses in das Blut und einer Podophyllotoxinlösung unter die Haut Durchfälle hervorrufen können.

Jede reizend wirkende Substanz, welche nach ihrem Uebergang in das Blut keine allgemeine Vergiftung verursacht, liesse sich auch als Abführmittel verwenden, wenn es möglich wäre, sie unter allen Umständen local auf den Darmkanal zu appliciren. Allein alle flüchtigen, sowie alle in Wasser leicht löslichen, krystalloiden und rasch resorbirbaren Stoffe gehen schon vom Magen aus in das Blut und die Gewebsflüssigkeiten über und gelangen in Folge dessen gar nicht in den Darmkanal. Das geschieht mit Leichtigkeit nur dann, wenn eine Substanz entweder im Mageninhalt unlöslich ist oder eine colloide Beschaffenheit hat und dem entsprechend schwer resorbirt wird.

Das Ricinusöl, Crotonöl, das Gutti und Jalapenharz sind in wässrigen Flüssigkeiten unlöslich und passiren deshalb den Magen unverändert. Im Darm werden sie durch die Alkalien, die Galle und den pankreatischen Saft gelöst oder wie das Ricinusöl geradezu verdaut. Das Guttiharz besteht der Hauptsache nach aus der Gambogiasäure. Diese ist im reinen Zustande weniger wirksam als die gleiche Menge Gutti (Christison), weil das Gummi, welches sich in dieser Drogue findet, nicht nur die Emulsionirung befördert (Buchheim), sondern als Colloid auch den Uebergang der in Wasser ein wenig löslichen Gambogiasäure in den Darm begünstigt.

Von den wenig bekannten wirksamen Bestandtheilen der Senna, Rhabarber und Faulbaumrinde kann man mit Sicherheit nur sagen, dass sie in Wasser leicht löslich, aber colloid sind und deshalb sich der Resorption im Magen entziehen.

Das krystallisirbare, lösliche Colocynthin erzeugt im reinen Zustande nicht unter allen Umständen Durchfälle. Dasselbe bedarf daher anscheinend ebenfalls der Gegenwart colloider Stoffe, wie sie sich in den Coloquinthen finden, um mit Sicherheit in den Darmkanal übergeführt zu werden.

Das krystallisirbare Aloïn ist wenig wirksam. Es entsteht aber aus ihm durch Zersetzung eine amorphe Modification, die sich in der Aloë lucida schon vorgebildet findet und die Wirkung zu bedingen scheint. Bei der letzteren spielt auch die Galle eine bisher noch nicht aufgeklärte Rolle. Wenigstens wirkt Aloë für sich in Form von Klystieren nicht anders als lauwarme Flüssigkeiten überhaupt, während nach Zusatz von Ochsengalle heftige Reizung und Entzündung des Mastdarms sich einstellten (Buchheim, Sokolowski und v. Cube).

Von den beiden wirksamen Bestandtheilen des Podophyllins ist das Podophyllotoxin wenig, das Pikropodophyllin gar nicht in Wasser löslich. Ersteres wirkt bei der subcutanen Anwendung auch auf das Centralnervensystem giftig (Podwyssotzki).

Die Wirkung der Abführmittel dieser Klasse kann vorläufig nur von einer Verstärkung der peristaltischen Bewegungen, namentlich des Dickdarms, abgeleitet werden. Die Bewegungen des Dünndarms sind auch unter normalen Verhältnissen so lebhaft, dass der Inhalt desselben noch im flüssigen Zustande in jenen gelangt. Erst wenn hier die Eindickung durch eine beschleunigte Entleerung verhindert wird, treten Durchfälle ein.

Eine Vermehrung der Flüssigkeitsmenge durch Steigerung der Darmsecretionen erscheint zwar von vorn herein nicht unwahrscheinlich, hat sich aber in keinem Falle bisher nachweisen lassen. Wirkliche Transsudationen in den Darm kommen nur dann vor, wenn durch diese Mittel selbst oder beim Experimentiren mit denselben am blossgelegten Darm eine Entzündung des letzteren verursacht wird.

Jede stärkere Peristaltik des Darms ist mit einer **Hyperämie** desselben verbunden, die in den intensiveren Graden zu Blutaustritt in und auf die Schleimhaut Veranlassung geben kann. In solchen Fällen, namentlich aber wenn die Abführmittel direct eine entzündliche Reizung herbeiführen (Crotonöl, Gutti) und vorzugsweise auf den unteren Theil des Darms einwirken (Aloë), erstreckt sich die Hyperämie auch auf die benachbarten Beckenorgane. **Am schwangeren Uterus können dadurch Contractionen** eingeleitet werden, die mit Abortus und Frühgeburt enden. Die schärferen Abführmittel müssen daher während der Schwangerschaft mit Vorsicht gehandhabt werden. Auch **in fieberhaften Zuständen** vermeidet man sie gern, weil jede Reizung das Fieber zu verstärken vermag.

Keines der genannten Abführmittel ist für die **subcutane Anwendung** geeignet. Die einen verstärken die Peristaltik nur bei localer Application, die anderen sind im reinen Zustande nicht bekannt. Ob das Podophyllotoxin für diesen Zweck brauchbar ist, lässt sich vorläufig noch nicht übersehen. Vielleicht wird der eigentliche wirksame Bestandtheil der Senna, der Rhabarber und Faulbaumrinde, wenn die Reindarstellung erst gelungen ist, sich für diese Art der Application als zweckmässig erweisen.

Eine schärfere **pharmakologische Gruppirung** der einzelnen Abführmittel ist vorläufig nicht möglich, weil bei manchen die wirksamen Bestandtheile noch nicht genügend bekannt sind. Das gilt namentlich vom Croton- und Ricinusöl. Im letzteren hängt die Wirksamkeit nicht von der Ricinolsäure ab, sondern wahrscheinlich von einer in Wasser, Alkohol, Aether und Alkalien unlöslichen Substanz, die bei der Gewinnung des Oels durch Auspressen und durch Extraction mit Aether und Alkohol der Hauptmasse nach in dem Rückstand zurückbleibt und aus diesem nach vorläufigen Untersuchungen (Bubnow) nur durch verdünnte Salzsäure ausgezogen werden kann. Diese Substanz ist aber sehr leicht schon durch Siedhitze zersetzlich.

1. **Oleum Crotonis**, Crotonöl; fettes Oel aus den Samen von Croton Tiglium. Bringt an allen Applicationsstellen heftige Entzündung hervor. Gaben $^1/_{10}$—1 Tropfen oder **0,05**!; täglich bis **0,10**!

2. **Oleum Ricini**, Ol. Castoris, Ricinusöl; aus den enthülsten Samen von Ricinus communis. Gaben 20,0—30,0, mit aromatischen Thees, schwarzem Kaffee, Bier u. dergl. als Geschmackscorrigentia.

3. **Gutti**, Gummigutt; das Gummiharz der Garcinia Morella (Hebradendron gambogioïdes). Die Salze der gelben Gambogiasäure sind roth. Gaben 0,01—0,15—**0,3!**, täglich bis **1,0!**, in Pillen oder Emulsionen.

4. **Tubera Jalapae**, Jalapenknollen; die Wurzelknollen der Ipomoea Purga. Der wirksame Bestandtheil ist das harzartige, glykosidische, stickstofffreie Säureanhydrid Convolvulin, welches durch Alkalien, besonders in der Wärme, in die in Wasser leicht lösliche, unwirksame Convolvulinsäure übergeht. Das Convolvulin und das nahestehende Jalapin, mit dem das Scammonin des Scammoniumharzes vielleicht identisch ist, kommen in zahlreichen Arten der Gattung Convolvulus vor.

5. **Resina Jalapae**; durch Ausziehen der Jalapenknollen mit Weingeist gewonnen; besteht zum grossen Theil aus Convolvulin. Gaben 0,03 — 0,20, in Pillen, meist mit anderen Abführmitteln, besonders mit Aloë und Rhabarber.

6. **Sapo jalapinus.** Jalapenharz 4, medicin. Seife 4, verd. Weingeist 8, auf 9 Thl. eingedampft. Gaben 0,1—0,3.

7. **Pilulae Jalapae.** Jalapenseife 3, Jalapenpulver 1; Pillen von 0,1 Gewicht. Gaben 2—6 Stück.

8. **Fructus Colocynthidis**, Coloquinthen; die geschälte kürbisartige Frucht von Citrullus Colocynthis. Wirksamer Bestandtheil ist das schwer krystallisirende, in Wasser lösliche (1 : 8), sehr bitter schmeckende Glykosid Colocynthin. Gaben 0,01—0,1—**0,3!**, täglich **1,0!**, in Pulvern oder Pillen.

9. **Extractum Colocynthidis**; mit Weingeist und Wasser hergestellt. Gaben 0,01—**0,05!**, täglich bis **0,2!**.

10. **Tinctura Colocynthidis**; Coloquinthen 1, Weingeist 10. Gaben 5—10 Tropfen bis **1,0!**, täglich bis **3,0!**.

Das Elaterium, der in Wasser unlösliche Antheil des Saftes der Eselsgurke, von Momordica Elaterium, findet sich in der deutschen Pharmacopoe nicht, ist aber ganz zweckmässig. Gaben 0,01—0,10.

11. **Podophyllinum**, Podophyllin; der in Wasser unlösliche Antheil (Resinoid) aus dem weingeistigen Extract von Podophyllum peltatum. Die wirksamen Bestandtheile, Podophyllotoxin und Pikropodophyllin, sind stickstofffrei, krystallisirbar und gehören vielleicht zu den Säureanhydriden. Gaben 0,02—0,10, in Pillen.

12. **Aloë**, Aloë; der eingedickte Saft der Blätter verschiedener Aloëarten des Caplandes. Aus dem krystallisirbaren Aloïn entsteht die wirksamere amorphe Modification durch Umwandlung im

Darmkanal und durch Erhitzen mit Wasser. Gaben 0,1—0,3, in Pillen.

13. **Extractum Aloës**. Aloë 1 in 5 Wasser gelöst, und die klare Lösung eingedampft. Gaben wie bei Aloë.

14. Tinctura Aloës. Aloe 1, Weingeist 5. Gaben 5—20 Tropfen.

15. Tinctura Aloës composita. Enzianwurzel, Rhabarber, Zitwerwurzel, Safran je 1, Aloë 6, verd. Weingeist 200. Gehört eigentlich zu den bitteren Mitteln. Gaben ½—1 Theelöffel.

16. Pilulae aloëticae ferratae. Entwässertes Ferrosulfat und Aloë je 1, mit Weingeist zu Pillen von 0,1 verarbeitet. Ganz unzweckmässig, weil diese Combination gar keinen Sinn hat.

17. **Folia Sennae**, Sennesblätter; Fiederblättchen von Cassia angustifolia (indische Sorte) und C. acutifolia mit den Blättchen von Cynanchum Arghel untermischt. Bei der Wirkung sind wahrscheinlich mehrere Bestandtheile zugleich betheiligt, darunter eine amorphe, in Wasser leicht lösliche, stickstoff- und anscheinend auch schwefelhaltige saure Substanz (Cathartinsäure). Gaben 0,5—4,0, als Aufguss.

Die durch Ausziehen mit Alkohol von den unangenehm bitterlich und kratzend schmeckenden Bestandtheilen befreiten Sennesblätter (**Folia Sennae spiritu extracta**) fehlen in der 2. Ausgabe der Pharmacopoe, obgleich sie sehr zweckmässig sind.

18. Species laxantes, abführender Thee, St. Germain-Thee. Sennesblätter 16, Fliederblüthen 10, Fenchel 5, Anis 5, Weinstein 4. Gaben 5,0—15,0 auf 100 Aufguss, stündlich 1—2 Esslöffel.

19. **Infusum Sennae compositum**, Wiener Trank. Sennesblätter 5, heisses Wasser 30; der Colatur werden zugesetzt Seignettesalz 5, gewöhnl. Manna 10. Esslöffelweise bis Stuhlentleerung eintritt.

20. Syrupus Sennae. Sennesblätter 10, Fenchel 1, Weingeist 5, Wasser 45 auf 35 Colatur und diese mit 65 Zucker auf 100 Syrup gebracht. Gaben bei Kindern theelöffelweise.

Der **Syrupus Sennae cum Manna** wird beim Dispensiren aus gleichen Theilen Syrupus Sennae und Syrupus Mannae zusammengesetzt. Bei Kindern theelöffelweise.

21. Electuarium e Senna, Sennalatwerge. Sennesblätter 10, weiss. Syrup 40, gereinigtes Tamarindenmus 50. Gaben 1—2 Theelöffel.

22. Pulvis Liquiritiae compositus, Brustpulver. Zucker 6, Sennesblätter 2, Süssholz 2, Fenchel 1, gereinigt. Schwefel 1. Ganz irrationell, weil der Schwefel in dieser Combination gar keinen Zweck hat (vergl. S. 139).

23. **Radix Rhei**, Rhabarber; die geschälten Rhizome von Rheumarten Hochasiens, vorzüglich wohl R. officinale. Der wirksame Bestandtheil ist dem der Senna nahestehend, vielleicht mit ihm identisch. Gaben 0,1—0,5; als Abführmittel 0,5—1,0, in Pulvern, Pillen und Aufgüssen.

24. **Extractum Rhei**; mit Weingeist und Wasser hergestellt. Gaben 0,2—0,8.

25. **Extractum Rhei compositum.** Rhabarberextract 30, Aloëextract 10, Jalapenharz 5, medicin. Seife 20. Gaben 0,2 — 0,3; in Pillen.

26. **Syrupus Rhei.** Rhabarber 10, Zimmt 2, Kaliumcarbonat 1 auf 100 Syrup.

27. **Tinctura Rhei aquosa.** Rhabarber 100, Borax 10, Kaliumcarbonat 10, Wasser 900, Weingeist 90; auf 850 der erhaltenen Colatur 150 Zimmtwasser. Veraltet! Hat höchstens die Bedeutung eines „arzneilich" schmeckenden Mittels.

28. **Tinctura Rhei vinosa.** Rhabarber 8, Pomeranzenschalen 2, Cardamomen 1, Xereswein 100; in 7 Filtrat wird 1 Zucker aufgelöst. Hat nur die Bedeutung einer aromatischen Tinctur.

29. **Pulvis Magnesiae cum Rheo,** Kinderpulver. Rhabarber 3, Magnesiumcarbonat 12, Fenchelölzucker 8. Gaben messerspitzen- bis theeöffelweise.

30. **Cortex Frangulae,** Faulbaumrinde; von Rhamnus Frangula. Der wirksame Bestandtheil ist vielleicht identisch mit der Cathartinsäure der Senna. Enthält viel Gerbsäure und macht daher leicht Kolikschmerzen. In der Armenpraxis viel gebraucht. Gaben 15,0—30,0, als Abkochung.

31. **Fructus Rhamni catharticae,** Semen Spinae cervinae, Kreuzdornbeeren; von Rhamnus cathartica. Wirksamer Bestandtheil ähnlich oder identisch mit dem der Faulbaumrinde. 32. **Syrupus Rhamni catharticae.** Saft der frischen Kreuzdornbeeren 35, Zucker 65 auf 100 Syrup, welcher violett ist.

8. Der Schwefel als Abführmittel.

Der Schwefel gehört in Bezug auf sein Verhalten im Darmkanal zur pharmakologischen Gruppe der Schwefelalkalien. Doch kann er solchen Abführmitteln angereiht werden, welche durch Verstärkung der Darmperistaltik Stuhlentleerungen herbeiführen.

Kommt reiner Schwefel im feinvertheilten Zustande in den Magen, so bleibt er hier ganz unverändert. Gelangt er dann weiter in den Darm, so findet er dort einen alkalischen Inhalt und wird zum Theil in Natriumsulfhydrat umgewandelt (Buchheim und Krause). Dieses wirkt auf alle Gewebe sehr stark ätzend und verursacht in Folge dessen verstärkte Peristaltik des Darms und Stuhlentleerungen. Da aber die Menge der

Alkalicarbonate im Darm eine beschränkte ist, und die Umwandlung des Schwefels in das Sulfhydrat sehr langsam erfolgt, so verursacht dieses Mittel in der Regel keine stärkere Wirkung. Die Stühle werden selten flüssig, sondern erlangen nur eine breiartige Beschaffenheit.

Der feinvertheilte Schwefel lässt sich daher zweckmässig in solchen Fällen als Abführmittel anwenden, in denen es nicht auf eine rasche und vollständige Entleerung des Darminhalts, sondern blos darauf ankommt, **dass die Faecalmassen in weniger consistentem Zustande und daher leichter den Mastdarm und besonders den Anus passiren.** Aus diesem Verhalten erklärt sich die in früheren Zeiten häufigere Anwendung des Schwefels bei **Hämorrhoidalbeschwerden**. Bei diesen Zuständen ist es geboten, die Reizung durch harte Faecalmassen, deren Entleerung ausserdem sehr schmerzhaft zu sein pflegt, so viel als möglich zu vermeiden.

Andere Abführmittel, welche gewöhnlich flüssige Stühle bewirken, sind in diesen Fällen nicht zweckmässig, weil sie bei längerem Gebrauch leicht die Ernährung des Kranken beeinträchtigen. Eine derartige Dosirung derselben, dass sie die Faeces nicht flüssig, sondern nur breiig machen, ist schwierig und unsicher; denn die Wirkung bleibt dabei nicht selten entweder ganz aus, oder es treten Durchfälle auf.

Da die Umwandlung des Schwefels im Darmkanal durch die Alkalimenge beschränkt ist, so ist die **Stärke seiner Wirkung bis zu einer gewissen Grenze unabhängig von der angewandten Gabe** und bleibt eine gleichmässige, auch wenn das gewöhnliche Maximum der letzteren überschritten wird. Es lassen sich daher bei seiner Anwendung Durchfälle ziemlich sicher vermeiden, ohne dass man das Ausbleiben des gewünschten Erfolges zu befürchten hat.

Nur wenn die Vertheilung des Schwefels, wie bei der **Schwefelmilch**, eine sehr grosse ist, und bedeutende Mengen auf einmal in den Darm gelangen, erfolgt die Bildung des Schwefelalkalis verhältnissmässig rasch; dieses wird nicht schnell genug resorbirt oder unter Auftreten von Schwefelwasserstoff zersetzt, und es kommt in Folge dessen zu heftigeren Darmerscheinungen. Dem entsprechend wirken die weniger feinvertheilten **Schwefelblumen** bei gleicher Gabe nicht so stark wie die Schwefelmilch. Erstere sind daher für den praktischen Gebrauch der letzteren vorzuziehen.

Dass im Darm in der That aus dem Schwefel eine Alkaliverbindung desselben entsteht, und dass von dieser die abführende Wirkung abhängt, folgt mit Sicherheit daraus, dass dabei die Schwefelsäuremenge des Harns vermehrt wird (**Griffith**; **Buchheim und Krause**), was sonst unerklärlich wäre, und dass bei gleichzeitigem Einnehmen von Schwefel und kohlensaurem Natrium im Harn mehr Schwefelsäure erscheint, als wenn jener allein oder in Oel vertheilt in den Magen gebracht wird (**Buchheim und Krause**).

1. **Sulfur depuratum**; durch Waschen mit ammoniakalischem Wasser gereinigter sublimirter Schwefel. Theelöffelweise, als Pulver. 2. **Sulfur sublimatum** (Flores Sulfuris), Schwefelblumen; durch Sublimation von Schwefel im sauerstofffreien Raume dargestellt. 3. **Sulfur praecipitatum** (Lac Sulfuris), Schwefelmilch; aus den Polysulfiden der Alkalien durch Salzsäure gefällt.

9. Die Mittel gegen Darmparasiten, Anthelminthica.

Die zur Abtreibung von Darmparasiten verwendeten Mittel, welche eigentlich zu den Desinfectionsmitteln zu rechnen sind, müssen in Bezug auf den Uebergang aus dem Magen in den Darm ähnliche Eigenschaften besitzen, wie die Abführmittel, d. h. **schwer resorbirbar sein**.

Im Darm angekommen sollen sie nicht, wie es die Abführmittel thun, verstärkte peristaltische Bewegungen erzeugen, sondern durch moleculare Eigenschaften auf Bandwürmer, Spulwürmer und andere Parasiten derartig einwirken, dass diese entweder getödtet oder wenigstens krank gemacht, in den untern Theil des Darms getrieben und dann durch Abführmittel leicht entleert werden. Die einzelnen Mittel sind **nicht bei allen Parasiten wirksam**. Das Extract der **Farnkrautwurzel**, in welchem die **Filixsäure** und besonders eine amorphe Modification derselben das Wirksame sind, wird mit Vorliebe gegen den **Bothriocephalus latus** gebraucht, während man bei der **Taenia Solium** die **Granatrinde** und neben dieser die **Kamala** bevorzugt. Die **Kosoblüthen** werden gegen beide Bandwurmarten empfohlen. Die **Wurmsamen** und das in ihnen enthaltene **Santonin** gelten unbestritten als souveränes Mittel gegen **Spulwürmer**, die beim einfachen Einnehmen desselben ohne Combination mit Abführmitteln todt abgehen.

Bei der **Abtreibung der Bandwürmer** müssen **besondere Regeln** eingehalten werden, wenn die Kur gelingen soll. Es kommt darauf an, die Zeit zu wählen, in der Glieder der Taenia mit den Faeces abgehen, ferner durch eine geeignete Diät die Menge des Darminhalts zu verringern, sodann das Bandwurmmittel zu verabreichen und schliesslich rechtzeitig ein Abführmittel von passender Stärke folgen zu lassen, so dass in kurzer Zeit zwar reichliche Stühle eintreten, ohne dass diese indess eine zu flüssige, wässrige Beschaffenheit annehmen. Die Ausführung dieser Regeln erfordert einige Uebung, und dadurch erklären sich die Erfolge, die zuweilen einzelne „Bandwurmdoctoren" auf diesem Gebiete erzielen.

Alle hierhergehörigen Droguen oder ihre wirksamen Bestandtheile verursachen nach grösseren Gaben **Vergiftungserscheinungen**, die vorzugsweise das Centralnervensystem betreffen.

Das **Santonin** wirkt in eigenartiger Weise auf das **Gehirn** ein und hat bei Kindern zu Vergiftungen Veranlassung gegeben. Unter den Gehirnerscheinungen ist das **Gelb- und Violettsehen** besonders auffällig. Ersteres tritt leicht schon nach arzneilichen Gaben ein.

Nach 0,5—2,0 g Santonin bei Erwachsenen und 0,1—0,7 g bei Kindern hat man die folgenden **Symptome** beobachtet, unter denen die Krämpfe die constantesten sind: Benommenheit, Schwindel, Flimmern vor den Augen. Geruchs- und Geschmackshallucinationen (E. Rose), Kopfschmerz, Müdigkeit und Schwächegefühl, unangenehme Sensationen in der Magengegend, Uebelkeit, Erbrechen, Zittern der Glieder, convulsivische Zuckungen und Bewegungen in den Gesichts-, Augen- und Kiefermuskeln, zitternde Stimme (Binz), allgemeine, zuweilen anfangs einseitige (Binz), anfallsweise auftretende Convulsionen, Sistiren der Respiration.

Convulsionen, tetanische Zustände und Athemstillstand bedingen den Charakter der Santoninvergiftung auch bei Säugethieren und Fröschen.

Nach dem Gebrauch der **Granatrinde** hat man stärkere **Darm- und Gehirnerscheinungen** auftreten sehen. Die ersteren, die in Erbrechen, Leibschmerzen und Durchfällen bestehen, hängen wahrscheinlich von dem bedeutenden Gehalt der

Drogue an Gerbsäure ab. Zu diesen Symptomen gesellen sich Kopfschmerz, Schwindel, Betäubung, krampfartiges Zittern in den Gliedern und selbst ausgesprochene Convulsionen.

Dass diese Erscheinungen von dem von Tanret dargestellten, in Form der Gerbsäureverbindung in den Handel gebrachten und gegen alle Regeln der chemischen Terminologie Pelletierin genannten Alkaloid bedingt werden, und dass letzteres in der That die bei der Bandwurmbehandlung in Betracht kommende wirksame Substanz ist, erscheint nach den bisher darüber vorliegenden Angaben zwar nicht unwahrscheinlich, ist aber mit Sicherheit noch nicht erwiesen.

Die Kosoblüthen, deren wirksamer Bestandtheil das Kosin ist, und die Kamala verursachen in grösseren Gaben Durchfälle ohne wesentliche Nebenerscheinungen, so dass man besonders nach der Anwendung der Kamala die Abführmittel fortlassen kann.

1. **Rhizoma Filicis**, Farnwurzel; das ungeschälte Rhizom sammt Blattbasen des Aspidium Filix mas. Die wirksame, schwer krystallisirbare Filixsäure ($C_{14}H_{18}O_5$) ist in Wasser fast unlöslich und zersetzt sich sehr leicht bei Gegenwart von Alkalien. Die Wurzel enthält ausserdem eine eigenartige Gerbsäure. Gaben 4,0—5,0, im Ganzen 15,0—30,0.

2. **Extractum Filicis**; durch Ausziehen der Farnwurzel mit Aether hergestellt. Grünliches, nicht zu dünnes Extract, mit weisslichen Körnchen von Filixsäure durchsetzt. Die Gaben werden sehr verschieden angegeben; 2,0—4,0 und 10,0—15,0 auf 2—3 mal in Pillen und Latwergen zu nehmen; erstere sind vielleicht bei Bothriocephalus schon ausreichend.

3. **Cortex Granati**, Granatrinde; Stamm- und Wurzelrinde von Punica Granatum. Neben dem flüchtigen, leicht verharzenden, krystallisirbaren Pelletierin ($C_8H_{13}NO$) finden sich in der Drogue noch zwei andere, unwirksame Basen (Tanret); ausserdem viel Gerbsäure. Gaben 30,0—100,0, als Macerationsdecoct in 2 Gaben zu nehmen.

4. **Flores Koso** (Kosso, Kusso), Kosoblüthen; die weiblichen Blüthen oder Blüthenrispchen der Hagenia abyssinica. Der wirksame Bestandtheil ist das Kosin ($C_{31}H_{38}O_{11}$), welches in Wasser fast gar nicht, leicht in Chloroform und Aether löslich ist und saure Eigenschaften besitzt (Flückiger). Vielleicht spielen auch die amorphen Zersetzungsprodukte bei der Wirkung eine Rolle. Gaben 15,0—20,0; 30,0—40,0 (Ziemssen), als Schüttelmixtur, in Oblaten und Latwergen auf 2 mal zu nehmen.

5. **Kamala**, Kamala; der von den Früchten der Mallotus philippinensis (Rottlera tinctoria) abgeriebene Ueberzug. Das Wirksame

scheint eine harzartige Masse (Kamalin) zu sein. Gaben 10,0—15,0, als Schüttelmixtur oder Latwerge.

6. **Flores Cinae**, Wurmsamen; die Blüthenköpfchen der turkestanischen Form der Artemisia maritima. Enthalten **Santonin**. Gaben 0,25—4,0.

7. **Santoninum**, Santonin ($C_{15}H_{16}O_3$); ist das Anhydrid der Santoninsäure. Sehr wenig in Wasser lösliche Krystalle, die sich am Lichte rasch gelb färben. Gaben 0,03—0,05—0,1!, täglich 0,3!.

8. **Trochisci Santonini**, Santoninpastillen; enthalten je 0,025 Santonin. Gaben 1—2 Stück.

III. Die Wirkungen des Wassers und der Salzlösungen.

Die chemischen Beziehungen des Wassers und einer Anzahl darin gelöster Salze der Alkalien und alkalischen Erden zu einander und zu den gewebsbildenden Substanzen des Organismus gehören zu den nothwendigen Bedingungen des Lebens. Selbst geringe Abweichungen in der absoluten und relativen Menge dieser Bestandtheile vermögen in dem Verhalten der Organthätigkeiten und des Stoffwechsels merkliche Veränderungen zu bedingen, die man durch vermehrte Zufuhr von Wasser und Salzen leicht künstlich hervorrufen und in vielen Fällen mit Vortheil für therapeutische Zwecke verwenden kann.

1. Das Wasser.

Das dem Organismus in reichlichen Mengen zugeführte Wasser bringt bestimmte Wirkungen hervor, die mit der **Löslichkeit und Quellbarkeit der Körperbestandtheile** im Zusammenhang stehen.

Wässrige Lösungen können als **moleculare Verbindungen** von Wasser und gelöster Substanz angesehen werden und unterscheiden sich von ihren Componenten durch mancherlei Eigenschaften. Ihr Lösungsvermögen ist für viele Körperbestandtheile ein grösseres als das des reinen Wassers, während ihre Fähigkeit, die Quellung imbibitionsfähiger Substanzen herbeizuführen, eine geringere zu sein pflegt. Auch die Durchgängigkeit durch Membranen ist sowohl bei der Filtration wie bei der Endosmose eine andere als die des Wassers. Das letztere kommt als solches niemals mit dem lebenden Gewebe in Berührung, sondern wird meist schon im Magen in eine Lösung umgewandelt und gelangt jedenfalls nur in dieser Form in das Blut.

Das Wasser verursacht eine **locale Salzentziehung und eine Quellung der Gewebe**. Bringt man isolirte lebende Organelemente mit reinem Wasser in Berührung, so sterben sie rasch ab, weil ihnen Salze und andere lösliche Stoffe entzogen werden, die zum Fortbestehen des Lebens solcher Gebilde unbedingt nothwendig sind. Damit die Integrität der letzteren erhalten bleibt, muss die sie durchtränkende Lösung eine bestimmte Concentration und Zusammensetzung haben. Aenderungen in dieser Richtung bewirken Funktions- und Ernährungsstörungen der Gewebe.

Die geringeren Grade dieser Wasserwirkung kommen praktisch bei den **Trinkkuren** in Betracht, bei denen reines Thermal- oder anderes Wasser längere Zeit hindurch in grösseren Mengen aufgenommen wird. Bei dieser **Ausspülung** des Magens erfahren nothwendigerweise die oberflächlichen Schichten der Epithelien eine stärkere Quellung und Auslaugung. Sie werden dadurch lebensunfähig gemacht und zur Abstossung gebracht, ein Vorgang, der zu **lebhafterer Regeneration** Veranlassung gibt, wobei pathologisch veränderte Gewebselemente durch normale ersetzt, und krankhafte Zustände der Magenschleimhaut oft gebessert oder geheilt werden.

Bei den **Bädern** kommt dagegen die reine Wasserwirkung wenig oder gar nicht in Frage, weil das Wasser die unversehrte Epidermis weder zu durchdringen noch sie direct in erheblichem Grade zu verändern vermag.

Nur bei protrahirten Bädern erfahren die oberflächlichen Schichten der Haut eine Quellung. Leichter tritt diese Veränderung an erkrankten und von der Epidermis entblössten Hauttheilen, bei Wunden und Geschwüren, ein. In solchen Fällen ist der Effect ein ähnlicher wie im Magen. Es erfolgt eine leichtere Abstossung der veränderten Gewebselemente, und die wunde Partie bleibt ausserdem vor Verunreinigungen mit Infectionsträgern geschützt.

Im Allgemeinen ist das Wasser in Form der Bäder blos das Lösungsmittel für Arzneistoffe, namentlich für neutrale und alkalische Salze oder, wie bei der Anwendung der sogenannten indifferenten kalten und warmen Quellen, Träger einer niederen oder höheren Temperatur und in dieser Form ein rein physikalisches Agens, das in energischer Weise die für die Balneologie wichtigen Wirkungen auf die Körpertemperatur und den Stoffwechsel sowie auf die Respiration und die Circulation ausübt.

Vom Verdauungskanal geht das Wasser sehr rasch in das Blut und die übrigen Körperflüssigkeiten über. Die Ursachen dieser Aufsaugung sind noch nicht hinlänglich bekannt. Die Endosmose kann dabei nicht im Spiele sein, weil der Vorgang nur ein einseitiger ist; denn aus dem Blute und den Gewebsflüssigkeiten geht kein endosmotischer Strom in den Darm. Im entgegengesetzten Falle wäre die Eindickung der Faeces nicht erklärlich.

Auch auf eine Filtration lässt sich die Absorption des Wassers nicht zurückführen, weil nicht anzunehmen ist, dass bei der Nachgiebigkeit der Gewebe eine Druckdifferenz, wie sie zur Filtration erforderlich ist, zwischen Darmrohr und den Organen oder dem Blute besteht.

Ebensowenig erscheint es wahrscheinlich, dass das Wasser durch offene Stomata seinen Abfluss aus dem Verdauungstractus findet. Wäre das der Fall, so müssten alle Flüssigkeiten gleich rasch resorbirt werden, während eine Glaubersalzlösung sich in dieser Beziehung ganz anders verhält als eine Kochsalzlösung.

Dagegen lässt sich die Aufsaugung des Wassers als ein Quellungsvorgang auffassen, der besonders leicht an den Schleimhäuten, in serösen Höhlen und im subcutanen Zellgewebe eintritt. Die quellungsfähigen Organtheile, die zunächst mit dem Wasser in Berührung kommen, nehmen dieses auf und geben es dann wieder in Form seröser Lymphe ab, oder es wird ihnen von dem vorbeiströmenden, concentrirteren Blute entzogen.

Die Ausscheidung des Wassers durch die Nieren ist wohl im Wesentlichen als eine Filtration aufzufassen, die von dem Blutdruck in den Gefässen der Glomeruli abhängig ist.

Ob dabei, wie bei dem Uebergang fester Stoffe in den Harn, auch eine specifische Thätigkeit der Epithelien der Harnkanälchen in Betracht kommt, ist noch ungewiss.

Schweisssecretion tritt nach reichlicher Zufuhr von Wasser nur dann ein, wenn sich die Haut zugleich im Zustand der Congestion befindet, was für praktische Zwecke dadurch herbeigeführt wird, dass man durch Verhinderung der Abkühlung oder durch Erhöhung der Temperatur der Umgebung die Körperoberfläche erwärmt. Dabei entfalten wahrscheinlich auch die schweissbildenden Nerven eine erhöhte Thätigkeit.

An der **Absonderung durch die Nieren** betheiligt sich nur schwer derjenige Antheil des Wassers, welcher zur Unterhaltung des normalen Quellungszustandes der Gewebe und zur Lösung der colloiden Körperbestandtheile erforderlich ist. Dagegen wird bei **vermehrter Zufuhr der Ueberschuss rasch entleert.** Dabei sinkt der Procentgehalt des Harns an festen Bestandtheilen, so dass letzterer durch reichliches Wassertrinken sehr bedeutend verdünnt wird. Indessen nimmt das reine Wasser bei der Ausscheidung leicht seinen Weg durch Haut und Lungen, und es ist daher zweckmässig, statt desselben verdünnte Salzlösungen zu wählen, wenn es darauf ankommt, den Harn weniger concentrirt in Bezug auf seine gewöhnlichen Bestandtheile, z. B. Harnsäure, zu machen.

Die vermehrte Aufnahme und Ausscheidung des Wassers ist mit dem **Auftreten absolut grösserer Mengen von stickstoffhaltigen Stoffwechselprodukten im Harn** verbunden. Dabei steigt nach Versuchen am Menschen proportional mit der Harnstoffausscheidung der Schwefelsäuregehalt des Harns (Genth). Es handelt sich daher in der That um eine vermehrte Bildung jener Produkte in Folge verstärkten Eiweisszerfalls und nicht blos um eine Auslaugung der Gewebe und eine beschleunigte Ausscheidung bereits fertig gebildeter Stoffwechselprodukte. Allerdings ist dieser **Einfluss des Wassers auf den Stoffwechsel ein vorübergehender.** Die vermehrte Harnstoffausscheidung hört oft schon nach kurzer Zeit trotz der fortgesetzten reichlichen Wasserzufuhr auf (J. Mayer, Oppenheim). Der Harnstoff tritt auch dann in vermehrter Menge auf, wenn in Folge der Verminderung anderer Secretionen das Harnvolumen vorübergehend wächst (Kaupp).

Die vorstehenden Thatsachen deuten darauf hin, dass auch bei reichlichem Durchtritt von Wasser durch den Organismus schliesslich das **Stickstoffgleichgewicht sich wieder herstellt**. Es muss aber unter diesen Bedingungen der Bestand der Gewebe an stickstoffhaltigem Material ein geringerer sein, als er vorher bei mässiger Wasseraufnahme war. Wenn eine solche Veränderung schon bei normalem Zustand der Gewebe eintritt, so kann man annehmen, dass bei dem methodischen Gebrauch des reinen Wassers in Form der sogen. indifferenten Thermen und kalten Quellen **pathologische Produkte** noch leichter diesem Einflusse unterliegen und in Folge dessen zur Resorption gebracht werden, falls sie überhaupt der Rückbildung fähig sind. Daraus folgt weiter, dass von den Tinkkuren nicht in allen Fällen ein Erfolg erwartet werden darf. Die speciellen Indicationen beruhen auf rein empirischer Grundlage.

2. Die Gruppe des Chlornatriums oder der leicht resorbirbaren Alkalisalze.

Substanzen aller Art, welche im Wasser leicht löslich sind, im gelösten Zustande die Gewebe des lebenden Organismus leicht durchdringen (diffundiren), dem entsprechend vom Magen und Darmkanal aus rasch resorbirt und dann in kurzer Zeit wieder ausgeschieden werden, ohne dabei stärkere eigenartige Wirkungen auf Muskeln, Nerven und andere Organe auszuüben, bringen im Organismus Veränderungen hervor, die im Wesentlichen von den chemischen Beziehungen solcher Stoffe zum Wasser abhängen. Da es fast ausschliesslich Salze namentlich der Alkalien sind, die diesen Anforderungen entsprechen, so kann man die betreffende Wirkung schlechtweg als **Salzwirkung** bezeichnen. In reinster Form tritt dieselbe nur nach der Anwendung des Chlornatriums ein, während die übrigen Salze mehr oder weniger auch **in selbständiger Weise auf** verschiedene Theile des Nervensystems oder auf die Muskeln **einwirken**. Die Wirkungen auf diese Organgebiete hängen dann entweder von der Base oder von der Säure oder wie beim Jodkalium von beiden Componenten zugleich ab.

Bei den sauren Salzen kommt ausserdem die Säure-, bei den alkalisch reagirenden die Alkaliwirkung in Betracht.

Zu den neutralen Salzen, die leicht resorbirt werden, gehören die Chloride, Bromide, Jodide, die Nitrate, Chlorate, Bromate und Jodate der Alkalien und des Ammoniaks.

Die entsprechenden Verbindungen der Erdalkalien finden schon weit schwerer ihren Uebergang in das Blut. Sehr schwer resorbirbar sind die Sulfate. Ihnen schliessen sich die Phosphate an, während von den Salzen mit organischen Säuren, soweit das bisher bekannt ist, nur die sauren weinsauren Alkalien sich in dieser Beziehung den Sulfaten nähern.

Von den Salzen, die zur Gruppe des Chlornatriums gehören, sind ausser diesem insbesondere das Chlor-, Brom- und Jodkalium sowie das chlorsaure Kalium und zum Theil auch die analogen Natriumverbindungen praktisch von Wichtigkeit. Der Salpeter hat seine frühere grosse Bedeutung gegenwärtig fast vollständig verloren.

a. Die Salzwirkung.

Die Salze und ihre concentrirteren Lösungen entziehen, wie jedem feuchten Körper, so auch den lebenden Geweben Wasser. Dabei dringen sie, wenn sie zur Chlornatriumgruppe gehören, rasch in grösseren Mengen in die Gewebe ein und wirken auf diese entweder als Lösungsmittel oder gleichsam als molecular vertheilte Fremdkörper ein. Durch diese beiden Momente wird an der Applicationsstelle eine Reizung bedingt, die nach der Beschaffenheit der betroffenen Gebilde entweder eine funktionelle oder eine rein nutritive ist.

Die Salzlösungen sind daher locale Reizmittel und finden als solche vielfach praktische Verwendung, sowohl an der äusseren Haut wie auf der Schleimhaut des Magens und Darmkanals.

Die Kochsalzquellen, Soolen und Mutterlaugen sowie das Meerwasser dienen in Form von Bädern in den verschiedensten Zuständen als Hautreizmittel. Da die Wirkung wegen der Widerstandsfähigkeit der Epidermis eine ziemlich oberflächliche ist und niemals einen hohen Grad erreicht, so kann man den Gebrauch solcher Bäder wochen- und monatelang fortsetzen, ohne

befürchten zu müssen, die Haut zu schädigen, wie es bei der
Anwendung vieler anderer Mittel unter solchen Verhältnissen
leicht geschieht. Lediglich darauf beruht die Bedeutung der
Salzbäder. Ihre einzelnen Bestandtheile sind dabei gleichgültig,
und an eine andere Art der Wirkung ist schon deshalb nicht
zu denken, weil die Salze aus ihren wässrigen Lösungen von
der völlig unversehrten Haut überhaupt nicht resorbirt werden.

An den Schleimhäuten verursachen die Salze dieser
Gruppe eine weit stärkere Reizung als an der äusseren Haut;
ja sie können in grösseren Gaben sogar gastroenteritische Erscheinungen hervorbringen. Besonders leicht thut das der Kalisalpeter.

Die schwächeren Grade der Salzwirkung können in verschiedenen krankhaften Zuständen des Magens von Nutzen
sein. Das Darniederliegen der Magenfunktionen, wie es sich leicht
nach jedesmaligem Genuss reichlicher Mengen alkoholischer Getränke einstellt, wird durch stärker gesalzene Nahrungsmittel rascher beseitigt als durch eine reizlose Kost. Bei
chronischen Erkrankungen des Magens ist der kurmässige Gebrauch der Kochsalzquellen in vielen Fällen vortheilhaft. Die
Besonderheit der Salzwirkung gegenüber anderen Reizmitteln ist
darin zu suchen, dass die Salzlösung gleichsam in breitem Strome
tief in die Schichten der Magenschleimhaut eindringt und die
Ernährungszustände derselben in Folge der constanten und ein
gewisses Mass nicht überschreitenden nutritiven Reizung in günstiger Weise verändert.

Von der Wasserentziehung hängen auch die bekannten conservirenden Eigenschaften der Salze ab. Beim Einsalzen des
Fleisches tritt aus dem letzteren das in eine Salzlösung umgewandelte
Wasser in Form der Lake nach aussen und ist, in dieser Weise an
das Salz gebunden, nicht mehr im Stande Fäulnissvorgänge zu vermitteln. Als locale Antiseptica in Krankheiten lassen sich vortheilhaft nur die schwer resorbirbaren, alkalisch reagirenden Salze, z. B.
der Borax und das lösliche kieselsaure Natrium (Wasserglas), verwenden.

Die Folgen des Ueberganges der Salzlösungen
in das Blut sind nur beim Kochsalz genauer untersucht. Es
entsteht danach zunächst mehr oder weniger lebhafter Durst,
dessen Ursache darin zu suchen ist, dass die Gewebe an die

concentrirtere Salzlösung Wasser abgeben, welches in diesem Zustande die Zwecke des Organismus nicht mehr zu erfüllen vermag, auch wenn es sich noch im letzteren befindet. Deshalb stellt sich der Durst früher ein, als die entstandene verdünntere Salzlösung den Organismus verlassen hat. Sie bildet gleichsam einen fremdartigen Bestandtheil des letzteren und wird deshalb durch die Nieren entleert. Daher veranlasst eine vermehrte Zufuhr von Chlornatrium und von anderen, namentlich alkalischen Salzen eine **verstärkte Ausfuhr von Wasser**; sie wirken, wie man zu sagen pflegt, **diuretisch**.

In Wassersuchten, die nicht von Kreislaufsstörungen abhängen, sondern in veränderten Ernährungszuständen der Gewebe ihren Grund haben, pflegt man vor anderen diuretischen Mitteln den Salzen den Vorzug zu geben. In der blossen verstärkten Ausfuhr des Wassers kann der heilsame Erfolg nicht gesucht werden, weil der Verlust durch Nahrungsmittel und Getränke sofort wieder gedeckt wird. Man muss vielmehr annehmen, dass derartige Wassersuchten, wenn sie nicht Folgen von Nierenerkrankungen sind, von einem verstärkten Quellungsvermögen der Gewebe abhängen, und dass dieses durch die Einwirkung der Salze in günstiger Weise beeinflusst wird.

Wie das reine Wasser veranlassen auch die Salze, hauptsächlich wohl in Folge der vermehrten Ausscheidung des ersteren, einen **verstärkten Stoffumsatz**, wenigstens wird die Menge des gebildeten und ausgeschiedenen **Harnstoffs** nach der Aufnahme von Kochsalz an Menschen (Kaupp, Rabuteau) und an Hunden (Bischoff, Voit) vermehrt. Das Salz wirkt in dieser Beziehung wie das Wasser, beide wahrscheinlich dadurch, dass sie die **Strömung der Parenchymflüssigkeit** durch die Gewebe begünstigen (Voit). Diese verstärkte Strömung wird umgekehrt auch dann eintreten, wenn bei gleichbleibender Wasseraufnahme der Kochsalzgehalt des Organismus in Folge Aufhörens der gewöhnlichen Zufuhr eine plötzliche Verminderung erfährt. Daher erscheint es verständlich, dass die Harnstoffausscheidung auch unter diesen Verhältnissen vermehrt wird (Klein und Verson).

Nach der Aufnahme der Alkalisalze erfolgt nicht blos der **Uebergang der zugeführten Verbindung in den Harn**, sondern es treten in diesem auch andere Salze in vermehrter Menge auf. Die Zufuhr von Natriumsalzen veranlasst eine gesteigerte Ausscheidung von Kali im Harn (Boecker, Buchheim und Reinson). Von besonderem Interesse ist indess der umgekehrte Fall.

Gelangen Alkalisalze in das Blut, die weder Chlor noch Natrium enthalten, so findet **zwischen ihren Bestandtheilen und denen des Chlornatriums eine theilweise Umsetzung** statt. Bei der Aufnahme von Kaliumphosphat oder Kaliumcarbonat entstehen in dieser Weise aus dem ersteren Chlorkalium und Natriumphosphat, aus dem letzteren Chlorkalium und Natriumcarbonat.

Diese neu gebildeten Salze sind für den Organismus **überflüssig** und gehen deshalb mit dem unveränderten Rest des zugeführten Phosphats oder Carbonats in den Harn über, so dass also dem Organismus unter diesen Verhältnissen bedeutende Mengen von Chlor und Natron entzogen werden, die dem Kochsalz entstammen (Bunge). Doch ist die Steigerung der Natronausscheidung bei fortgesetzter Zufuhr von Kaliumsalzen keine anhaltende und bleibt bei geringem Vorrath des Organismus an Natriumsalzen ganz aus (Gaehtgens und Kurtz).

Wegen dieser Natronentziehung kann bei kalireicher Pflanzennahrung das **Bedürfniss** entstehen, mit der letzteren zugleich **Kochsalz aufzunehmen**, wie es bei den herbivoren Thieren und bei allen Völkern, welche sich lediglich von Pflanzenkost ernähren, der Fall ist, während Hirten- und Fischervölker das Bedürfniss nach Kochsalz fast gar nicht kennen (Bunge).

Da die Natronausscheidung bei geringem Kochsalzgehalt des Organismus aufhört, so können auch solche Thiere ohne wesentliche Beeinträchtigung ihres Wohlbefindens bestehen, die **bei kalireicher Nahrung mit derselben kein Chlornatrium aufnehmen**. Doch gestaltet sich, wie die Erfahrungen an Hausthieren lehren, bei der Darreichung von Kochsalz der Ernährungszustand wesentlich günstiger.

Da in Folge einer solchen Umsetzung mehr Salz zur Wirkung und zur Ausscheidung kommt, als zugeführt war, so darf man annehmen, dass der Einfluss der Kaliumsalze auf den Stoffumsatz und auf den Uebergang von Wasser in den Harn ein grösserer ist als der äquivalenter Mengen von Kochsalz. Dieser

Umstand macht es verständlich, dass man als **Diuretica mit Vorliebe die Kaliumverbindungen** anwendet, und dass diese, namentlich in Form des Jodkaliums, bei der Behandlung von Ernährungsstörungen eine so grosse Rolle spielen.

Von den **Wirkungen, welche die einzelnen Componenten jener Salze in selbständiger Weise hervorrufen**, sind jene von besonderer Wichtigkeit, die nach der Einverleibung der Kaliumverbindungen und der Jodide, Bromide, Chlorate aller Alkalimetalle auftreten.

b. Die Kaliwirkung.

Im Vergleich zum Kochsalz besitzt das Chlorkalium selbständige Wirkungen, die das Centralnervensystem und die Muskeln betreffen und sich bei allen löslichen Kaliumverbindungen nachweisen lassen, falls sie nicht durch anderweitige stärkere Wirkungen besonderer Bestandtheile, z. B. durch die der Oxalsäure in den Oxalaten, verdeckt werden.

An **Fröschen** verursacht das **Chlorkalium** Lähmung des centralen Nervensystems und des Herzens sowie Verminderung der Erregbarkeit und der Leistungsfähigkeit der Muskeln. An **Säugethieren** erfolgt bei subcutaner Injection der Tod durch Herzlähmung erst nach Gaben von mehr als 1 g pro kg Körpergewicht; bei der Einspritzung in das Blut genügen Mengen, die etwa 6—7 mg Kalium pro kg entsprechen (Aubert). Gaben, die weniger als 3 mg Kalium enthalten, bewirken unter diesen Verhältnissen Pulsverlangsamung und vorübergehende Blutdruckschwankungen, entweder erst Sinken und darauf Steigen oder von vornherein das letztere (Aubert).

Bei der Application in den Magen lassen sich von der Resorption abhängige Kaliwirkungen nicht nachweisen, weil kleinere Mengen von Kaliumsalzen ebenso rasch ausgeschieden wie aufgenommen werden, so dass es nicht zu einer ausreichenden Anhäufung derselben im Blute kommt.

Grössere Gaben verursachen durch die locale Salzwirkung leicht **Gastroenteritis**, selbst mit tödtlichem Ausgang. Ob es möglich ist, durch eine methodische Anwendung der Kaliumsalze bei Menschen eine krankhaft gesteigerte **Reflexerregbarkeit** und eine erhöhte allgemeine **Sensibilität** abzustumpfen, erscheint ungewiss. Ein Einfluss auf die **Herzthätigkeit** lässt sich nach dem Einnehmen dieser Salze am Menschen nicht nachweisen (Bunge). Jedenfalls haben die in den Nahrungs- und Genussmitteln z. B. im Wein, im Liebig'schen Fleischextract und in den Kartoffeln in reichlicher Menge vorkommenden Kaliumverbindungen keine Bedeutung als Erregungsmittel für die Herzthätigkeit. Ebensowenig Werth haben sie am Krankenbett, wenn man sie hier in der Absicht gibt, durch Schwächung der Herzthätigkeit die Fiebertemperatur zu mässigen.

In früheren Zeiten gebrauchte man für diesen Zweck den Salpeter, aber allerdings blos deshalb, weil er kühlend schmeckt. Gegenwärtig hat man aus anderen Gründen das Jodkalium als antifebriles Mittel empfohlen.

c. Die Wirkungen der Jodide.

Die Frage, ob das Jodnatrium im Vergleich mit dem Chlornatrium selbständige Wirkungen hervorbringt, die nicht von dem Auftreten freien Jods im Organismus abhängen, lässt sich mit Sicherheit noch nicht beantworten.

Hunde gehen durchschnittlich nach Verlauf eines Tages unter den Erscheinungen der Dyspnoe und Narkose zu Grunde, wenn man ihnen auf 1 kg Körpergewicht 0,7—0,8 g Jodnatrium in die Venen injicirt (Böhm und Berg). Die Section ergibt Lungenödem und pleuritische Exsudate. An Fröschen bringt das Jodnatrium eigenartige Muskelzuckungen hervor.

Freies Jod scheint nach der Aufnahme von Jodiden nur an einzelnen Localitäten des Organismus aufzutreten. Nach den Untersuchungen von Buchheim und Sartisson kann man annehmen, dass die Catarrhe der Rachen- und Nasenschleimhaut (Jodschnupfen), sowie die Hautexantheme, die öfters nach dem Gebrauch des Jodkaliums beobachtet werden, diesen Ursprung haben.

An den erstgenannten Localitäten wird das Jod aus den mit dem Speichel in reichlichen Mengen ausgeschiedenen Jodiden durch die Massenwirkung der Kohlensäure auf die letzteren und auf die hier niemals fehlenden salpetrigsauren Salze in Freiheit gesetzt. Jodkaliumkleister, welcher ein Nitrit enthält, wird sehr bald gebläut, wenn man einen Strom von Kohlensäure durchtreten lässt.

An der Haut erleiden die Jodide vermuthlich durch den sauren Inhalt der Talg- und der Schweissdrüsen eine Zersetzung, zunächst vielleicht nur unter Auftreten von Jodwasserstoffsäure, die dann leicht Jod abgibt, welches die Exantheme erzeugt. — Diese Säure findet sich höchst wahrscheinlich auch im Magen nach dem Einnehmen von Jodkalium. Buchheim und Strauch konnten sie darin allerdings nicht nachweisen, doch hängt das wohl davon ab, dass die Jodwasserstoffsäure leicht zersetzt, und das dabei auftretende Jod an Eiweiss gebunden und in dieser Form dem directen Nachweis entzogen wird.

Ueber die Möglichkeit des Freiwerdens von Jod im Blute und den Geweben nach dem Gebrauch von Jodkalium ist viel discutirt worden. Ein positiver Beweis dafür fehlt bisher.

Den einzigen Anhalt für die Annahme, dass Jod im Organismus frei wird und dann auf die Gewebe, namentlich auf die Gefässwandung (Buchheim), wie bei directer Application reizend einwirkt, scheinen die Ausscheidungsverhältnisse des Jods nach dem Gebrauch von Jodkalium zu bieten. Während die Hauptmasse desselben durch den Harn, den Speichel, den Schweiss und andere Secrete rasch entleert wird (Lewald), finden sich Spuren davon noch wochenlang nach der letzten Gabe des Jodkaliums zwar im Speichel, nicht aber im Harn (Cl. Bernard). Diese Thatsache lässt sich am einfachsten auf das Vorhandensein von jodhaltigen Eiweissstoffen im Organismus zurückführen, welche nur in solche Secrete überzugehen im Stande sind, die wie der Speichel eiweissartige Bestandtheile enthalten.

Von den Jodiden wird als Arzneimittel bei weitem am häufigsten das Jodkalium angewendet, und zwar im Allgemeinen bei Gewebswucherungen in Folge von Syphilis, bei exsudativen Entzündungen, rheumatischen Affectionen, Drüsenanschwellungen, namentlich Kropf, und bei anderen ähnlichen Zuständen.

Für die Beurtheilung der Wirkungen dieses Mittels ist vor allen Dingen daran zu erinnern, dass einerseits derartige pathologische Produkte keineswegs in allen Fällen beim Gebrauch dieses Mittels zurückgebildet werden und andererseits nicht selten auch ohne dasselbe zur Heilung gelangen. Dass das Jodkalium die letztere in vielen Fällen befördert, darf als feststehend angesehen werden. Diese Thatsachen führen zu dem Schluss, dass die Heilerfolge nach der Anwendung dieses Salzes nicht von specifischen Wirkungen desselben auf bestimmte Organe und Organbestandtheile, sondern von Veränderungen des Stoffwechsels und der Ernährungsvorgänge im Allgemeinen abhängen. Die letzteren brauchen im gesunden Zustande des Organismus sich nicht einmal besonders bemerkbar zu machen, wenigstens nicht durch eine vermehrte oder verminderte Harnstoffausscheidung während kürzerer Zeiträume. Ihre Bedeutung besteht vielleicht blos darin, dass zunächst nur die weniger stabilen pathologischen Produkte in das Bereich des Stoffumsatzes gezogen werden.

Das Jodkalium bringt, wie kein anderes Salz, eine ganze Reihe von Wirkungen hervor. Es wird sehr rasch resorbirt, dringt mit Leichtigkeit in alle Gewebe ein und setzt sich mit dem Chlornatrium in Jodnatrium und Chlorkalium um. In Folge dessen muss seine Salzwirkung (vergl. S. 150) eine besonders starke sein. Wenn man ferner berücksichtigt, dass neben der Kali- und einer besonderen Jodidwirkung, die vielleicht auch auf die Stätten des Stoffumsatzes sich erstrecken, freiwerdendes Jod einen directen Einfluss auf die Gewebe ausüben könnte, so hat man in diesen Verhältnissen eine genügende Grundlage für die Erklärung der Wirksamkeit dieser Jodverbindung. Allerdings muss es vorläufig unentschieden bleiben, ob die eine oder die andere jener Wirkungen das heilsame Moment bildet, oder ob alle zusammen dabei betheiligt sind. Letzteres erscheint nicht unwahrscheinlich, weil das Jodkalium bei der Behandlung der genannten Krankheitszustände weder durch ein anderes Jodid, noch durch ein anderes Kalisalz, noch auch durch leicht resorbirbare Salze im Allgemeinen in ausreichender Weise ersetzt werden kann.

Das Jodkalium kann nach Versuchen an Thieren, welche täglich 0,03 g pro kg ohne Störungen des Wohlbefindens vertragen (Buchheim) und nach den Erfahrungen an Menschen von letzteren in täglichen Gaben von 2 g genommen werden, ohne dass in Folge der localen Wirkung auf den Magen eine Beeinträchtigung der Ernährung eintritt.

d. Die Wirkungen der Bromide.

Man wendet das Bromkalium in Krankheiten des Nervensystems an, um eine krankhaft gesteigerte Erregbarkeit der sensiblen und motorischen Gebiete des Gehirns herabzustimmen und dadurch einerseits Schlaflosigkeit zu beseitigen und andererseits den Eintritt von krampfhaften Erscheinungen, namentlich von epileptischen Anfällen, zu verhindern. Nach den Angaben zahlreicher Beobachter sind derartige Wirkungen des Mittels nicht zu bezweifeln. Dagegen ist die Frage bisher mit einiger Sicherheit nicht zu beantworten, ob es sich dabei um eine Kali- oder eine Bromidwirkung handelt. Die Betheiligung einer Bromwirkung erscheint von vorne herein unwahrscheinlich.

In Versuchen mit Bromkalium an Säugethieren hat sich bisher nur die Kaliwirkung nachweisen lassen, während das Bromnatrium kein anderes Verhalten als das Kochsalz zeigte.

Versuche an gesunden Menschen ergaben verschiedene Resultate. Die Einen beobachteten nach Bromkalium die gleichen Erscheinungen wie nach Chlorkalium (Saison), die Anderen schreiben dem erstgenannten Salz besondere Wirkungen zu, die nicht vom Kali abhängen und deshalb auch nach der Anwendung des Bromnatriums, nicht aber nach der des Chlorkaliums auftreten (vgl. Krosz, 1876) und deren Erscheinungen in Müdigkeit, Abspannung, Schläfrigkeit, Herabsetzung der Gedankenschärfe, Schwerfälligkeit der Sprache und Abstumpfung der Reflexempfindlichkeit des Gaumens bestehen (Krosz).

Auch die Beobachtungen an Kranken, namentlich an Epileptikern, führten zu keinen übereinstimmenden Angaben. Das Ausbleiben der epileptischen Anfälle nach dem Gebrauch des Bromkaliums wird von allen Beobachtern bestätigt. Die Anfälle kehren aber nach dem Aussetzen des Mittels meist wieder. Doch werden auch wirkliche Heilungen notirt (Begbie, Bennett, Voisin).

Was die übrigen Bromide und die Kaliumsalze im Allgemeinen betrifft, so wird nach den Angaben der meisten Autoren das Bromkalium von keinem anderen Präparat übertroffen. Aber selbst das Chlorkalium hat man nicht unwirksam gefunden. Die Einen schreiben ihm sogar die gleiche Bedeutung wie dem Bromkalium zu (Sander), nach Anderen soll es nur einen geringen Einfluss auf die epileptischen Anfälle ausüben oder diese sogar verstärken (Stark). In Bezug auf das Bromnatrium stimmen die meisten Beobachter darin mit einander überein, dass diese Verbindung wie das Bromkalium, obgleich vielleicht im geringerem Masse, den Eintritt der Anfälle bei Epileptikern zu verhindern vermag.

Annähernd das Gleiche gilt von der Anwendung der **einzelnen Salze** bei nervöser **Schlaflosigkeit** und allgemeiner Reflexempfindlichkeit. Nur ist es in diesen Fällen noch schwieriger ein sicheres Urtheil zu gewinnen, weil auf den Eintritt des Schlafes die verschiedenartigsten psychischen Momente einen grossen Einfluss haben und eine schlafmachende Wirkung ganz indifferenter Mittel vortäuschen können (Amburger).

Wenn man das Gesagte nochmals zusammenfasst, so ergibt sich, dass eine **Bromidwirkung**, d. h. eine besondere Wirkung des Broms in seinen Salzen, **nur an Menschen**, besonders bei der Behandlung der Epilepsie und nervöser Erregungszustände deutlich zu Tage tritt.

Auch die **Vergiftungserscheinungen**, welche nach längerem Gebrauch des **Bromkaliums** und **Bromnatriums** nicht selten auftreten und nach dem Aussetzen dieser Mittel wieder aufhören, sprechen, soweit sie das Gehirn betreffen, für eine selbständige Bromidwirkung. Diese **Gehirnerscheinungen** sind: Abnahme des Gedächtnisses, Schwäche des Gesichts und Gehörs, Verminderung der Hautsensibilität, schwankender Gang, Somnolenz, Delirien und selbst maniakalische Anfälle. Dagegen sind die in solchen Fällen beobachteten **Magen- und Darmsymptome** auf die locale Salzwirkung zu beziehen, und die allgemeinen Ernährungsstörungen, wie **Anämie** und **Abmagerung**, als Folgen der gestörten Verdauung anzusehen. Vielleicht spielt dabei aber auch die Wirkung des Salzes auf den Stoffwechsel (vergl. S. 150) eine Rolle. Die **Verlangsamung der Pulsfrequenz**, die nach dem Gebrauch des Bromnatriums ausbleibt, hängt wahrscheinlich von dem Kali ab. Endlich erzeugen auch die Bromide, ähnlich wie das Jodkalium, **Hautexantheme** in Form von Acneknötchen und Pusteln sowie **catarrhalische Zustände der Schleimhäute**. Unter den letzteren scheint zuweilen die Respirationsschleimhaut der Sitz der Affection zu sein; wenigstens hat man nach dem Gebrauch des Bromkaliums besonders an Frauen und Kindern heftige Hustenanfälle eintreten sehen.

e. Die Wirkung der chlorsauren Salze.

Die Wirkungen dieser Salze entsprechen denen der Chloride. Nur wo die Bedingungen zu ihrer **Dissociation** im Organismus gegeben sind, da kommt auch die oxydirende Wirkung der **Chlorsäure** in Betracht. Die unbestreitbar günstigen Erfolge der Anwendung des chlorsauren Kaliums bei **Mund- und Rachenaffectionen** der verschiedensten Art ist auf die locale desinficirende Salzwirkung zurückzuführen. Wahrscheinlich wird dabei in der Mundhöhle durch die Massenwirkung der Kohlensäure oder durch andere hier gelegentlich auftretende Säuren auch ein wenig Chlorsäure dissociirt, die dann gleichfalls die Bedeutung eines Desinfectionsmittels hat.

Man gibt dieses Salz bei Mundaffektionen auch innerlich. Es wird nach seiner Resorption im Harn und mit anderen Secreten wenigstens zum grössten Theil **unverändert ausgeschieden** (Isambert, Rabuteau) und geht auch in die Secrete der Mundhöhle über. Dabei kommt es vielleicht mit solchen Theilen in Berührung, zu denen es bei ausschliesslicher localer Application nicht gelangt.

Nach der innerlichen Anwendung grösserer Gaben hat man in einzelnen Fällen, namentlich bei Kindern, schwere **Vergiftungserscheinungen und den Tod eintreten** sehen. Diese deletären Folgen werden durch die von der oxydirenden Wirkung der Chlorsäure abhängige Umwandlung des Oxyhämoglobins in Methämoglobin herbeigeführt (Marchand). Das **Blut** nimmt dabei eine Chocoladenfarbe an und verliert die Eigenschaft Sauerstoff abzugeben, die Blutkörperchen quellen, geben den Farbstoff an das Plasma ab und wandeln sich schliesslich in eine gallertartige Masse um. Von diesen Veränderungen hängen die beobachteten **Symptome und pathologischen Befunde** ab; es sind: Hämaturie, Verminderung der Harnsecretion, Blutcylinder in den Kanälen der Markpyramiden der Nieren, Verfärbungen der Haut, auch ikterische, und Allgemeinleiden, die unter Coma und Convulsionen zum Tode führen können.

1. Natrium chloratum, Chlornatrium, Kochsalz. Gaben messerspitzen- und theelöffelweise.

2. **Ammonium chloratum**, Chlorammonium, Salmiak. Gaben 0,3—1,2.
3. **Kalium bromatum**, Bromkalium. Gaben 0,5—3,0, täglich bis 10,0—15,0.
4. **Natrium bromatum**, Bromnatrium. In 1,8 Wasser und 5 Weingeist löslich. Gaben wie beim Bromkalium.
5. **Ammonium bromatum**, Bromammonium. In Wasser leicht, in Weingeist schwer löslich. Gaben wie beim Bromkalium.
6. **Kalium jodatum**, Jodkalium. Gaben 0,1—0,6, täglich 1,5—2,0, in wässriger Lösung. Gleichzeitiges Einnehmen von Säuren und Metallsalzen ist zu vermeiden; zweckmässig ist ein Zusatz von Natriumcarbonat, um die Zersetzung im sauren Magensaft zu verhindern.
7. **Unguentum Kalii jodati**. Jodkalium 20, Wasser 10, Paraffinsalbe (Vaseline) 170. Unwirksam und ganz überflüssig.
8. **Natrium jodatum**, Jodnatrium; weisses Pulver. Gaben wie beim Jodkalium.
9. **Kalium nitricum**, salpetersaures Kalium, Salpeter. Veraltet.
10. **Charta nitrata**, mit Salpeter getränktes Papier; der Rauch wird eingeathmet.
11. **Kalium chloricum**, chlorsaures Kalium. In 16 Wasser und 130 Weingeist löslich. Als Gurgelwasser in 5% Lösung. Gaben innerlich 0,1—0,6, täglich bis 5,0—8,0, in wässriger Lösung.
12. **Liquor Natrii silicici**, Natronwasserglas. Spec. Gew. 1,3—1,4. Zugleich ein alkalisches Mittel; wird merkwürdiger Weise auch innerlich gegeben.

Die folgenden Salze können wegen ihrer **Umwandlung im Blute in Carbonate** auch zu den Alkalien gerechnet werden, und es wird von ihnen noch besonders die Rede sein.

13. **Kalium aceticum**, Kaliumacetat, essigsaures Kalium. Gaben 2,0—4,0, täglich 8,0—12,0.
14. **Liquor Kalii acetici**; aus Kaliumbicarbonat durch Neutralisiren mit Essigsäure dargestellt; enthält 33% Kaliumacetat. Gaben 2,0—10,0.
15. **Natrium aceticum**, Natriumacetat; verwitternde Krystalle, in 1,4 Wasser und 23 Weingeist löslich; reagirt alkalisch. Gaben wie beim Kaliumacetat.
16. **Potio Riveri**, River'scher Trank. Citronensäure 4, Wasser 190, Natriumcarbonat 9.

3. Die Gruppe des Glaubersalzes oder der schwer resorbirbaren, abführenden Salze der Alkalien und Erden.

Es gehören zu dieser Gruppe alle in Wasser leicht löslichen, im Darmkanal schwer resorbirbaren und bis auf die von diesen

Eigenschaften abhängigen Wirkungen pharmakologisch indifferenten chemischen Verbindungen, seien diese nun organischer oder unorganischer Natur. Die typischen Glieder der Gruppe sind das Glauber- und Bittersalz. Ihnen schliessen sich verschiedene Magnesiumverbindungen, einzelne Phosphate und Tartrate der Alkalimetalle und von nicht officinellen Salzen das Ferrocyankalium und die äthylschwefelsauren Alkalien an. Von organischen Verbindungen ist nur der Mannit zu nennen.

Wegen ihrer geringen Neigung bei der Endosmose geschlossene Membranen zu passiren, dringen die Salze dieser Kategorie nur sehr schwer in die Gewebe ein und verursachen deshalb an der Haut und den Schleimhäuten keine erhebliche Reizung. Im Darm werden sie schwer resorbirt; ihre Lösungen gelangen daher bis in den Dickdarm und verhindern hier die Eindickung der Faecalmassen, die deshalb mit dem grössten Theil des Salzes im flüssigen Zustande entleert werden. Obgleich diese Salze keine Entzündung erzeugen, so genügt doch der geringe Grad von Reizung, den sie an der empfindlichen Darmschleimhaut bedingen, um die Peristaltik zu verstärken und die Entleerung der Faeces im flüssigen Zustande zu begünstigen.

Die Ansicht, dass die abführenden Salze durch Wasserentziehung eine Transsudation aus dem Blute in den Darm veranlassen (Liebig), wird durch die Thatsache widerlegt, dass in eine Thiry'sche Darmfistel gebrachtes Glaubersalz keine Ansammlung von Flüssigkeit in derselben verursacht (Thiry, Schiff, Radziejewski), und dass die Concentration der Salzlösungen für die Wirkung gleichgültig ist (Buchheim).

Falls den Durchfällen ein durch Wasserentziehung bedingter Erguss von Flüssigkeit in den Darm zu Grunde läge, so müssten die Wirkungen mit der Concentration der Lösungen wachsen, und die ohne Wasser gereichten Salze ganz besonders starke Durchfälle hervorbringen. Das ist aber nicht der Fall. Gibt man Thieren, deren Verdauungskanal frei von Flüssigkeit ist, Glaubersalz in Substanz, so tritt nach einer sonst wirksamen Gabe überhaupt keine Darmentleerung ein. Das Salz wird unter diesen Verhältnissen allmählich resorbirt. Indess ist bei der Anwendung concentrirter Lösungen eine Steigerung der Secretionen und bis zu einem gewissen Grade eine Vermehrung der Flüssigkeitsmenge des Darms nicht ganz ausgeschlossen (Hay).

Eine wirkliche Transsudation stellt sich nur dann ein, wenn man nach Eröffnung der Bauchhöhle das Salz in eine unterbundene Darmschlinge bringt. In diesem Falle sind die entzündlichen Vorgänge nach der Operation die mitwirkende Ursache dieser Absonderung. Daher verursachen die entzündungerregenden Salze der Kochsalzgruppe und selbst das Natriumphosphat auch an intacten Thieren, wenigstens an Kaninchen, einen starken Erguss von Flüssigkeit in den Verdauungskanal (Bunge).

Das Blut wird nach dem Einnehmen von Glaubersalz bei Menschen und Thieren **reicher an rothen Blutkörperchen** (Hay). Die Ursache dieser Concentration ist wohl weniger in der erwähnten Vermehrung der Darmsecretionen, als vielmehr in dem mangelhaften Ersatz des durch Haut, Lungen und Nieren ausgeschiedenen Wassers in Folge der Verhinderung der Resorption im Darmkanal zu suchen.

Man hat auch angenommen, dass die abführende Wirkung der Salze dieser Gruppe nach ihrem Uebergang in das Blut durch Erregung der Darmnerven und Beschleunigung der Peristaltik zu Stande kommt. Dieser Anschauung widerspricht aber die Thatsache, dass nach der Einspritzung von Glaubersalz in das Blut die Faecalmassen nicht nur nicht flüssiger werden, sondern im Gegentheil wegen der verstärkten Ausfuhr von Wasser durch die Nieren bei der Ausscheidung des Salzes eine consistentere Beschaffenheit annehmen (Buchheim).

Auch das **Magnesiumcarbonat** und die gebrannte **Magnesia** wirken abführend, weil sie im Darmkanal durch die daselbst befindliche Kohlensäure in das relativ leicht lösliche und sehr schwer resorbirbare **Doppelcarbonat** umgewandelt werden (Buchheim und seine Schüler). Alle Magnesiumsalze gehen im Darm durch Umsetzung mit dem Natriumcarbonat in die kohlensaure Verbindung über. Bei der Resorption folgt jedes der dabei entstandenen Salze seinem eigenen Gesetze. Daher wird nach der Einverleibung von Bittersalz im Verhältniss zur Schwefelsäure mehr Magnesia mit den Faeces als mit dem Harn entleert, und umgekehrt erscheint im letzteren mehr Schwefelsäure als der Steigerung der hier auftretenden Magnesiamenge entspricht (**Aubert, Buchheim** und **Kerkovius**).

Dass die abführenden Salze schwer resorbirbar sind, beweist ihr geringer Uebergang in den Harn. Je länger sie aber im Darmkanal verweilen, z. B. wenn man die Stuhlentleerungen durch Morphin oder Gerbsäuren unterdrückt (**Buchheim**) oder nur kleine Mengen des Salzes mit wenig Wasser anwendet, in desto reichlicherem Masse erfolgt die Resorption. Daher nimmt der Harn nach kleineren Gaben von weinsaurem Kalium-Natrium (Seignettesalz) regelmässig eine alkalische Reaction an, nach grösseren nur dann, wenn keine Durchfälle erfolgen (**Laveran** und **Millon**, 1844). Auf solchen Verhältnissen beruht es auch, dass das Kaninchen mit seinem längeren Darm zehnmal mehr Calcium- und Magnesiumphosphat resorbirt und im Harn ausscheidet als der Hund (**Buchheim** und **Körber**).

Aus der Wirkungsweise der abführenden Salze ergeben sich mancherlei Regeln für ihre praktische Anwendung. Vor allen Dingen ist es zweckmässig sie nicht in grosser Concentration oder gar in Pulverform, sondern in verdünnteren Lösungen zu geben. Sehr geeignet sind daher die natürlichen Bitterwässer; doch kommt es nicht darauf an, ob das eine etwas concentrirter ist als das andere und ob es an nebensächlichen Bestandtheilen, z. B. an Calciumsalzen, einen grösseren oder geringeren Gehalt besitzt. Darauf pflegt aber die Reclame bei der Empfehlung der einzelnen Mineralwässer ein grosses Gewicht zu legen.

Beim längeren Verweilen im Magen verursachen grössere Mengen von Salzlösungen leicht Störungen der Magenfunktionen. Die salinischen Abführmittel sind daher bei Kranken, welche beständig im Bette liegen, nur mit einiger Vorsicht zu gebrauchen, namentlich ist ihre öftere Anwendung während längerer Zeit zu vermeiden, weil in der Ruhe und bei horizontaler Lage der Uebertritt des Mageninhalts in den Darm erschwert ist. In anderen Fällen hat man dafür Sorge zu tragen, dass die Salzlösung den Magen sobald wie möglich verlässt. Diesen Sinn hat der übliche Spaziergang, den die Badeärzte bei täglichem, wochenlang fortgesetztem kurmässigem Gebrauch der abführenden Mineralwässer den Kranken nach jedem Trinken verordnen. Der Zweck derartiger Kuren ist hauptsächlich wohl darin zu suchen, dass der Darm, in welchem Gährungs- und Fäulnissvorgänge schon unter gewöhnlichen Verhältnissen stattfinden und in Krankheiten zuweilen in verstärktem Masse auftreten, durch die reichliche Zufuhr abführender Wässer und durch die regelmässige vollständige Entleerung seines Inhalts gleichsam ausgespült und desinficirt wird.

Da die abführenden Salze nur eine geringe Reizung verursachen, so dürfen sie auch in solchen Fällen gebraucht werden, in denen es darauf ankommt, in entzündlichen und anderen fieberhaften Krankheiten den Darm zu entleeren, ohne ihn zu reizen, weil im entgegengesetzten Falle das Fieber verstärkt werden könnte. Die alte Auffassung von der „antiphlogistischen Wirkung der Mittelsalze" ist von diesen negativen Eigenschaften abzuleiten. Ein günstiger Einfluss auf die Entzündung und das Fieber lässt sich nur mit der Darmentleerung in Zusammenhang bringen. Bei diesem Vorgang entsteht vermuthlich ein verstärkter Blutzufluss zum Darm, durch welchen eine Fluxion nach den erkrankten Organen, z. B. der Lunge, gemässigt, und der Ablauf der Erkrankung in günstiger Weise beeinflusst wird.

Ist aber der Darmkanal selber der Sitz einer entzündlichen Erkrankung, so genügt sogar die schwache Reizung, die das Glauber- und Bittersalz bedingen, um die Entzündung zu steigern. Man gibt in derartigen Fällen daher anderen Mitteln, z. B. dem Kalomel, den Vorzug.

Nicht ungeeignet ist die Combination der abführenden Salze mit solchen Mitteln, welche durch Verstärkung der peristaltischen Bewegungen Darmentleerungen bewirken. Unter ihnen ist die Senna besonders zweckmässig, weil sie anscheinend nur die Darmganglien erregt, ohne entzündliche Reizung zu verursachen. Der Wiener Trank (S. 137) ist daher ein ganz rationelles Abführmittel.

1. **Natrium sulfuricum**, Glaubersalz, $Na_2SO_4 + 10H_2O$; in 3 Wasser löslich. Gaben 30,0, meist esslöffelweise in wässriger Lösung, am besten ohne alle Geschmackscorrigentia.

2. **Natrium sulfuricum siccum**, entwässertes Glaubersalz; zu Pulvermischungen zu verwenden.

3. **Kalium sulfuricum**, Kaliumsulfat, K_2SO_4; völlig überflüssig.

4. **Sal Carolinum factitium**, künstliches Karlsbader Salz. Entwässertes Glaubersalz 44, Kaliumsulfat 2, Kochsalz 18, Natriumbicarbonat 36.

5. **Tartarus depuratus**, saures weinsaures Kalium, Weinstein; in 192 Wasser löslich. Gaben 0,5—4,0.

6. **Kalium tartaricum**, Kaliumtartrat; in 1,4 Wasser löslich.

7. **Tartarus natronatus**, Kalium-Natriumtartrat, Seignettesalz; in 1,4 Wasser löslich. Gaben bis 30,0.

8. **Pulvis aërophorus laxans**, abführendes Brausepulver. Jede Dosis besteht aus Seignettesalz 7,5 und Natriumbicarbonat 2,5 in einer gefärbten (blauen) und Weinsäure 2 in einer weissen Kapsel.

9. **Tartarus boraxatus**, Boraxweinstein. Borax 2, Weinstein 5, Wasser 20, die Lösung zur Trockene eingedampft.

10. **Magnesium sulfuricum**, Magnesiumsulfat, Bittersalz, $MgSO_4 + 7H_2O$; in 0,8 Wasser löslich. Gaben wie beim Glaubersalz.

11. **Magnesium sulfuricum siccum**, entwässertes Bittersalz; zu Pulvermischungen.

12. **Magnesium citricum effervescens**, Brausemagnesia. Gemenge von Natrium- und Magnesiumcarbonat und Citronensäure.

Die gebrannte Magnesia und das Magnesiumcarbonat (vergl. S. 177) wirken ebenfalls abführend und könnten auch hier ihren Platz finden.

13. **Manna**, Manna; der freiwillig getrocknete Saft aus dem Stamm von Fraxinus Ornus. Wirksamer Bestandtheil ist der **Mannit**. In der Manna erschweren vermuthlich gummiartige colloide Substanzen seine Resorption und verstärken damit seine Wirksamkeit. Gaben 5,0—30,0.

14. **Syrupus Mannae**, Mannasyrup, Kindersäftchen. Manna 10, Wasser 40, Zucker 50.

Das **Tamarindenmus** und das **Queckenextract**, denen sich von nicht officinellen Präparaten das **Pflaumen-** und **Hollundermus** anschliessen, enthalten saure pflanzensaure Alkalien, deren abführende Wirkung wohl auch durch die Gegenwart colloider Stoffe erhöht wird. Auch die **Kuhmolken** gehören hierher. Sie werden mittelst Labessenz (Liquor seriparus) oder mit 1% Weinstein hergestellt (Serum Lactis dulce und acidum) und erhalten häufig einen Zusatz, z. B. von Tamarindenmus (S. Lactis tamarindinatum).

15. **Pulpa Tamarindorum cruda**, Tamarindenmus; das braunschwarze Mus der Hülsen von Tamarindus indica: es schmeckt sauer.

16. **Pulpa Tamarindorum depurata**; durch heisses Wasser erweichtes und durch ein Haarsieb geriebenes, mit 20% gepulv. Zucker vermischtes Tamarindenmus. Thee- und esslöffelweise.

17. **Extractum Graminis**; aus der Queckenwurzel mit siedendem Wasser ausgezogen; dicke schwarze Masse. 18. **Rhizoma Graminis**, Queckenwurzel; von Triticum repens (Agropyrum repens); dient zur Bereitung des vorstehenden Extracts.

IV. Die chemische Aetzung durch Alkalien, Säuren, Halogene und Oxydationsmittel.

Die Alkalien, Säuren, Halogene und die stärkeren Oxydationsmittel verursachen im Gegensatz zu den molecularen Wirkungen der bisher behandelten Agentien eigentliche chemische Veränderungen der Gewebsbestandtheile, die man Aetzung nennt, und die mit den leichtesten, nicht analysirbaren Alterationen des Protoplasmas beginnen und mit völliger Umwandlung und Spaltung aller Substanzen enden, aus denen die Gewebe zusammengesetzt sind. Die Folgen bestehen in Entzündung oder Zerstörung der Gewebe; im letzteren Falle mit entsprechendem Substanzverlust (Aetzung der Chirurgen).

Die veränderten Gewebsbestandtheile, ihre Spaltungsprodukte, ferner plastische Exsudate sowie Verbindungen aller dieser Substanzen mit den Componenten des Aetzmittels bilden eine Masse, die man als Aetzschorf bezeichnet. Derselbe hat entweder eine weiche Beschaffenheit und hängt nur locker mit dem darunterliegenden unzerstörten Gewebe zusammen, oder er besteht aus einer consistenten, trockenen, fest anhaftenden Masse.

Der Substanzverlust kann auch dadurch herbeigeführt werden, dass die Gewebe nicht direct zerstört, sondern nur abgetödtet und dann nekrotisch abgestossen werden oder durch eine destructive Entzündung zu Grunde gehen. Die Aetzung, welche unmittelbar zur Zerstörung führt, ist stets von einer Entzündung der benachbarten Theile begleitet. Dagegen kann die letztere auch ohne Gewebszerstörung auftreten, wenn die Menge des Aetzmittels und die Dauer seiner Einwirkung ein gewisses Mass nicht übersteigen.

Von der **Aetzung** werden **alle Gewebselemente** — das Bindegewebe, die zelligen Elemente, die Gefässwandungen, das Blut, die Nerven — mehr oder weniger gleichzeitig betroffen.

In den leichteren Graden hat man es, wie nach der Anwendung der molecular wirkenden Mittel, oft nur mit der **sensiblen Reizung** und der auf **Erweiterung der Gefässe** beruhenden activen Congestion an der Applicationsstelle zu thun. Der nächste Grad der Aetzung verursacht die verschiedenen **Entzündungsvorgänge**: Exsudation mit oder ohne Blasenbildung an der Haut, Auftreten von Pseudomembranen an den serösen und Schleimhäuten, parenchymatöse Schwellung, Trübung und Wucherung der zelligen Elemente.

Auch der **Verlauf und die Ausgänge** der durch Aetzung bewirkten Entzündungen bieten nichts Eigenartiges. Die letzteren können in den leichteren Graden vollständig zurückgehen, in den schwereren zur Abtödtung, Vereiterung und Schmelzung der Gewebe führen.

Die **toxische Bedeutung** vieler chemischen Verbindungen beruht blos darauf, dass sie durch Aetzung der Magen- und Darmschleimhaut Gastroenteritis bewirken oder bei längere Zeit fortgesetzter Application kleinerer Mengen chronische catarrhalische Erkrankungen veranlassen.

Bei der **therapeutischen Anwendung der ätzenden Agentien** sucht man entweder durch eine nutritive Reizung Hypertrophien rückgängig zu machen und Exsudate zur Resorption zu bringen (vergl. S. 123) oder durch eine stärkere Aetzung pathologische Neubildungen und krankhaft veränderte Gewebe zu zerstören und fortzuschaffen. Die **Alkalien** haben ausserdem die Eigenschaft, Horngebilde zu erweichen, Schleim zu lösen, Fett zu emulsioniren und Bindesubstanzen zu lockern.

Bei den **Säuren und Alkalien** kommt die Eigenschaft **sich gegenseitig zu neutralisiren** ebenfalls in Betracht. Wo unter normalen Verhältnissen, wie im Magen, sich Säure findet oder, wie im Harn, eine saure Reaction besteht, da lässt sich durch das Neutralisiren ein erheblicher Einfluss auf die Funktionen und den Zustand der betreffenden Organe ausüben.

Die Beseitigung der normalen alkalischen Reaction der Gewebe kann allein ausreichen, um Störungen der Ernährung und der Funktion der betroffenen Gebilde herbeizuführen.

Alle Organe, namentlich auch das Nervensystem, stehen während des Lebens unter dem Einfluss einer beständigen Alkaliwirkung, die ausschliesslich oder doch vorwiegend vom Natriumcarbonat bedingt wird. Die Natur derselben ist bisher noch unbekannt; man weiss nur, dass ihr Fortfall unfehlbar den Tod verursacht. Neutralisirt man an Kaninchen vom Magen aus die Alkalien des Blutes durch Zufuhr von Salzsäure, so stirbt das Thier noch vor dem völligen Aufhören der alkalischen Reaction des Blutes, also zu einer Zeit, wo von einer directen Säurewirkung auf das Nervensystem oder auf andere Organe nicht die Rede sein kann. Es handelt sich daher nur um eine Verminderung der normalen Alkaliwirkung. Da es von vornherein möglich erscheint, die letztere durch Einverleibung von Natriumcarbonat zu verstärken, so ist der Unterschied zwischen der Wirkung der Säuren und Alkalien nach ihrer Aufnahme in das Blut und die Gewebe ausschliesslich als ein quantitativer aufzufassen. Das Natriumcarbonat verstärkt im günstigsten Falle die normale Alkaliwirkung, während die Mineralsäuren sie unter gewissen Bedingungen vermindern. Es gibt daher in diesem Sinne keine selbständige Säurewirkung.

Die Wirkungen der Oxydationsmittel und freien Halogene bleiben fast ausschliesslich auf die Applicationsstellen beschränkt. Die Ausnahmestellung, die in dieser Beziehung das Jod einnimmt, wird noch besonders erwähnt werden.

Bei der Anwendung der ätzenden Substanzen für therapeutische Zwecke kommt es nicht auf eine specifische Wirkung des Mittels, sondern auf die Beschaffenheit und den Grad der Aetzung an. Die durch die letztere verursachten Veränderungen der Ernährungsvorgänge in den Geweben sind in solchen Fällen das heilsame Moment. Die Erfahrung lehrt, dass, abgesehen von den reflectorischen Wirkungen (vergl. S. 124), unter dem Einfluss einer anhaltenden localen Reizung krankhafte Produkte in gewissen Fällen zur Resorption gebracht werden. Die Erörterung über die Natur dieser Vorgänge gehört in die allgemeine pathologische Physiologie.

Dieser Sachlage entsprechend ist es an sich **gleichgültig, durch welches Mittel die heilsame Reizung hervorgerufen wird.** Dagegen ist es von der grössten Wichtigkeit, dass diese Wirkung für jeden Fall in der erforderlichen Stärke, Ausdehnung und Dauer zur Anwendung kommt. Diese Verhältnisse richtig zu bemessen und dann zur Ausführung die passenden Mittel zu wählen, ist eine wichtige Aufgabe der ärztlichen Kunst, deren Lösung durch eine genaue Kenntniss der Eigenschaften und Wirkungen der ätzenden Agentien vermittelt wird.

Mit ähnlichen, aber einfacheren Verhältnissen hat man es bei der Zerstörung oder **chirurgischen Aetzung** erkrankter Gewebe und pathologischer Neubildungen zu thun. Auch hier kommt es auf den Umfang der Zerstörung und auf die Auswahl der geeigneten Mittel an.

1. Die Gruppe der Alkalien.

Zu dieser Gruppe gehören alle Verbindungen der Alkali- und Erdmetalle, welche basische Eigenschaften (alkalische Reaction) besitzen und keine eigenartig wirkenden Componenten enthalten. Diesen Anforderungen entsprechen die **Hydroxyde, die Carbonate, die basischen Phosphate, der Borax** und die fettsauren Salze oder **Seifen.** Beim alkalisch reagirenden Cyankalium dagegen kommt nur die Blausäurewirkung in Betracht, und es bleibt daher von dieser Gruppe ausgeschlossen.

Die **Hydroxyde der Alkalimetalle** sind starke Aetzmittel. Unter ihnen wird das **Kaliumhydroxyd** oder **Aetzkali** in der bekannten Stangenform auch für chirurgische Zwecke gebraucht. Es wirkt durch Wasserentziehung sowie durch Auflösung und Spaltung der gewebsbildenden Körperbestandtheile heftig zerstörend. Der gebildete Aetzschorf ist zerfliesslich wie das Mittel selbst und setzt dem weiteren Eindringen des Kalis in die Gewebe kein Hinderniss entgegen. Die Aetzung pflegt daher eine bedeutende Tiefe zu haben und greift wegen der

Zerfliesslichkeit des Mittels auch leicht auf die Umgebung über. Um letzteres zu verhindern, vermischt man das Kali entweder mit den gleichen Theilen Aetzkalk (Wiener Aetzpaste) oder schmilzt es mit der halben Gewichtsmenge desselben zusammen (Filhos'sches Aetzmittel).

In Form der mehr oder weniger verdünnten Lösungen dient das **Kalihydrat bei Hautkrankheiten**, um in grösserer Ausdehnung Aetzungen mässigen Grades zu erzeugen.

Der **Aetzkalk** eignet sich seines geringen Preises wegen als **kräftiges Desinfectionsmittel** im Grossen zur Zerstörung organischer Substanzen, namentlich thierischer Produkte. Wenn diese sich an Orten anhäufen, von denen sie durch den Transport schwer zu entfernen sind, so ist das Vermischen und Ueberschichten derselben mit ausreichenden Mengen Aetzkalk oft das einzige Mittel, um den Eintritt der Fäulniss zu verhindern und einen raschen Zerfall ohne das Auftreten von übelriechenden und schädlichen Produkten herbeizuführen. Massengräber bei Epidemien und nach Schlachten, Abdeckereien, Latrinengruben, Kellerräume mit Schlammablagerungen nach Ueberschwemmungen und andere Localitäten lassen sich in dieser Weise in der Regel am leichtesten desinficiren.

Die **Seifen** und die **Carbonate der Alkalien**, namentlich die ersteren, dienen in der bekannten Weise zur Reinigung der Haut. Sie emulsioniren das Fett der Hautschmiere und erweichen die oberflächlichen Schichten der Epidermis, die dann mit allen daran haftenden Unreinigkeiten durch Abreiben und Fortspülen entfernt werden. Einen ähnlichen Einfluss haben die **alkalischen Bäder**, die in Form von Mineralwässern oder Lösungen von Kalium- und Natriumcarbonat bei Hautkrankheiten in methodischer Weise angewendet werden, um pathologische Produkte und Gewebe zu lockern und aufzulösen. Sie unterscheiden sich in dieser Beziehung von den Salz- und Soolbädern, welche die Epidermis weniger angreifen und deshalb in solchen Fällen gewählt werden, in denen man durch eine gleichmässige Reizung vorzugsweise die Thätigkeiten der Haut und auf reflectorischem Wege auch die Funktionen anderer Organe anzuregen wünscht.

Das Verhalten der Alkalien im Magen und Darmkanal ist im Allgemeinen leicht zu übersehen. Es handelt sich dabei, wenn die eigentlichen Aetzwirkungen ausser Betracht bleiben, hauptsächlich um die Neutralisation von Säuren, um die Lösung von Schleim und vermuthlich auch um die Lockerung von Epithelien. Schwerer ist die Beurtheilung der Folgen dieser Veränderungen.

Die Neutralisation von Säuren im Verdauungskanal ist zunächst in solchen catarrhalischen und anderen Erkrankungen von Nutzen, in denen Gährungs- und Zersetzungsvorgänge eine abnorme Säurebildung verursachen. Derartige Formen des Magen- und Darmcatarrhs kommen besonders häufig bei Kindern vor. Die Reizung, welche die erkrankte und deshalb empfindliche Darmschleimhaut durch die Säure erfährt, begünstigt das Auftreten der im frühesten Lebensalter so sehr gefürchteten Durchfälle. Zur Neutralisation der Säuren wendet man in solchen Fällen mit Vorliebe die gebrannte Magnesia an, weil sie den Vortheil bietet, dass die dabei gebildeten abführenden Salze eine rasche Entleerung des zersetzten und schädlichen Darminhalts herbeiführen. Man sucht diesen Erfolg ausserdem durch einen Zusatz von Rhabarber zur Magnesia (Kinderpulver) zu befördern. Die Entfernung der gährenden Massen beseitigt in diesem Falle zugleich eine wesentliche Krankheitsursache.

Wenn es darauf ankommt, im ganzen Verdauungskanal längere Zeit hindurch eine mässige Alkaliwirkung ohne Stuhlentleerungen zu unterhalten, so eignet sich dazu am besten das dreibasisch phosphorsaure Calcium, welches weit in den Darm hinabgeführt wird, während die Wirkung des Natriumcarbonats sich vorzugsweise auf den Magen beschränkt. Die Bedeutung des letzteren Carbonats bei chronischen Magencatarrhen ist weniger auf die Neutralisation von Säuren als vielmehr darauf zurückzuführen, dass es den Schleim löst, welcher in solchen Fällen in vermehrter Menge gebildet und wegen seiner Unlöslichkeit im sauren Mageninhalt auf der Schleimhaut in starken Schichten abgelagert wird.

Häufig wendet man für diesen Zweck die alkalischen Mineralwässer an, bei denen dann noch wegen der Gegenwart anderer Bestandtheile die Salzwirkung in Frage kommt (vergl. S. 149).

Weniger eignen sich die Carbonate, also auch das Calciumcarbonat oder die Kreide, als **Neutralisationsmittel bei Vergiftungen mit Säuren**, weil die sich dabei in grosser Menge entwickelnde Kohlensäure den Magen stark ausdehnt und leicht eine Ruptur desselben verursacht, falls die Aetzung sich auf die tieferen Schichten der Magenwandung erstreckt.

Aber selbst wenn das nicht zu befürchten ist, muss eine stärkere Füllung des Magens mit Gas vermieden werden, weil das ausgedehnte Organ die bei solchen Zuständen ohnehin in Mitleidenschaft gezogenen Nachbarorgane, insbesondere Herz und Lungen, in ihren Funktionen beeinträchtigt. Da die Hydroxyde der Alkalien für derartige Zwecke wegen ihrer ätzenden Wirkung von vorn herein ausgeschlossen sind, und die basischen Kaliumverbindungen mit den meisten Säuren Salze liefern, welche stärkere locale Reizung verursachen, so bleiben als **zweckmässige Gegenmittel bei Vergiftungen mit Mineralsäuren** nur noch **die Magnesia und die Natronseifen** übrig. Sie erfüllen alle Anforderungen, weil sie selbst und die aus ihnen gebildeten Salze und Neutralisationsprodukte möglichst wenig schädlich sind. Bei Vergiftungen mit Oxalsäure ist eine Verbindung von Aetzkalk und Zucker (Zuckerkalk) ein sehr geeignetes Gegenmittel (Husemann).

Die Magnesia wird bei Vergiftungen mit Arsen- und arseniger Säure empfohlen, weil sie in neutralen und alkalischen Flüssigkeiten mit diesen Säuren unlösliche Verbindungen bildet, die aber nur dann leicht entstehen, wenn die Magnesia frisch gefällt oder nicht zu stark gebrannt ist (Bussy).

Die gesteigerte Zufuhr von Alkalien veranlasst unter allen Umständen eine Zunahme ihrer Menge im Gesammtorganismus, selbst wenn sie dabei von der Säure des Magensaftes neutralisirt werden, denn in diesem Falle entgehen die Alkalien der Darmsecrete, die unter gewöhnlichen Verhältnissen vom Magen her eine Neutralisation erfahren, diesem Schicksale und kehren unverändert in das Blut zurück. Der hierdurch herbeigeführte Ueberschuss wird dann mit dem Harn entleert und ertheilt diesem eine alkalische Reaction.

Es entsteht nun die Frage, in welchem Masse unter solchen Verhältnissen der **Alkaligehalt des Blutes** steigt, und welchen Einfluss eine solche Steigerung auf die Funktionen und Stoffwechselvorgänge des Organismus ausübt. Dabei ist es aber anscheinend nicht gleichgültig, ob die vermehrte Alkalescenz durch Natrium- oder Kaliumcarbonat hervorgebracht wird. Der Organismus steht beständig unter dem Einfluss einer Natriumcarbonatwirkung, deren Fortfall sofort den Tod herbeiführt, wie Versuche mit Fütterung von Salzsäure an Kaninchen lehren. Die Thiere können in solchen Fällen noch kurz vor dem Tode durch Injection von Natriumcarbonat in die Venen gerettet werden, während Kalium- und Lithiumcarbonat diesen heilsamen Erfolg nicht haben, vielleicht weil sie in eigenartiger Weise auf das Nervensystem wirken.

Von den oben aufgeworfenen Fragen lässt sich zur Zeit keine auch nur mit annähernder Sicherheit beantworten.

Ueber die **Neutralisationsgrösse des Blutes für Säuren** (Stärke der alkalischen Reaction) **nach Zufuhr von Alkalien** liegen keine ausreichenden Untersuchungen vor, wegen der Schwierigkeit das Säureäquivalent des Blutalkalis mit genügender Sicherheit festzustellen. Nach vorläufigen Versuchen scheint die Kohlensäuremenge des Blutes nach Zufuhr von Natriumcarbonat nur um einen mässigen Betrag zu steigen, so dass also eine erhebliche Anhäufung des letzteren im Blute nicht anzunehmen ist.

Welche Bedeutung eine solche geringe Vermehrung der Blutsoda nach Ausschluss aller mitwirkenden Momente auf den Stoffwechsel hat, ist gänzlich unbekannt. Man hat zwar Veränderungen des letzteren nach der Einverleibung von Alkalien sowohl an Thieren als auch an Menschen nachgewiesen, allein sie sind das Produkt verschiedener Factoren, unter denen der Einfluss der vermehrten Alkalescenz des Blutes nicht deutlich zu Tage tritt.

Zunächst kommen die Folgen der **Einwirkung der Alkalien auf den Magen und Darmkanal** in Betracht, die derartig sein können, dass die Verdauung und die Aufnahme der Nahrungsmittel gestört, und die Menge der Stoffwechselprodukte vermindert wird. Einen entgegengesetzten Einfluss, der also in Steigerung des Stoffwechsels besteht, hat die **Salzwirkung** (vergl. S. 150), die auch den alkalisch reagirenden Salzen, um die es sich hier handelt, nicht fehlt, wenn sie wie die Carbonate der Alkalimetalle leicht resorbirbar sind.

Der **gesteigerten Alkalescenz** des Blutes hat man einen grossen Einfluss auf die Oxydationsvorgänge im Organismus zugeschrieben, und die letzteren durch den therapeutischen Gebrauch von Alkalien in solchen Fällen zu verstärken gesucht, in denen man die Krankheit von einem Darniederliegen der physiologischen Verbrennung ableiten zu können glaubte, wie es namentlich beim Diabetes geschah und bei der Gicht zum Theil noch jetzt geschieht. Indessen fehlt es wegen der Schwierigkeit der Ausführung an Untersuchungen, welche die Folgen der Alkalizufuhr auf den Stoffwechsel nach den einzelnen Factoren auseinanderhalten. Die vorhandenen Angaben beziehen sich nur auf den summarischen Einfluss der Alkalizufuhr und sind einander zum Theil widersprechend.

Im Allgemeinen hat man bei Menschen eine **Vermehrung der Harnstoffausscheidung**, also einen verstärkten Eiweissumsatz nach dem Gebrauch von Natriumcarbonat, mit dem man meist experimentirte, beobachtet, so lange die Verdauung ungestört blieb (Rabuteau und Constant, Martin-Damourette und Hyades). Münch fand nur die Wasserausscheidung gesteigert. An Hunden ergaben die Versuche bald eine Steigerung des Stickstoffumsatzes (J. Mayer), bald keine merklichen Veränderungen desselben (Ott).

Für besonders wirksam hält man **die Alkalien bei der Behandlung der Gicht**. Man ist dabei von der bereits erwähnten Voraussetzung ausgegangen, dass in Folge der verstärkten Alkalescenz des Bluts die **Verbrennung der Harnsäure** zu Harnstoff begünstigt wird. In der That gelangte Basham bei seinen Versuchen an Kranken, welche an Harnsäuresteinen litten, zu dem Resultat, dass nach dem Gebrauch der Alkalien die Harnsäure verschwindet, während die Menge des Harnstoffs zunimmt. Meist waren jedoch die Ergebnisse solcher Untersuchungen schwankende und unsichere oder sogar völlig negative (Severin). Das gilt auch in Bezug auf das Lithiumcarbonat, dessen Einfluss auf die Harnsäureausscheidung Bosse und Buchheim an sich und an Gichtkranken untersuchten.

Man sucht nicht nur die Ablagerung der Harnsäure in den Gelenken und der Blase durch die Alkalien zu verhindern, sondern wendet sie häufig auch in der Absicht an, fertig gebildete Harnsäuresteine in der Blase aufzulösen. Man hat besonders das Lithiumcarbonat für diesen Zweck empfohlen, weil es die Harnsäure weit leichter zu lösen vermag, als andere Alkalien (Lipowitz, Ure), und zwar in der vierfachen Menge als das Natriumcarbonat (Binswanger). Allein mit so einfachen Verhältnissen hat man es in der Blase nicht zu thun, dass bei einer solchen Behandlungsweise das Lösungsvermögen der einzelnen Alkalien eine wesentliche Rolle spielen könnte. Die letzteren gehen zwar leicht in den Harn über, ertheilen aber demselben beim Menschen keineswegs regelmässig eine alkalische Reaction. Denn wie alle anderen Salze werden auch die Alkalicarbonate in den Nieren im möglichst sauren Zustande ausgeschieden und finden sich daher im Harn als Dicarbonate. Unter diesen Verhältnissen bilden sich in der Blase allenfalls nur die schwer löslichen sauren harnsauren Salze, sodass durch diesen Umstand der angestrebte Zweck vereitelt wird. Ferner ist zu berücksichtigen, dass das Lösungsmittel, welches dabei in sehr verdünntem Zustande zur Wirkung kommt, grössere Steine mit relativ kleiner Oberfläche überhaupt wenig angreifen wird. Nimmt der Harn aber bei Zufuhr grösserer Mengen solcher Mittel eine stärkere alkalische Reaction an, so tritt die Gefahr ein, dass bei längerem Gebrauch eine Fällung von Erdphosphaten erfolgt, die eine neue Quelle der Steinbildung abgeben.

Wenn man trotzdem nach dem methodischen Gebrauch der alkalischen Mineralwässer einen Abgang von Harnsäureconcrementen beobachtet hat, so beruht dieser Erfolg darauf, dass in solchen Fällen sich in der Blase nicht ein einzelner solider Stein, sondern eine aus mehreren kleineren Stücken durch Schleim und andere Substanzen mehr oder weniger fest zusammengekittete Masse findet, die unter dem Einfluss der Alkalien durch Lockerung und Lösung des Bindemittels zum Zerfall gebracht und dann stückweise entleert wird.

Auch in anderen krankhaften Zuständen der Harnorgane kann die vorübergehende alkalische Beschaffenheit des Harns von Nutzen sein. In analogem Sinne wie im Verdauungskanal lässt sich auch in der Blase, den Nierenbecken und vielleicht schon in den Nieren ein unter Umständen heilsamer directer **Einfluss auf die Schleimhaut und die Epithelien der Harnkanälchen** erzielen. Selbst die Abstumpfung einer übermässig sauren Reaction des Harns hat zuweilen eine therapeutische oder vielmehr prophylaktische Bedeutung. Man sucht in dieser Weise in geeigneten Fällen die Ausscheidung von freier Harnsäure in der Blase und die Bildung von Blasensteinen zu verhindern oder wenigstens zu beschränken.

Wie die leicht diffundirbaren Salze im Allgemeinen, veranlassen auch die Alkalien eine **vermehrte Wasserausscheidung durch die Nieren und wirken deshalb diuretisch**. In der Praxis räumt man ihnen in dieser Beziehung einen Vorzug vor den neutralen Salzen ein. Ob sie in der That die Nieren leichter passiren als die letzteren und deshalb kräftigere Diuretica sind, wie man auf Grund ihrer grösseren Filtrirbarkeit durch todte thierische Membranen (Weikart) anzunehmen geneigt ist, lässt sich aus Mangel an ausreichenden Thatsachen nicht entscheiden. Doch darf die Angabe nicht bestritten werden, dass diese Mittel bei Wassersuchten in der Regel mehr leisten als die neutralen Alkalisalze. Der günstige Erfolg braucht aber nicht mit einer stärkeren diuretischen Wirkung zusammenzuhängen, sondern lässt sich mit mehr Wahrscheinlichkeit von einem günstigeren Einfluss auf den Zustand der Gewebe in dem bei der Kochsalzgruppe (S. 150) angegebenen Sinne ableiten.

Bei der Anwendung der Alkalien als **Diuretica** gibt man den Kaliumsalzen den Vorzug vor den Natriumverbindungen, und wählt mit Vorliebe das **Kaliumacetat**. Das Kaliumcarbonat verursacht bei längerem Gebrauch in Folge der wiederholten Neutralisation des Magensaftes und der directen Einwirkung auf die Schleimhaut leicht Störungen der Magenfunktionen, während das Acetat diese Uebelstände nicht hat und ohne Schaden längere

Zeit gebraucht werden kann. Im Organismus wird die Essigsäure wie andere rein organische Säuren der Fettreihe verbrannt, und das Kalium tritt als Carbonat auf, welches dann die gewünschte Alkaliwirkung entfaltet. Solchen Salzen mit organischen Säuren entstammen die Carbonate, die sich beim Menschen nach dem Genuss von Obst und Früchten im Harn finden und dem letzteren bei den Herbivoren unter normalen Verhältnissen eine alkalische Reaction ertheilen.

1. **Kali causticum fusum**, Kaliumhydroxyd, Aetzkali, HKO; cylindrische an der Luft feucht werdende und allmählich zerfliessende Stäbchen.
2. **Liquor Kali caustici**, Kalilauge; Spec. Gew. 1,142—1,146, nahezu 15 % HKO enthaltend.
3. **Liquor Natri caustici**, Natronlauge; Spec. Gew. 1,159 bis 1,163, nahezu 15 % HNaO enthaltend.
4. **Kalium carbonicum**, Kaliumcarbonat; mindestens 95 % K_2CO_3 enthaltend.
5. **Liquor Kalii carbonici**, Kaliumcarbonatlösung; enthält 33 % K_2CO_3.
6. **Kalium carbonicum crudum**, Pottasche; mindestens 90 % K_2CO_3 enthaltend.
7. **Kalium bicarbonicum**, Kaliumbicarbonat; in 4 Wasser lösliche Krystalle.
8. **Natrium carbonicum**, Natriumcarbonat, $Na_2CO_3 + 10H_2O$; enthält 37 % Na_2CO_3; in 1,8 Wasser löslich.
9. **Natrium carbonicum siccum**, entwässertes Natriumcarbonat; für Pulvermischungen, z. B. zur Herstellung des künstlichen Karlsbader Salzes, zu verwenden.
10. **Natrium carbonicum crudum**, Soda; mindestens 32 % Na_2CO_3 enthaltend.
11. **Natrium bicarbonicum**, Natriumbicarbonat, $NaHCO_3$; krystallwasserfreie, in 13,8 Wasser lösliche Krystallkrusten.

Die nicht officinellen **Trochisci Natrii bicarbonici**, Vichy-Pastillen, enthalten jedes 0,1 Natriumbicarbonat auf 0,9 Zucker.

12. **Lithium carbonicum**, Lithiumcarbonat; weisses krystallinisches in 150 siedendem oder kaltem Wasser lösliches Pulver. Gaben 0,05—0,3, als Pulver oder in Kohlensäurewasser.
13. **Sapo medicatus**, medicinische Seife; Natronseife, aus Schweineschmalz und Olivenöl dargestellt. Meist nur zur Herstellung von Pillen benutzt.
14. **Spiritus saponatus**, Seifenspiritus; Lösung einer aus Olivenöl dargestellten Kaliseife in Weingeist.

15. **Sapo kalinus**, Kaliseife; aus Leinöl durch Verseifen mit Kalilauge dargestellt. 16. **Sapo kalinus venalis**, Schmierseife, grüne Seife.

17. **Natrium phosphoricum**, Natriumphosphat, $Na_2HPO_4 + 12H_2O$; in 5,8 Wasser lösliche, alkalisch reagirende, verwitternde Krystalle.

18. **Borax**, Natriumborat; $Na_2B_4O_7 + 10H_2O$; in 17 Wasser und reichlich in Glycerin löslich.

19. **Magnesia usta**, gebrannte Magnesia, MgO; amorphes, leichtes, in Wasser fast unlösliches Pulver.

20. **Magnesium carbonicum**, Magnesia alba, Magnesiumcarbonat, meist $3(MgCO_3) + Mg(OH)_2 + 4H_2O$; in Wasser fast unlöslich, ziemlich leicht löslich in Kohlensäurewasser (Struve'sches Magnesiumbicarbonatwasser).

Pulvis Magnesiae cum Rheo, vergl. S. 138.

21. **Calcaria usta**, gebrannter, ungelöschter Kalk, CaO.

22. **Aqua Calcariae**, Kalkwasser; gesättigte Lösung von Calciumhydroxyd, ungefähr 1:600.

23. **Calcium carbonicum**, Calciumcarbonat; durch Fällen von $CaCl_2$ mit Na_2CO_3 dargestellt.

24. **Calcium phosphoricum**, Calciumphosphat; durch Fällen von Chlorcalcium in schwach essigsaurer Lösung mit Natriumphosphat dargestellt.

25. **Calcium phosphoricum crudum**, grauweisses Pulver.

Die Schwefelverbindungen der Alkali- und alkalischen Erdmetalle, die Sulfide sowohl wie die Sulfhydrate, schliessen sich in Bezug auf ihre localen Wirkungen der vorigen Gruppe an. Sie zeichnen sich durch ihr grosses Lösungsvermögen für Horngebilde aus und dienen deshalb im Orient als Enthaarungsmittel. Wegen dieser Eigenschaft greifen sie die Haut und namentlich die Epidermis sehr stark an und finden deshalb bei Hautkrankheiten in ähnlichem Sinne wie die verdünnte Kalilauge Anwendung, gegenwärtig indess nicht so häufig wie früher. Welches Schwefelalkali man dazu wählt, ist ziemlich gleichgültig. Eine Zeit lang war das Fünffachschwefelcalcium in Form der Solutio Vlemingx beliebt. Von einer specifischen Wirkung dieser Verbindungen auf die Haut kann nicht die Rede sein. Die Ansicht, dass der Schwefel und seine Präparate gewisse besondere Beziehungen zur Haut haben, hat sich durch die Tradition fortgepflanzt und findet noch gegenwärtig in der

Anwendung der Schwefelwässer in Form von Bädern und Trinkkuren bei Hautkrankheiten und in anderen Zuständen, in denen die Haut und die Schleimhäute betheiligt sind, ihren Ausdruck.

Die kleine Menge von Schwefelwasserstoff, um welche es sich dabei handelt, macht diese Wässer sicherlich nicht zu heilsamen Agentien. Die Wirkungen des kalten und warmen Wassers, die bei solchen Kuren eingehaltene Diät und Lebensweise sind vollkommen ausreichend, um die beobachteten heilsamen Folgen zu erklären. Auch die Thatsache, dass in das Blut injicirtes Schwefelwasserstoffwasser an Katzen Veränderungen des Darmkanals hervorbringt (O. Weber, 1864), die denen bei Arsenvergiftung gleichen, sowie der Umstand, dass der Schwefelwasserstoff von der Haut resorbirt wird, genügen nicht, um den Schwefelwässern eine besondere therapeutische Bedeutung zuzuschreiben.

Kalium sulfuratum, Schwefelleber. Gemenge von Polysulfiden und schwefelsaurem Kalium, durch Zusammenschmelzen von 1 Schwefel und 2 Pottasche dargestellt.

Der Schwefelwasserstoff ist im Uebrigen ein Nervengift, welches, ohne dem Blute Sauerstoff zu entziehen, Lähmung verschiedener Gebiete des Centralnervensystems verursacht.

2. Die Gruppe der Säuren.

Die typischen Säuren im pharmakologischen Sinne sind die Schwefelsäure und die Salzsäure. Ihnen schliesst sich die Phosphorsäure an. Von den übrigen zeichnen sich einzelne durch besondere Eigenschaften aus, die auch bei ihrer Wirkung in Betracht kommen. Die Jodwasserstoffsäure und die schweflige Säure sind kräftige Reduktionsmittel. Die Salpetersäure wirkt eigenartig bei der Bildung der sog. Xanthoproteïnsäure aus den Eiweissstoffen, wobei Nitrirung vorzukommen scheint. Oxydationen vermag sie im Organismus nicht zu Wege zu bringen. Die Fluorwasserstoffsäure zeichnet sich durch ihre specifisch ätzenden Eigenschaften aus.

Die organischen Säuren der Fettreihe gehören nur ihrer localen Wirkungen wegen hierher, da sie im Organismus mehr oder weniger vollständig verbrannt werden. Die höheren Glieder der Fettsäuren, die an den Applicationsstellen sich indifferent verhalten, dienen als Nährstoffe. Die durch Halogene und durch die Nitro- und Sulfogruppe (SO_2OH) substituirten Säuren dieser Reihe sind noch nicht näher untersucht.

Die aromatischen Säuren nehmen in mehrfacher Beziehung eine Sonderstellung ein.

Die Aetzung, welche die concentrirten Mineralsäuren hervorbringen, hängt häufig von einer **Wasserentziehung** ab. Die concentrirte Schwefelsäure entzieht feuchten organischen Stoffen nicht nur das fertig gebildete Wasser, sondern entreisst ihnen auch unter Wasserbildung sehr begierig Wasserstoff und Sauerstoff und verursacht deshalb häufig **Verkohlung**. Bei den übrigen unorganischen Säuren spielt die Wasserentziehung eine weit untergeordnetere Rolle.

Die **Säurewirkung**, die bei den meisten Mineralsäuren erst bei einer gewissen Verdünnung in reiner Form hervortritt, besteht in der Neutralisation der Alkalien und einer mehr oder weniger tief greifenden **Umwandlung der gewebsbildenden Substanzen**, namentlich des Protoplasmaeiweisses. Es ist schon in der Einleitung zu diesem Abschnitt erwähnt, dass die Beseitigung der alkalischen Reaction der Gewebe bei localer Application der Säuren allein ausreichend erscheint, um entzündliche und andere Störungen zu verursachen. Die Hauptwirkung ist indessen auf Veränderungen der eiweissartigen und leimgebenden Substanzen zurückzuführen. Die gelösten Eiweisskörper werden durch concentrirte Säuren, besonders leicht durch die Salpetersäure zum Gerinnen gebracht und in eine besondere Modification, das Acidalbumin, umgewandelt.

Die feineren Veränderungen des Protoplasmas, die sich als Stase oder Entzündung erzeugende Reizung kund geben, lassen sich noch nicht auf greifbare chemische Vorgänge zurückführen, soweit dabei nicht Gerinnungen und Neutralisation der Alkalien im Spiele sind.

Die **Bindegewebssubstanzen** erfahren durch die verdünnteren Säuren, namentlich durch die Essigsäure und die übrigen flüchtigen Glieder der Fettsäurereihe selbst bei gewöhnlicher Temperatur eine Veränderung, die sich äusserlich nur als Lockerung und Quellung kund gibt. In diesem Zustande geht aber das Collagen des Bindegewebes beim Erhitzen mit Wasser viel leichter in Leim über als vor der Säurebehandlung. Darauf beruht es, dass das während der Todtenstarre gesäuerte Fleisch sich viel leichter weich kochen lässt und viel zartere Braten liefert, als das Fleisch frisch geschlachteter Thiere. Bei der Herstellung der Sauerbraten, dem sog. Beizen, beabsichtigt man, das Fleisch, welches von alten Thieren mit derbem Bindegewebe stammt, durch die Einwirkung von Essig weich und mürbe zu machen. Auch die Horngebilde werden namentlich von den concentrirteren flüchtigen Fettsäuren sehr stark angegriffen, erweicht und gelöst. Der concentrirten Essig- und Monochloressigsäure widersteht selbst die härteste, zu Schwielen oder Leichdornen verdickte Epidermis nicht. Wegen der genannten Einwirkungen auf die Bestandtheile organisirter Gebilde vermögen die Mineralsäuren die Entwickelung niederer Organismen zu hemmen und Fäulnissvorgänge zu unterdrücken. Ob der in dieser Richtung empfohlenen Borsäure besondere Wirkungen dieser Art zukommen, ist ungewiss.

In ziemlich zahlreichen Fällen finden die Säuren als Aetz- und Reizmittel praktische Anwendung; doch lässt sich kaum ein Fall anführen, in dem sie völlig unentbehrlich sind. Das gilt auch von der rauchenden Salpetersäure in Bezug auf ihre Anwendung als chirurgisches Aetzmittel. Die Empfehlung des Königswassers in Form von Fussbädern bei Leberkrankheiten und anderen Leiden innerer Organe stammt aus einer Zeit, in der man die Symptome, welche man bei dem Gebrauch dieses Gemisches als Folge der Einathmung von Chlor und salpetriger Säure beobachtete, mit dem Uebergang der Salpetersäure in das Blut in Zusammenhang brachte.

Am häufigsten dienen die Säuren im verdünnten Zustande in Form von Bädern, Waschungen und Abreibungen als gelinde Hautreizmittel. Namentlich sind die flüchtigen Fettsäuren in dieser Beziehung beliebt und reihen sich den übrigen flüchtigen Mitteln dieser Art an. Sie sind in solchen Fällen zweckmässig, in denen es darauf ankommt, eine zwar leichte, aber doch nicht ganz oberflächliche Wirkung ohne Schädigung der Epidermis zu erzielen. Die letztere wird dabei nicht erweicht und verdünnt, wie bei Anwendung der Alkalien, sondern gewinnt eher eine straffere Beschaffenheit. Daher sind Waschungen und Abreibungen mit gewöhnlichem Essig zur Anregung der Hautthätigkeit in Fällen, in denen die Epidermis geschont werden muss, z. B. in fieberhaften Krankheiten, ganz empfehlenswerth, auch gegenüber den ätherischen Oelen der Terpentinölgruppe, welche nach der Resorption leicht Nierenaffectionen verursachen. Für Bäder bevorzugt man nach alter Sitte die Ameisensäure, die früher regelmässig den Ameisen entnommen wurde, indem man aus ihnen und zum Theil auch aus den Bestandtheilen ihres Baues, welche flüchtige Producte der Terpentinölgruppe enthalten, einen heissen wässrigen Auszug herstellte und diesen in Form der „Ameisenbäder" verwendete.

Säuredämpfe dienen auch als Inhalations- und Riechmittel, ohne indessen einen Vorzug vor anderen flüchtigen Substanzen (vergl. S. 109) zu haben. Nur wenn die Inhalation in der Absicht vorgenommen wird, Blutungen in den Bronchien, in der Luftröhre oder der Nasenhöhle zu stillen, lassen sich die Säuren nicht ersetzen. Die Forderung, dass das ausfliessende Blut die zu seiner Gerinnung nöthige saure Beschaffenheit annimmt, ist indessen schwer zu erfüllen, und der Erfolg deshalb ein unsicherer. Leicht gelingt dagegen die Blutstillung an Localitäten, an denen man die Säure unmittelbar auf die blutende Stelle zu appliciren im Stande ist. Am stärksten blutstillend wirken die Mineralsäuren, selbst im verdünnten Zustande; sie werden darin aber weit übertroffen von den sauer reagirenden Metallsalzen, z. B. dem Eisenchlorid.

Bei der Anwendung der organischen Säuren in Form von Limonaden und anderen säuerlichen Getränken spielt die locale Wirkung auf die Geschmacksorgane die Hauptrolle. Solche Säuren sind in vielen Fällen wichtige Bestandtheile von Genussmitteln. Die feineren Obstarten und Früchte schmecken fade und unangenehm, wenn ihnen das nöthige Quantum an Wein-, Aepfel- oder Citronensäure fehlt. Selbst im Weine wird der Kenner einen gewissen Säuregehalt ungern vermissen. Für die Zufuhr von kaltem Wasser, z. B. in fieberhaften Krankheiten, haben die Säuren eine ähnliche Bedeutung, wie die Theespecies (S. 107) bei der Darreichung des warmen.

Die Frage über das **Verhalten** und die **Wirkungen der Säuren im Magen** gewinnt ein besonderes Interesse durch die wichtige Rolle, welche die Salzsäure bei der Magenverdauung spielt.

Die von C. Schmidt sicher erwiesene Thatsache, dass im Magen freie oder locker an Pepsin gebundene **Salzsäure** abgesondert wird, führte von vorne herein zu der Annahme, dass in gewissen Fällen Störungen der Magenfunction von einer mangelhaften Absonderung dieser Säure abhängig seien. Aber wie sehr man auch bemüht gewesen ist, die Salzsäure bei der Behandlung von Magenkrankheiten zu verwenden, so wenig sichere Erfolge liessen sich dabei im Allgemeinen erzielen, weil man erst in neuester Zeit angefangen hat, die Pathologie der Salzsäureabsonderung auf exactere Untersuchungen zu begründen. Doch sind die sich dabei entgegenstellenden grossen Schwierigkeiten noch nicht genügend überwunden. Dem entsprechend beruhen die Indicationen für die Anwendung der Salzsäure auch gegenwärtig mehr auf empirischen als auf rationellen Grundlagen. Die Einzelheiten darüber gehören in die specielle Pathologie.

Der **Magen** steht unter normalen Verhältnissen fast beständig unter dem Einfluss einer Säurewirkung. Eine mässige Verstärkung derselben durch Aufnahme von Säuren, abgesehen von der Kohlensäure, hat in therapeutischer Beziehung keine besondere Bedeutung. Nach längerem Gebrauch saurer Getränke, z. B. beim gewohnheitsmässigen Consum saurer Weine, stellen sich leicht chronische Magencatarrhe ein.

Ganz besonders schädlich erweist sich für die Magen- und Darmschleimhaut die abnorme **Säurebildung durch Gährungsvorgänge**, wie sie in typischer Weise bei den schon erwähnten Durchfällen kleiner Kinder auftritt. In diesen Fällen verursacht der saure Darminhalt die Umwandlung des Bilirubins in Biliverdin und in Folge dessen die bekannte und von allen Müttern gefürchtete Grünfärbung der Fäces. Die Behandlung dieser Zustände geht darauf aus, die Säuren zu neutralisiren und die gährenden und in Zersetzung begriffenen Massen zu entleeren (vergl. S. 170).

Die **Neutralisation von Alkalien**, welche bei Vergiftungen in den Magen gelangt sind, erfolgt nach denselben allgemeinen Regeln, wie die der Säuren; es dürfen in beiden Fällen weder die angewandten Mittel noch die gebildeten Produkte schädlich sein. Ausser den unorganischen Säuren, von denen nur die Salpetersäure unbrauchbar ist, steht für diesen Zweck auch eine Anzahl organischer zur Verfügung, darunter besonders die Citronen- und Weinsäure.

Die **Kohlensäure** nimmt auch in pharmakologischer Hinsicht eine Sonderstellung ein. Sie dient in Form der Kohlensäurewässer nicht nur als beliebtes Genussmittel, sondern ist zugleich ein wirksames Mittel in catarrhalischen Zuständen und bei den kleinen Leiden und Verstimmungen des Magens, die sich so häufig nach Unmässigkeiten im Essen und Trinken einstellen. Die Erklärung für die heilsamen Wirkungen dieser gasförmigen Säure ist darin zu suchen, dass sie auch bei Gegenwart von Alkalien wirksam bleibt. Sie durchdringt die Magenwandung von allen Seiten und wird dann nicht, wie andere Säuren, in den Geweben vollständig neutralisirt, sondern ist hier bei genügender Menge gleichzeitig als Bicarbonat und im absorbirten Zustande enthalten. In dieser Weise vermag die Kohlensäure die Funktionen der Gewebe anzuregen, ohne die wesentlichen Eigenschaften der Alkalien aufzuheben. Dazu kommt als weiteres günstiges Moment, dass die Erregung stets eine mässige bleibt und daher niemals durch ein Uebermaass schaden kann.

Eine besondere Bedeutung gewinnt die **Kohlensäure** noch dadurch, dass sie **die Resorption des Wassers im Verdauungskanal begünstigt**. Ist das letztere kohlensäurehaltig, so erfolgt, von der Zeit der Aufnahme an gerechnet, eine raschere Ausscheidung desselben durch die Nieren, also ein beschleunigter Durchgang durch den Organismus (Quincke). Die Kohlensäurewässer sind daher in diesem Sinne stärkere Diuretica als das gewöhnliche Wasser und verstärken vielleicht auch die Wirkung des letzteren auf den Stoffwechsel.

Im Gegensatz zum Magen steht der **Darm** fast beständig unter dem Einfluss eines alkalischen Inhalts. Nimmt der letztere eine saure Reaction an, in Folge abnormer Säurebildung oder nach der Entleerung des sauren Mageninhalts in den Darm, so genügt diese Veränderung allein, um eine **Reizung der Schleimhaut**, verstärkte peristaltische Bewegungen und Stuhlentleerungen hervorzurufen. Für therapeutische Zwecke lassen sich dem Darm direct keine Säuren zuführen, weil mässige Mengen derselben wegen der raschen Resorption über das Duodenum hinaus nicht vordringen, grössere Quantitäten dagegen ätzend wirken.

Nur die relativ **schwer resorbirbaren sauren Alkalisalze** der mehrbasischen organischen Säuren, z. B. das saure weinsaure Kalium, gelangen weiter in den Darm hinunter, machen seinen Inhalt sauer, regen die Peristaltik an und verursachen deshalb schon nach bedeutend kleineren Gaben **Stuhlentleerungen**, als die neutralen Salze der Glaubersalzgruppe. Dem Gehalt an solchen sauren Salzen verdanken auch manche Fruchtsäfte und Extracte ihre abführende Wirkung. Unter ihnen sind besonders das Pflaumen- und Tamarindenmus sowie das Queckenwurzelextract (vergl. S. 164) zu nennen.

Von grossem Interesse ist das **Verhalten der Säuren im Blute** und die Frage nach der **Neutralisation der Alkalien** im letzteren und im Gesammtorganismus.

Da alle Säuren leicht resorbirbar sind, so nahm man a priori an, dass nach ihrer Zufuhr die **Alkalien des Bluts neutralisirt** und in Form der entsprechenden Salze in den Harn übergeführt werden. Die Versuche von Miquel (1851), welche an Hunden nach Schwefelsäurezufuhr eine Vermehrung der löslichen Salze der Harnasche ergaben, schienen diese Annahme zu unterstützen. Indessen hatte schon Bence Jones (1849) nach dem Einnehmen von verdünnter Schwefelsäure eine Zunahme der sauren Reaction des Harns beobachtet, und Eylandt (1855) dieses Resultat für die unorganischen und eine Anzahl organischer Säuren bestätigt. Gleichzeitig fand Ph. Wilde (1855) in Versuchen, die er ebenfalls an sich selbst ausführte, nach dem Einnehmen von Schwefel- und Phosphorsäure die Menge des Kalis und Natrons im Harn nicht erheblich vermehrt. Fr. Hofmann (1871) fütterte 39 Tage lang eine Taube mit Eidotter, weil dieser beim Verbrennen wegen des Lecithingehalts eine saure Asche liefert. Die Menge der Gesammtasche und der analysirten Salze war im Harn und Koth genau dieselbe wie in der Nahrung. Demnach war eine Entziehung von Basen nicht eingetreten. Am Hunde zeigte zuerst Gähtgens (1872), dass nach der Aufnahme von Schwefelsäure die Vermehrung der fixen Basen im Harn nur eine geringe ist, dass also eine Entziehung derselben in nennenswerthem Maasse durch Säurezufuhr nicht zu erzielen ist. Endlich fand Salkowski (1875), dass nach Fütterung mit Schwefelsäure und mit

Taurin, welches bei seiner Verbrennung im Organismus freie Schwefelsäure liefert, an Kaninchen im Harn fixe Basen in vermehrter Menge auftreten.

Das Verhalten der Säuren gegen die Alkalien des Blutes lässt sich am sichersten aus den Veränderungen erschliessen, welche die Menge der Blutkohlensäure erleidet. Es gelingt an Kaninchen durch Salzsäurefütterung eine tödtliche Alkalientziehung ohne alle Nebenwirkungen herbeizuführen. Der Tod erfolgt unfehlbar, und zwar in Folge von Lähmung der Respirations- und Gefässnervencentra, wenn die alkalische Reaction des Blutes in die neutrale übergeht und der Kohlensäuregehalt des letzteren auf 2,9 — 2,5 Vol. % gesunken ist. Aber ebenso sicher tritt selbst in der Agonie fast sofortige Erholung des Thieres ein, wenn demselben, wie bereits (S. 172) erwähnt ist, eine Lösung von Natriumcarbonat in das Blut eingespritzt wird.

An Hunden tritt nach Säurezufuhr eine erhebliche Neutralisation der Alkalien des Blutes unter keinen Umständen ein, selbst dann nicht, wenn die Säuregaben so hoch genommen werden, dass sie durch Aetzung des Magens das Thier krank machen. Im Harn tritt neben der Säure Ammoniak in vermehrter Menge auf, so dass etwa Dreivierttheile der zugeführten Säure an diese Base gebunden zur Ausscheidung kommen und in Folge dessen die fixen Alkalien des Blutes vor der Neutralisation bewahrt bleiben.

Wie beim Hunde erscheint auch beim Menschen der grösste Theil der aufgenommenen Säure im Harn an Ammoniak gebunden (Coranda).

Da das letztere unter gewöhnlichen Verhältnissen im Organismus leicht und vollständig in Harnstoff umgewandelt wird, so muss dieser Vorgang bei der Säurezufuhr eine Hemmung erfahren, vielleicht in der Leber, der die Säure nach ihrer Resorption von der Pfortader zunächst zugeführt wird.

In verschiedenen acuten fieberhaften und chronischen Krankheiten tritt ebenfalls Ammoniak im Harn in vermehrter Menge auf (Boussingault, Duchek, Koppe, Hallervorden). Wie weit dabei eine vermehrte Bildung und Ausscheidung von Säuren oder eine Hemmung der Harnstoffsynthese aus anderen Ursachen im Spiele ist, werden zukünftige Untersuchungen lehren.

So wichtig auch das geschilderte Verhalten der Säuren zu den fixen Basen des Organismus und zum Ammoniak und die sich daraus ergebenden Beziehungen zur Harnstoffbildung sind, so wenig lässt sich aus diesen Thatsachen ein **Schluss über den Einfluss jener Vorgänge auf den Gesammtstoffwechsel** ziehen. Daher ist es vorläufig nicht möglich, rationelle Indicationen für die Anwendung der Säuren in Krankheiten aufzustellen. Sicher ist, dass diese Mittel bei der Behandlung von acuten fieberhaften Krankheiten im Wesentlichen die Bedeutung von **Genuss- und Erfrischungsmitteln** haben. Ob dabei ausserdem eine Neutralisation von Alkalien im Gebiete der Pfortader in irgend einer Weise in Betracht kommt, lässt sich, wie viele andere Fragen auf diesem Gebiete, vorläufig nicht entscheiden. Wirkungen in dieser Richtung würden sich voraussichtlich nicht nur durch die unorganischen und die aromatischen Säuren, sondern auch durch die rein organischen Säuren der Fettreihe hervorbringen lassen, obgleich diese, wie bereits angegeben ist, im Organismus fast vollständig verbrannt werden.

1. Acidum hydrochloricum, Salzsäure; spec. Gew. 1,124, 25 % HCl enthaltend.
2. **Acidum hydrochloricum dilutum**, verdünnte Salzsäure; spec. Gew. 1,061, mit 12,5 % HCl. Gaben 5—10 Tropfen, in Verdünnung.
3. Acidum hydrochloricum crudum, rohe Salzsäure; mindestens 29 % HCl enthaltend.
4. Acidum sulfuricum, Schwefelsäure; spec. Gew. 1,836— 1,840, 94—97 % H_2SO_4 enthaltend.
5. **Acidum sulfuricum dilutum**, verdünnte Schwefelsäure. Wasser 5, Schwefelsäure 1; spec. Gew. 1,110—1,114, entsprechend 16 %. Gaben 5—20 Tropfen, in Verdünnung.
6. Acidum sulfuricum crudum; 91 % H_2SO_4 enthaltend.
7. Mixtura sulfurica acida, Haller'sches Sauer. Schwefelsäure 1, Weingeist 15. Gabe 5—20 Tropfen.
8. Acidum nitricum, Salpetersäure; spec. Gew. 1,185, mit 30 % HNO_3.
9. Acidum nitricum fumans, rauchende Salpetersäure; spec. Gew. 1,45—1,50.
10. **Acidum phosphoricum**, Phosphorsäure; spec. Gew. 1,20, entsprechend 20 % H_3PO_4. Gaben 5—20 Tropfen, täglich bis 10,0, in Verdünnung.

11. **Acidum boricum,** Borsäure; schuppenförmige, in 25 Wasser und 6 Weingeist lösliche Krystalle. Gaben 0,2—1,0, täglich bis 5,0, in Lösung.

12. Acidum formicicum, Ameisensäure; spec. Gew. 1,060 bis 1,063, 25 % wasserfreie Säure enthaltend.

13. Acidum aceticum, Essigsäure; spec. Gew. 1,064, 96 % wasserfreie Säure enthaltend.

14. Acidum aceticum dilutum, spec. Gew. 1,041, 30% wasserfreie Säure enthaltend.

15. **Acetum,** Essig; 6% wasserfreie Essigsäure enthaltend.

16. Acetum aromaticum; Lavendel-, Pfeffermünz-, Rosmarin-, Wacholder- und Zimmtöl je 1, Citronen- und Nelkenöl je 2, Weingeist 300, verd. Essigsäure 450, Wasser 1200. Veraltetes Desinfectionsmittel.

17. Acetum pyrolignosum crudum, roher Holzessig; nach Theer und Essigsäure riechende braune, mindestens 6 % Essigsäure enthaltende Flüssigkeit. Veraltetes Desinfectionsmittel.

18. Acetum pyrolignosum rectificatum; farblose oder gelbliche Flüssigkeit von brenzlichem und saurem Geruch, welche nicht unter 6 % Essigsäure enthalten soll. Wurde auch innerlich gegeben.

19. Acidum lacticum, Gährungsmilchsäure; syrupdicke Flüssigkeit.

20. **Acidum tartaricum,** Weinsäure; in 0,8 Wasser und 2,5 Weingeist löslich. Zu Limonaden (1 : 200—300 Flüssigkeit) und Brausepulvern.

21. Acidum citricum, Citronensäure; in 0,54 Wasser, 1 Weingeist und 50 Aether löslich. Zu Limonaden (1—2 : 1000 Flüssigkeit).

22. **Pulvis aërophorus,** Brausepulver. Natriumbicarbonat 10, Weinsäure 9, Zucker 19, in gelinder Wärme getrocknet und gemischt. Theelöffelweise in einem Glase Wasser.

23. **Pulvis aërophorus anglicus,** englisches Brausepulver. Natriumbicarbonat 2,0 g, Weinsäure 1,5 g, ersteres in gefärbter, letztere in weisser Papierkapsel zu dispensiren.

Die Mineralwässer.

Sie gehören als Gemenge zu keiner bestimmten pharmakologischen Gruppe, sondern vereinigen in sich mehr oder weniger vollständig die Wirkungen des warmen und kalten Wassers, der leicht und schwer resorbirbaren Salze, der Alkalien und der Kohlensäure. Dass die in solchen Wässern meist in verschwindend kleiner Menge vorkommenden besonderen Bestandtheile, z. B. Jodide, Bromide, Lithiumsalze und Gyps dabei keine wichtige selbstständige Rolle spielen, braucht bei einer wissenschaftlichen Betrachtung gegenwärtig nicht mehr ausdrücklich betont zu werden.

Die Wirkungen einer Quelle sind daher lediglich nach ihren Hauptbestandtheilen zu beurtheilen, zu denen das **Wasser**, die **Chloride** des Natriums und Kaliums, die **Carbonate** und **Sulfate** des Natriums und Magnesiums und die **Kohlensäure** gehören.

Je vollständiger diese verschiedenen Gruppen von Bestandtheilen in einem Wasser enthalten sind, desto mannigfaltiger sind seine Wirkungen und desto zahlreicher die Fälle, in denen es nützlich zu werden verspricht. Daher gehört der **Carlsbader Sprudel**, der nichts Aussergewöhnliches, sondern nur die genannten Substanzen in sehr gleichmässiger Mischung enthält, zu den wirksamsten Mineralwässern, die es gibt. Dieses Wasser beeinflusst gleichzeitig den Magen, den Darm, den Stoffwechsel und die Nierensecretion in jeder unter solchen Verhältnissen überhaupt möglichen Weise. Dass die Wirkungen der leicht resorbirbaren und der abführenden Salze einander nicht ausschliessen, sondern neben einander auftreten können, ergibt sich aus der Thatsache, dass das Glaubersalz die Resorption und den Durchgang des Kochsalzes durch den Organismus nicht stört (Buchheim).

Wenn man die gewöhnlichsten Naturgesetze im Auge behält, so braucht nicht besonders bewiesen zu werden, dass ein künstlich hergestelltes Mineralwasser durchaus die gleiche Bedeutung hat, wie ein natürliches, falls beide die gleiche Zusammensetzung haben. Die Erfolge nach ihrer Anwendung werden aber allerdings nur unter der Voraussetzung Uebereinstimmung zeigen, dass die Bedingungen, unter denen der kurmässige Gebrauch stattfindet, in beiden Fällen durchaus die gleichen sind. Diese Forderung ist keineswegs so leicht zu erfüllen, als es den Anschein hat, weil die dabei in Frage kommenden complicirten Verhältnisse weder leicht zu übersehen noch sicher zu beurtheilen sind.

Die geographische und topographische Lage eines Badeortes, seine Höhe über dem Meere, die Temperatur und ihre Schwankungen, die Luftfeuchtigkeit und mancherlei andere klimatische Verhältnisse bilden im Verein mit den Wirkungen der Quellenbestandtheile und mit der Beschaffenheit der Diät und der übrigen Lebensweise eine Summe von wirksamen Factoren, deren Bedeutung sich zwar im Allgemeinen begreifen, im concreten Falle aber nicht zergliedern lässt und die man deshalb nicht überall leicht herbeizuführen und zu beherrschen im Stande ist.

Die Balneologie ist daher eine rein empirische Wissenschaft und Gegenstand einer hohen ärztlichen Kunst. Nur muss sie auf rein wissenschaftlicher Basis erwachsen und sich noch mehr von den Schlacken befreien, die ihr theils von Alters her, theils aus anderen Gründen auch gegenwärtig noch anhaften. Wer an einen Unterschied zwischen „künstlicher" und „tellurischer" Wärme glaubt, wer ein grosses Gewicht auf das spurenhafte Vorkommen einzelner seltener Bestandtheile in einer Quelle legt oder gar electrische Ströme in derselben wirksam sein lässt und überhaupt in den Mineralwässern etwas anderes erblickt als physikalische Agentien und Lösungen der in ihnen enthaltenen Substanzen, der verlässt den Boden der Wissenschaft, auch den der rein empirischen, und begibt sich auf das Gebiet des Glaubens und der populären medicinischen Dogmatik.

3. Die Gruppe der Halogene.
(Die Gruppe des Chlors.)

Diese Gruppe umfasst ausser den freien Halogenen — Chlor, Brom, Jod — auch die unterchlorigsauren Salze. Einzelne andere Verbindungen, z. B. das Phosphorchlorid, haben keine praktische Bedeutung.

Die Halogene verursachen durch die gleichen Eigenschaften, denen sie ihren zerstörenden Einfluss auf organische Stoffe im Allgemeinen verdanken, an den Geweben des lebenden Körpers Aetzungen jeder Art und jeden Grades mit den verschiedensten oben (S. 165 u. 166) geschilderten Folgen und Ausgängen.

Die zunächst auftretenden Veränderungen des Protoplasmas gestalten sich dabei in ähnlicher Weise, wie nach der entsprechenden Einwirkung der Säuren. — Ob die verschiedenen Formen der Entzündung oder eine völlige Zerstörung (chirurgische Aetzung) eintreten, hängt im Wesentlichen von der Menge des Chlors, Broms oder Jods und von der Dauer der Einwirkung ab. Doch ätzt das Jod unter den gleichen Bedingungen weit weniger stark als die beiden anderen Halogene.

Die zerstörenden Wirkungen des Chlors haben dasselbe in den Ruf eines unfehlbaren **Desinfectionsmittels** gebracht. Es gelingt in der That verhältnissmässig leicht, durch seine Anwendung übelriechende Substanzen, namentlich Schwefelwasserstoff und Schwefelammonium, in **faulenden Massen** zu zerstören und diesen den Schein der Unschädlichkeit zu ertheilen. Man darf ferner mit Sicherheit annehmen, dass auch kein Ansteckungsstoff seinem zerstörenden Einfluss entgeht, wenn letzterer in genügendem Masse sich geltend machen kann. Aber gerade diese Bedingung ist in vielen Fällen nur schwierig, in anderen gar nicht zu erfüllen. **Das Chlor wirkt nicht in specifischer Weise giftig auf das Protoplasma der Organismen** ein, sondern zerstört dieselben durch Spaltung oder Umwandlung der organischen Substrate.

Wenn daher Ansteckungsstoffe durch dieses Mittel unschädlich gemacht werden sollen, so kann das mit Erfolg nur in der Weise geschehen, dass man alle Medien, in denen sie sich befinden, und alle Gegenstände, an denen sie haften, in mehr oder weniger bedeutendem Umfange mit zerstört, also die Haut und ihre Anhänge oder einzelne Theile anderer Organe, wenn es sich um die Zerstörung von Tripper-, Schanker-, Leichengift oder anderer Infectionsstoffe handelt, sowie Tapeten, Kleider und ähnliche Gegenstände, wenn man diese von Ansteckungsstoffen zu befreien wünscht. Erfolgt die Anwendung des Chlors nicht in dieser ausgiebigen Weise, so läuft man Gefahr, dass es von gleichgiltigen Substanzen gebunden wird, bevor es die schädlichen zu zerstören vermochte. Die ehemals so berühmten **Chlorräucherungen**, die man oft in komischer Weise bei Epidemien auch zum Desinficiren von Personen benutzte, sind deshalb mit Recht ausser Credit gekommen.

Mit mehr Erfolg dient der **Chlorkalk im grossen Massstabe zur Desinfection** von Latrinen und anderen Fäulnissstätten, bei denen die Umgebung nicht geschont zu werden braucht. Doch ist es zweckmässig, vorher eine Entleerung derselben vorzunehmen, weil selbst die grössten anwendbaren Chlorkalkmengen nicht genügend sind, um den ganzen Inhalt einer Latrine auch nur vorübergehend zu desinficiren. In solchen Fällen ist der Chlorkalk kaum wirksamer als der Aetzkalk (vgl. S. 169); doch hat er den Vortheil, dass das Chlor auch an solche Stellen des zu desinficirenden Raumes gelangt, die mit dem Aetzkalk nicht in Berührung kommen. Die Entwickelung des Chlors kann dabei durch verdünnte rohe Schwefel- oder Salzsäure beschleunigt werden.

Das Chlorwasser, welches früher äusserlich als Desinfections- und Aetzmittel, innerlich bei Infectionskrankheiten vielfache Anwendung fand, ist gegenwärtig und zwar mit Recht fast veraltet. Von einer Wirkung des Chlors nach der Resorption kann nicht die Rede sein, weil die kleinen Mengen, um die es sich bei der arzneilichen Anwendung handelt, bereits im Mageninhalt von eiweissartigen und anderen Substanzen gebunden werden und deshalb im freien Zustande gar nicht in das Blut, geschweige denn in den Harn gelangen, wie letzteres sich irrthümlicher Weise angegeben findet.

Die Verbindungen des Jods mit den eiweissartigen Stoffen sind sehr locker und werden schon durch Dialyse und durch Coagulation des Eiweisses zersetzt (Berg u. Böhm).

Bestreicht man die Haut mit einer Jodlösung, so färbt sich die Epidermis entsprechend der Menge des angelagerten Jods entweder gelb oder mehr oder weniger dunkelbraun. In Folge der Reizung, die das Mittel verursacht, entsteht an der Applicationsstelle im mässigen Grade eine chronisch verlaufende Entzündung oder auch nur eine Steigerung der gewöhnlichen Ernährungsvorgänge, unter deren Einfluss, wie bereits im Allgemeinen angegeben ist (S. 166), pathologische Produkte häufig zur Resorption gelangen.

Die Bedeutung und der Vorzug, den das Jod vor anderen Reizmitteln dieser Art beanspruchen darf, besteht darin, dass es längere Zeit an der Applicationsstelle haften bleibt, dass die Wirkung sich von da aus wegen der Flüchtigkeit der

Substanz bis zu einer ansehnlichen Tiefe erstreckt, und dass man es bei einiger Uebung in seiner Hand hat, durch wiederholtes Auftragen grösserer oder kleinerer Mengen des Mittels der Reizung jeden gewünschten Grad zu ertheilen und diesen während längerer Zeit in sehr gleichmässiger Weise zu unterhalten. Auf solche Verhältnisse und nicht auf specifische Wirkungen sind die Heilerfolge zurückzuführen, die man bei der Behandlung von Exsudaten und Gewebswucherungen mit den sogen. Jodbepinselungen oft rascher und sicherer als mit anderen Reizmitteln erzielt. Die Erfahrung lehrt, wie die Wirkung in jedem Falle nach Stärke und Dauer beschaffen sein muss, um den günstigsten Erfolg zu verbürgen.

Die innerliche Anwendung des Jods als locales Mittel beim habituellen Erbrechen Schwangerer, bei der Seekrankheit und in ähnlichen Zuständen oder an Stelle des Jodkaliums bei Syphilis hat man gegenwärtig wohl so ziemlich aufgegeben. Es dient dagegen in Form seiner Lösungen (Jodtinctur und Jodjodkaliumlösung) als Aetzmittel zur Hervorrufung einer sogen. adhäsiven Entzündung, um nach der Entleerung von Ovarialcysten und Hydrocelen die Innenwandungen derselben zur Verwachsung zu bringen. Auch in diesem Falle bietet das Jod den Vortheil, dass es lange haftet und daher die heilsame Entzündung die nöthige Zeit unterhält, ohne durch seine Verbindung mit den Gewebsbildnern Schorfbildung herbeizuführen.

In einzelnen Fällen traten nach der Einspritzung solcher Jodlösungen in punktirte Eierstockscysten Vergiftungserscheinungen auf, bestehend in soporösen Zuständen, Schmerzhaftigkeit der Magengegend und heftigem Erbrechen. Die erbrochenen Massen enthielten losgeschälte Labdrüsen und anfangs freies, später in reichlicher Menge gebundenes Jod (E. Rose).

An Hunden liessen sich nach der Einspritzung von tödlichen Gaben von Jodnatrium und Jodjodnatrium nur Nierenblutungen, aber keine Veränderungen der Magenschleimhaut constatiren (Böhm), während die letztere an Kaninchen nach subcutaner Application des Jodjodnatriums Lockerung, Hyperämie und Ekchymosen aufwies (Binz). In jenen Vergiftungsfällen hat das Jod wahrscheinlich als Jodid oder Albuminat den Organismus durchwandert und ist dann im Magen analog der Salzsäure in Form von Jodwasserstoffsäure ausgeschieden und unter Auftreten von freiem Jod zersetzt worden.

Unter den Symptomen der Vergiftung beobachtete Rose an Menschen Schwinden des Arterienpulses sowie Blässe und Kälte der Haut bei gleichzeitiger kräftiger Herzaction. Er leitet diese Erscheinungen von einer Verengerung der Gefässlumina ab. Doch tritt an Thieren nach der Injection von Jodjodnatrium keine Blutdrucksteigerung ein, die auf eine solche Veränderung der Gefässweite hindeutet.

Hunde, denen man auf jedes kg Körpergewicht 40 mg in Natriumjodid gelöstes Jod in das Blut einspritzt, sterben unter denselben Erscheinungen und in derselben Zeit wie nach der Injection von Jodnatrium (Böhm). Doch darf man daraus nicht den Schluss ziehen, dass es sich in beiden Fällen um eine Jodwirkung handelt.

1. **Aqua chlorata**, richtiger Aq. Chlori, Chlorwasser; 0,4 % Cl enthaltend.

2. **Calcaria chlorata**, Chlorkalk; soll 20 % wirksames Chlor enthalten; Gemenge von unterchlorigsaurem Calcium, Chlorcalcium und Calciumhydroxyd. Verdünnte Salz- oder Schwefelsäure entwickeln **doppelt soviel freies Chlor**, als im unterchlorigsauren Calcium enthalten ist, nach der Formelgleichung: $Ca(ClO)_2 + CaCl_2 + 2 H_2SO_4 = 4 Cl + 2 CaSO_4 + 2 H_2O$.

3. **Bromum**, Brom; dunkelbraune, in 40 Wasser lösliche, sehr flüchtige Flüssigkeit.

4. **Jodum**, Jod; schwarzgraue, metallisch glänzende Tafeln; löslich in 5000 Wasser, in 10 Weingeist, leicht in Jodkalium- und Jodnatriumlösung. Gaben 0,010—0,05!, täglich bis 0,2!, in Jodkalium gelöst.

5. **Tinctura Jodi**, Jodtinctur. Jod 1, Weingeist 10. Gaben innerlich bis 0,2!, täglich 1,0!

6. **Jodoformium**, Jodoform; gelbe, in Wasser unlösliche Krystallblättchen. Gaben innerlich bis 0,2!, täglich 1,0!. Könnte auch bei der Gruppe des Alkohols und Chloroforms aufgeführt werden (vergl. S. 44).

4. Die Gruppe der Oxydationsmittel.
(Gruppe des Sauerstoffs.)

Die physiologischen Oxydationen im Organismus werden ausschliesslich von dem Blutsauerstoff vermittelt. Die gewöhnlichen **Oxydationsmittel** wirken nur auf die Applicationsstellen. Sie bringen die verschiedenen Formen und Grade der **Aetzung und Zerstörung** hervor und finden in dieser Richtung auch praktische Verwendung.

Das **übermangansaure Kalium** ist ein energisches **Desinfectionsmittel**, welches besonders zur Zerstörung von übelriechenden und schädlichen Zersetzungsprodukten an der unversehrten Haut, an Wunden, Geschwüren und in leicht zugänglichen Körperhöhlen dient. Da es aber schon von kleinen Mengen zahlloser organischer Substanzen sehr rasch völlig zersetzt wird, indem es diese oxydirt, so bleibt die desinficirende **Wirkung** entweder nur auf die **oberflächlichen** Theile beschränkt oder betrifft nur solche Stoffe, welche leicht oxydirbar, aber nicht zugleich schädlich sind. Man kann daher das Mittel mit Vortheil blos zur Befreiung der äusseren Haut von anhaftenden Infectionsstoffen und allenfalls noch als **Mundspülwasser** benutzen. Dabei ist zu berücksichtigen, dass die betreffenden Hautpartien durch abgeschiedenes Mangansuperoxyd vorübergehend braun gefärbt werden.

Aus denselben Gründen wie die Desinfection bleibt auch **die Aetzung, die das übermangansaure Kalium verursacht, auf die oberflächlichen Gewebsschichten beschränkt.** Als Aetzmittel für chirurgische Zwecke eignet es sich ausserdem auch deshalb nicht, weil es bei gewöhnlicher Temperatur die Eiweissstoffe nur schwer angreift.

Zu Desinfectionen im grossen Massstabe wird dieses Mittel seines hohen Preises wegen nur wenig gebraucht.

Die **Chromsäure**, die im festen Zustande nur als Anhydrid (CrO_3) bekannt ist, kann in pharmakologischer Beziehung kaum zu den Oxydationsmitteln gerechnet werden, weil bei ihr die **Säurewirkung in den Vordergrund** tritt. Sie dient in beschränktem Masse **in der Chirurgie als Aetzmittel.** Die Zerstörung lässt sich aber nach Ausdehnung und Tiefe schwer localisiren, weil die Säure zerfliesslich ist und keinen festen, die angrenzenden Theile schützenden Schorf bildet.

Die **sauren chromsauren Salze sind schwache Aetzmittel.** In Form dieser Salze wird die Chromsäure, die nach Versuchen an Thieren auch von Wundflächen zur Resorption gelangt, durch die Nieren ausgeschieden und verursacht parenchymatöse Nephritis (Gergens).

Zu den stärksten Oxydationsmitteln gehört der dreiatomige Sauerstoff oder das Ozon (O_3), welches ebenfalls nur local wirkt. Bei der Einathmung verursacht es heftige Reizung der Respirationswege (Asmuth und Al. Schmidt). Es findet sich in grösserer Menge im Terpentinöl, welches lange an der Luft gestanden hat, und wird in dieser Form bei Vergiftungen mit Phosphor zur Oxydation des letzteren im Magen benutzt. Die dabei entstandene phosphorige Säure bildet mit dem Terpentinöl eine krystallisirbare Verbindung. Der Nutzen dieses Mittels ist noch zweifelhaft. Wenn das Terpentinöl wenig Ozon enthält, und die Oxydation des Phosphors nicht rasch erfolgt, so könnte in Folge der Lösung des letzteren die Resorption begünstigt werden.

Das Wasserstoffsuperoxyd (H_2O_2) wirkt nur auf leicht oxydirbare Verbindungen ein. Es wird von frischem Blut in Wasser und gewöhnlichen Sauerstoff (O_2) zersetzt (katalysirt), ohne dass die Bestandtheile des Blutes eine Oxydation erfahren. In derselben Weise sollen Pockenlymphe, Trippersecret und die Produkte anderer Geschwüre wirken, wenn sie Infectionsstoffe enthalten (Schoenbein). Man hat deshalb das Wasserstoffsuperoxyd in derartigen Fällen als Desinfectionsmittel empfohlen. Doch lässt sich nicht annehmen, dass die Infectionsstoffe, wenn sie auch katalysirend wirken mögen, dabei selbst zerstört werden.

Das Anhydrid der schwefligen Säure (SO_2), welches bei der Verbrennung des Schwefels entsteht, ist zwar kein Oxydations-, sondern im Gegentheil ein kräftiges Reductionsmittel, kann aber dennoch hier seinen Platz finden. Auf der Entziehung von Sauerstoff durch die schweflige Säure beruht ihr zerstörender Einfluss auf Farbstoffe und ihre Anwendung als Bleichmittel. In pharmakologischer Hinsicht kommen ausserdem die Säurewirkung und besondere Eigenschaften in Betracht, denen diese Verbindung ihre grosse Giftigkeit für alle lebenden thierischen und pflanzlichen Gebilde und deren Keime verdankt. Die schweflige Säure hält sich in organischen Gemengen viel länger als das Chlor, welches sehr bald an alle möglichen Substanzen gebunden wird, und ist deshalb zur Zerstörung von Gährungs-, Fäulniss- und Krankheiterregern viel wirksamer als dieses. Namentlich ist sie ein unersetzliches Mittel, um Wohn- und andere Räume zu desinficiren. Man verbrennt zu diesem Zwecke 15 g Schwefel auf jeden Kubikmeter des Raumes (Hoppe-Seyler), und hält letzteren einige Stunden verschlossen. Hernach ist es zweckmässig, zur Neutralisation der gebildeten Schwefelsäure, welche an allen Gegenständen haftet, in dem Raume ein wenig Ammoniakflüssigkeit auszugiessen.

1. **Kalium permanganicum**, Kaliumpermanganat, übermangansaures Kalium, $KMnO_4$; in 20,5 Wasser löslich. Aeusserlich in 0,1 bis 0,5 % Lösung; innerlich 0,05—0,1.

2. **Acidum chromicum**, Chromsäureanhydrid, CrO_3; lockere, rothe Krystallmasse.

3. **Kalium bichromicum**, saures chromsaures Kalium; in 10 Wasser löslich. Aeusserlich wie Chromsäure als Aetzmittel; innerlich früher bei Syphilis.

V. Die Verbindungen der schweren Metalle und der Thonerde als Nerven-, Muskel- und Aetzgifte.

Von den Verbindungen der schweren Metalle kommen an dieser Stelle nur solche in Betracht, in welchen **das Metall an Sauerstoff gebunden ist** oder aus denen es, wie aus den Salzen der Halogene, durch eine einfache Umsetzung leicht an jenen übertritt. Die Wirkung nach der Resorption hängt nicht von dem Molecül der ganzen Verbindung, sondern von dem **Metalloxyd** ab, welches sich im Organismus gleichsam im gelösten Zustande findet.

Die metallorganischen Verbindungen dagegen, in denen das Metall am Kohlenstoff haftet, gehören nicht hierher, weil sie ihre Wirkung nicht speciell dem Metall, sondern der Beschaffenheit des ganzen Molecüls verdanken. Nur wenn dieses völlig zersetzt wird, und das Metall in den „oxydirten" Zustand übergeht, tritt die typische Metallwirkung ein. Die Salze des Bleitriäthyls und Kakodyloxyds z. B. verhalten sich in dieser Beziehung zunächst wie andere Basen der Fettreihe, erst wenn sie zersetzt werden, und das Blei oder das Arsen im Organismus im oxydirten Zustande auftritt, stellen sich die Blei- oder Arsenwirkungen ein.

Die **pharmakologische Zusammengehörigkeit** der **schweren Metalle** wird hauptsächlich durch ihre chemischen Beziehungen zu den eiweissartigen Stoffen bedingt, welche sich unter gewissen Bedingungen mit den Metalloxyden zu Albuminaten verbinden. Letztere entstehen auch am lebenden Organismus, und zwar an den Applicationsstellen, welche dadurch Veränderungen erleiden, die bei allen Metallen den gleichen Grundcharakter haben. Dagegen sind die nach der Resorption eintretenden Nerven- und Muskelwirkungen für jedes Metall mehr oder weniger eigenartig und dürfen deshalb nicht von seinen allgemeinen Beziehungen zu den Eiweissstoffen abgeleitet werden. Die letzteren vermitteln nur, jedoch nicht nothwendig in allen Fällen, die Lösung der Metalloxyde in den alkalischen Körperflüssigkeiten. In diesem Zustand entfaltet das Metall seinen specifischen molecularen Einfluss auf die **Nerven** und **Muskeln** und wohl auch auf die **Stätten des Stoffwechsels**.

Die Metalle gehören daher nach dieser Richtung ihres pharmakologischen Verhaltens zu den Nerven- und Muskelgiften. Man kann die **localen Wirkungen sogar mehr oder weniger vollständig ausschliessen**, wenn man von vorne herein solche Präparate anwendet, in denen das Metall mit Eiweiss oder anderen organischen Substanzen bereits in entsprechender Weise verbunden ist. Dann erfolgt die Resorption in dieser Form, ohne dass die Applicationsstelle das Material zur Bildung solcher resorbirbaren Verbindungen herzugeben braucht. Sie bleibt deshalb unverändert.

Den vorstehenden Auseinandersetzungen entsprechend muss man **die localen und allgemeinen Wirkungen der Metalle auseinanderhalten**. Die ersteren lassen sich wegen ihrer Gleichartigkeit nach Charakter und Genese in zusammenfassender Weise behandeln, während in Bezug auf die allgemeinen Wirkungen fast jedes Metall eine besondere pharmakologische Gruppe bildet.

1. Die localen Wirkungen der Salze der schweren Metalle und der Thonerde.

Die Eiweissstoffe verbinden sich mit den Metalloxyden wie mit anderen Basen zu eigenartigen, in Wasser unlöslichen Albuminaten. Wenn ein einfaches Metallsalz mit Eiweiss in neutralen Lösungen zusammentrifft, so entsteht ein Niederschlag, der aus Eiweiss, Metalloxyd und der betreffenden Säure besteht. Die letztere lässt sich in den meisten Fällen aus dem Niederschlag durch Wasser leicht fortwaschen, ist also gleichsam in Freiheit gesetzt und kann daher in selbstständiger Weise auf das Eiweiss einwirken.

Während es früher nicht gelungen war, Metallalbuminate von constanter Zusammensetzung zu erhalten, sind in neuerer Zeit säurefreie Verbindungen von Eiweiss mit Kupferoxyd dargestellt, welche von den beiden Componenten nach multiplen, aber festen Verhältnissen gebildet werden (Harnack).

Der gleiche Vorgang wie bei der Einwirkung der einfachen Metallsalze auf Eiweisslösungen erfolgt bei ihrem Zusammentreffen mit den Geweben des lebenden Organismus. Die Eiweiss- und Bindesubstanzen verbinden sich mit dem Metalloxyd, während die Säure des angewendeten Salzes in selbstständiger Weise Veränderungen der Gewebe hervorbringt, wie in den Fällen, in denen sie von vorne herein im freien Zustande zur Anwendung kommt. In Folge dieser Vorgänge entsteht eine Aetzung, die zum Theil von der Einwirkung des Metalloxyds, zum Theil von der der Säure abhängig ist.

Die Intensität und der Charakter der Aetzung werden einerseits von der Beschaffenheit des entstandenen Metallalbuminats, andererseits von der Menge und den Eigenschaften der bei dem Vorgang betheiligten Säure bedingt. Ist die letztere an sich nur wenig ätzend und befindet sie sich in relativ geringer Menge in einem basischen Salze, dessen Metalloxyd mit den stickstoffhaltigen Gewebsbestandtheilen eine unlösliche, derbe, den darunterliegenden Körpertheilen fest anhaftende Masse bildet, so verhindert dieser Aetzschorf (vergl. S. 165) das tiefere Eindringen des Mittels, und die Aetzung bleibt auf die oberflächlichen Theile beschränkt. Die **entzündliche Reizung** geht in solchen Fällen bald vorüber, weil die Säure resorbirt oder einfach fortgespült wird, während der Aetzschorf längere Zeit an der Stelle haftet und Folgen veranlasst, die man als **adstringirende Wirkung** bezeichnet oder auch kurz **Adstringirung** nennen kann und in ausgedehnter Weise für therapeutische Zwecke verwendet.

Das **Wesen der Adstringirung** besteht in praktischer Beziehung darin, dass die Intensität der Vorgänge vermindert wird, welche bei der Entzündung Platz greifen. Sie mässigt oder beseitigt die Schwellung und Wucherung der zelligen Gewebselemente, unterdrückt eine übermässige Schleimsecretion und hemmt die Exsudat- und Eiterbildung.

Adstringirend können alle Substanzen wirken, welche mit den eiweissartigen und leimgebenden Gewebsbildnern feste, in Wasser und wässrigen Organflüssigkeiten **unlösliche Verbindungen bilden.** Von dem Auftreten der letzteren an der Oberfläche der Gewebselemente, in der Zwischensubstanz und der Intercellularflüssigkeit hängt jedenfalls die adstringirende Wirkung ab. Doch lassen sich die Vorgänge, die sich dabei abspielen, nicht näher definiren. Wenn man bei der Entzündung die Vorstellung von einer Lockerung und grösseren Durchlässigkeit der Gewebe hat, so darf die Adstringirung als das Gegentheil, als eine **Verdichtung** derselben aufgefasst werden.

Wahrscheinlich handelt es sich thatsächlich um eine solche. Ihre Entstehung hat man sich in der Weise zu denken, dass die zelligen Organelemente, sowie die Wandungen und Mündungen der verschiedenen Ernährungskanäle — Saftkanälchen, Stomata, Lymphräume, capillare Blut- und Lymphgefässe — von einer dünnen Schicht solcher Verbindungen bedeckt werden, aber nur in dem Masse, dass zwar die krankhaft verstärkte Fortbewegung und Anhäufung von Ernährungsmaterial vermindert, die normale Ernährung aber nicht gehemmt wird.

Diese Veränderung der Gewebe ist anfänglich stets von **einer entzündlichen Reizung begleitet,** auch dann, wenn das Freiwerden von Säure aus den Metallsalzen nicht mitwirkt; denn es handelt sich dabei ebenfalls um eine **Aetzung,** die nur in ihren Folgen von der gewöhnlichen verschieden ist. Daher bringen alle Adstringentien, auch die Gerbsäuren, die am wenigsten Nebenwirkungen aufweisen, stärkere acute und chronische Entzündungen hervor, wenn sie in grösseren Mengen oder längere Zeit hindurch angewendet werden. Obgleich die Reizung in der Regel gering ist und bald vorüber geht, so ist die Anwendung der Adstringentien bei sehr acut verlaufenden Entzündungen dennoch zu vermeiden.

Da ferner die Veränderung, welche der Adstringirung zu Grunde liegt, das tiefere Eindringen der angewendeten Substanzen verhindert, so pflegt der heilsame Erfolg nur in solchen Fällen mit grösserer Sicherheit einzutreten, in denen der Sitz der Erkrankung ein oberflächlicher ist; tiefer gelegene Theile werden höchstens indirect beeinflusst. Daher bilden die chronischen Catarrhe der Schleimhäute das eigentliche Gebiet, auf welchem die Adstringentien den grössten therapeutischen Werth haben.

Was speciell die Salze der schweren Metalle betrifft, so wirken einzelne fast nur adstringirend, falls sie nicht in übermässigen Quantitäten zur Anwendung kommen. Zu ihnen gehört vor allen das basisch essigsaure Blei, in welchem die Essigsäure als ätzender Bestandtheil nur wenig in Betracht kommt, während die festen, schwer löslichen Verbindungen des Bleioxyds mit den eiweissartigen Substanzen im hohen Grade jene Verdichtung der Gewebe herbeiführen.

Den adstringirenden Metallsalzen stehen die mehr oder weniger rein ätzenden gegenüber. Hat das Metalloxyd zwar eine grosse Neigung, sich mit den stickstoffhaltigen Gewebsbestandtheilen zu verbinden, sind aber die entstandenen Produkte, insbesondere die Albuminate, von lockerer Beschaffenheit, werden ferner die morphologischen Elemente dabei soweit zerstört, dass sie den Zusammenhang unter einander verlieren, gesellt sich endlich in Folge einer stärkeren entzündlichen Reizung die Absonderung flüssiger Exsudate hinzu, so besteht der Aetzschorf aus einer weichen, breiartigen Masse, die leicht abgestossen wird und daher kein Hinderniss für das tiefere Eindringen des Metallsalzes bildet. Die Aetzung ist in diesem

Falle eine intensive, selbst wenn eine Säurewirkung dabei nicht besonders in Betracht kommt.

Diesen Anforderungen entspricht am vollkommensten das **Quecksilberoxyd**, das einen weichen, wenig fest haftenden Aetzschorf bildet und nicht nur in Form seiner Salze, sondern auch unmittelbar als solches sich mit dem Eiweiss zu verbinden vermag. Seine Salze wirken daher mit Ausnahme des weissen Präcipitats nicht nennenswerth adstringirend.

Alle übrigen wichtigeren Metalloxyde nehmen in Bezug auf die Aetzung und Adstringirung, abgesehen von der Säurewirkung ihrer Salze, **eine Stellung zwischen dem Blei und dem Quecksilber** ein. Doch lässt sich eine bestimmte Reihenfolge mit einiger Sicherheit kaum schätzungsweise angeben, zumal es in den meisten Fällen gar nicht möglich ist, die reine Metalloxydwirkung ohne gleichzeitige Säureätzung zu erzielen, weil die Oxyde sich mit dem Eiweiss nicht direct verbinden und häufig auch keine Salze geben, in denen die Säure bei der Aetzung eine unwesentliche Rolle spielt. **Meist ist die Säure dabei die Hauptsache.** Von ihren Eigenschaften und von der Löslichkeit der Metallsalze hängt die Stärke der Aetzwirkung der letzteren ab.

Obenan stehen in dieser Beziehung die **Metallchloride**. Wenn ein solches in Wasser leicht löslich ist, so wirkt es unter allen normalen Salzen desselben Metalls am stärksten ätzend. Es braucht in dieser Beziehung nur auf das Quecksilber-, Zink- und Eisenchlorid hingewiesen zu werden, im Vergleich zu den übrigen Salzen dieser Metalle. Bei den Chloriden kommt nicht nur die Salzsäurewirkung in Frage, sondern es scheint auch freies Chlor in Thätigkeit zu treten, denn Bryk fand nach der Anwendung von Zinkchlorid in den Schorfmassen gechlorte organische Verbindungen. Wir hätten es in diesem Falle im Kleinen mit einem ähnlichen Vorgange zu thun, wie bei der Chlorirung organischer Substanzen unter der Einwirkung des Phosphorchlorids.

Die Metallchloride, welche in Wasser wenig oder gar nicht löslich sind, z. B. das **Silber-** und **Bleichlorid** und das **Quecksilberchlorür**, verhalten sich dagegen ziemlich indifferent. Aus dem gleichen Grunde sind die **Bromide** und **Jodide** wenig wirksam. Doch kann bei den letzteren, z. B. beim Eisenjodür, das Jod an den Applicationsstellen in Freiheit gesetzt werden und Aetzung verursachen.

Das **Quecksilberjodid** ist trotz seiner Unlöslichkeit in Wasser in bedeutendem Grade ätzend, weil es sich gegen das Eiweiss ähnlich wie das Oxyd verhält (vergl. S. 201).

Auf die Chloride folgen hinsichtlich der Stärke der Aetzwirkung die **Nitrate**. Da das **salpetersaure Silber** in Wasser leicht löslich ist, das Chlorsilber dagegen nicht, so ist das erstere das wirksamste Salz dieses Metalls. Eine ähnliche Stellung nimmt das **Bleinitrat** unter den Bleisalzen ein. Bei den **Nitraten des Quecksilbers** kommt noch der Umstand in Betracht, dass sie mit grosser Leichtigkeit unter Bildung basischer Salze Salpetersäure abgeben. Sie wirken deshalb nicht weniger ätzend als das Chlorid, nur bleibt die Veränderung mehr auf die Oberfläche beschränkt, weil die mitwirkende Salpetersäure das Eiweiss zum Gerinnen bringt und das tiefere Eindringen des Mittels erschwert.

Den Nitraten schliessen sich in der Reihenfolge der ätzenden Metallsalze die **Sulfate** an. Das schwefelsaure Zink z. B. ist ein bedeutend schwächeres Aetzmittel als das Chlorid dieses Metalls.

Bei den **Salzen mit organischen Säuren** ist im Wesentlichen **das Metall für die Intensität und Beschaffenheit der Wirkung massgebend**. Am besten lässt sich das Verhalten der einzelnen Metalle in dieser Richtung an ihren essigsauren Salzen übersehen. Auf die Acetate des Bleis und Quecksilbers kann unmittelbar das oben (S. 198—200) Gesagte bezogen werden. Dem entsprechend ist das erstere ein Adstringens, das letztgenannte ein Aetzmittel. Auf das Blei folgt zunächst das Eisen, dann ohne scharf bestimmbare Reihenfolge das Zink, Kupfer, Silber und Zinn. Sie stehen aber alle dem Blei näher als dem Quecksilber.

Die **therapeutische Bedeutung der einfachen Metallsalze** ist nicht nur darin zu suchen, dass man durch die einen die verschiedenen Grade der Aetzung und durch die anderen eine mehr oder weniger starke Adstringirung hervorbringen kann, sondern beruht besonders darauf, dass man diese Wirkungen auch bei Anwendung nur eines Präparats derartig zu combiniren vermag, dass auf eine anfängliche Aetzung, welche Entzündung oder Zerstörung der Gewebe bedingt, eine mehr oder weniger starke Adstringirung folgt. Unter allen Metallsalzen nimmt in letzterer Beziehung das **salpetersaure Silber** die erste Stelle ein. Es führt zunächst eine intensive Zerstörung herbei, die aber aus den oben (S. 198 u. 199) angegebenen Gründen auf die oberflächlichsten Gewebsschichten beschränkt bleibt. Dann macht sich nach kurzer Zeit die Adstringirung geltend, die zum Theil von dem fest anhaftenden Aetzschorf abhängig ist.

Die **Indicationen für die Anwendung des Silbernitrats** ergeben sich auf Grund dieses Verhaltens von selbst. Das Mittel ist in allen Fällen am Platze, in denen bei oberflächlichen chronischen Entzündungen die Gewebe bereits soweit verändert sind, dass eine Restitution derselben nicht mehr möglich erscheint. Hier kommt es darauf an, die kranken Theile durch Zerstörung zu entfernen und in anderen die Ernährungsvorgänge entweder durch die Reizung anzuregen oder durch die Adstringirung zu mässigen.

Aehnliche combinirte Wirkungen wie durch das salpetersaure Silber lassen sich auch durch andere Metallsalze hervorbringen. Am häufigsten werden für praktische Zwecke die **Sulfate des Kupfers und Zinks** gebraucht. Bei ihnen tritt die Adstringirung gegenüber der Aetzung, welche hauptsächlich eine entzündliche Reizung setzt, etwas mehr in den Hintergrund, namentlich wohl deshalb, weil keine fest anhaftenden trockenen Aetzschorfe entstehen.

In Bezug auf die therapeutische Bedeutung kann man die als locale Mittel gebräuchlichen **Metallpräparate in drei Gruppen** eintheilen. Von diesen umfasst die erste die reinen **Aetzmittel**, die zweite solche **Präparate, die zugleich ätzend und adstringirend wirken**, und die dritte Gruppe die **metallischen Adstringentien** mit Einschluss der Thonerdesalze. Indessen hat diese Gruppirung nur ganz im Allgemeinen Geltung, da die Natur der localen Wirkung nicht nur von dem angewendeten Präparat, sondern noch von mancherlei anderen Umständen abhängig ist. Zu diesen gehören die Menge des Mittels und die Concentration seiner Lösungen, die Beschaffenheit der Applicationsstelle, die Zeit der Einwirkung und die Art und Weise der Anwendung. Es lässt sich z. B. ein Ueberschuss des Aetzmittels und ein Theil der Säure durch Abwaschen mit Wasser oder mit einer schwach alkalischen Flüssigkeit mittelst eines Pinsels leicht fortschaffen, und die ätzende Wirkung gegenüber der adstringirenden in beliebigem Masse abschwächen.

Einzelne Metallverbindungen finden nur an solchen Localitäten die Bedingungen zu ihrer Wirkung, an denen sich freie Säure findet, wie namentlich im Magen und in den Hautdrüsen. Der Brechweinstein ist als Doppelsalz wenig wirksam. An den genannten Localitäten wird er aber durch die Säure zersetzt und in eine einfache ätzende Antimonverbindung übergeführt. In Folge dessen entstehen an der Haut statt einer diffusen Entzündung Pusteln, die von den Follikeln ausgehen. Wendet man statt des Brechweinsteins das Natriumsulfantimoniat oder Schlippe'sche Salz ($Na_3SbS_4 + 9H_2O$) an, so ist die Spitze der Pusteln roth gefärbt, weil dieses Salz durch Säuren unter Abscheidung von Fünffachschwefelantimon (Goldschwefel) zersetzt wird (Buchheim und Zimmermann).

Das basisch salpetersaure Wismuth (Magisterium Bismuthi) ist in Wasser unlöslich und deshalb unter gewöhnlichen Verhältnissen unwirksam. Selbst in den Magen kann es in grösseren Mengen gebracht werden, ohne Schaden zu verursachen. Doch wird dabei ein kleiner Theil in der sauren Magenflüssigkeit gelöst und wirkt dann adstringirend. Da die Lösung, d. h. die Umwandlung in die wirksame Verbindung, durch die Verdünnung der Magensäure beschränkt ist, so kann man dieses Präparat in solchen Fällen mit Vortheil anwenden, in denen es darauf ankommt, einen gleichmässigen gelinden Grad jener Wirkung längere Zeit, wochen- und selbst monatelang, zu unterhalten. Nur wenn sich im Magen viel Säure findet, kann es zu einer Aetzung kommen (Bricka).

Von den Metallsalzen der deutschen Pharmacopoe gehören die folgenden zu den reinen Aetzmitteln: 1. Quecksilberchlorid.

2. Rothes und gelbes Quecksilberoxyd. 3. Quecksilberjodid und auch das Jodür. 4. Zinkchlorid. 5. Brechweinstein.

Unter den nicht officinellen Aetzmitteln verdienen genannt zu werden: 1. Das salpetersaure Quecksilberoxydul, in der als Liquor Bellostii bekannten Lösung, welche 15% $HgNO_3 + H_2O$ und 1,5% Salpetersäure enthält. 2. Das Antimonchlorür, $SbCl_3$, Butyrum Antimonii. 3. Das Zinnchlorid, $SnCl_4$, früher als Spiritus fumans Libavii berühmt.

Die nachstehenden Metallsalze und Präparate der gegenwärtigen Pharmacopoe verursachen **Aetzung und Adstringirung**: 1. **Eisenchlorid und Eisenoxychlorid**. 2. **Schwefelsaures Eisen** (Oxydul- und Oxydsalz). 3. **Schwefelsaures Mangan**. 4. **Schwefelsaures Kupfer und Zink**. 5. **Essigsaures Zink**. 6. **Aetzflüssigkeit**, Liquor corrosivus. 7. **Salpetersaures Silber**. 8. **Jodblei**.

Die gleiche Bedeutung haben verschiedene in Deutschland nicht officinelle Präparate, darunter: 1. Cuprum aluminatum, Lapis divinus; ein zusammengeschmolzenes Gemenge von Kupfersulfat, Alaun und Salpeter. 2. **Normales und basisch-essigsaures Kupfer**. 3. **Bleinitrat**. 4. **Aethylschwefelsaures Blei**.

Vorzugsweise adstringirend wirken die folgenden Präparate unserer Pharmacopoe: 1. **Kalialaun**. 2. **Neutrales und basisch-essigsaures Blei**. 3. **Zinkoxyd** als Salbe (fettsaures Zink). 4. **Basisch-salpetersaures Wismuth**. 5. Der **weisse Quecksilberpräcipitat**.

Die wohlfeilen Metallsalze, insbesondere das rohe schwefelsaure Eisenoxydul, werden auch als **Desinfectionsmittel** angewendet. Es lassen sich durch dieselben mancherlei üble Gerüche faulender Substanzen beseitigen; namentlich wird der Schwefelwasserstoff an das Metall und das Ammoniak an die Säure des betreffenden Salzes gebunden. Eine ausreichende zerstörende Wirkung der Metallsalze auf niedere Organismen darf man nur dann erwarten, wenn sie in grossen Mengen zur Anwendung kommen. Diese Mittel haben daher keinen besonderen Vorzug vor dem Aetzkalk (vergl. S. 169).

2. Die Wirkungen der Metalle nach ihrer Aufnahme in das Blut.

Es ist oben (S. 197) schon darauf hingedeutet, in welcher Form die Metalle zur Resorption gelangen. Alle Verbindungen derselben, welche in alkalisch reagirenden eiweisshaltigen Flüssigkeiten löslich sind, können ihren Weg in das Blut finden, weil sie an den Applicationsstellen nicht fixirt werden. Indess vollzieht sich der Uebergang wegen der colloiden Beschaffenheit jener Verbindungen in der Regel nur sehr langsam. Da die Säuren des Arsens im freien Zustande und in Form ihrer Salze leicht löslich sind und keine Albuminate bilden, so steht ihrer raschen Verbreitung im· Organismus kein Hinderniss entgegen.

Am schwierigsten erfolgt die Resorption der Metalle vom Magen und Darm aus. Einzelne werden bei der innerlichen Darreichung fast gar nicht, andere nur in so geringen Mengen in das Blut aufgenommen, dass sie bei dieser Applicationsweise überhaupt keine sicher nachweisbaren allgemeinen Wirkungen hervorbringen, selbst wenn die Einverleibung längere Zeit hindurch fortgesetzt wird.

Zu diesen Metallen gehören das Mangan, Eisen, Kobalt, Nickel, Cer, das Kupfer, Zink, Silber und das Zinn.

An Hunden finden sich selbst nach monatelanger Fütterung mit Mangandoppelsalzen in grossen Mengen des gesammelten Harns nur zweifelhafte Spuren des Metalls, während es bei subcutaner Anwendung sehr leicht seinen Weg durch die Nieren nimmt (Kobert). Aehnlich verhalten sich Eisen und Nickel.

Nur wenn die Metallverbindungen gleich das erste Mal in grösserer Gabe in den Magen gebracht werden und einen acuten Catarrh des Verdauungskanals verursachen, tritt das Metall in reichlichen Mengen im Harn auf. Dagegen geschieht das nicht, wenn solche Gaben bei fortgesetzter Darreichung steigender Quantitäten nur allmählich erreicht werden. Auch die Catarrhe bleiben in diesen Fällen aus.

Man hat es hier offenbar mit einer allmählich eintretenden Abstumpfung der Empfänglichkeit der Schleimhaut gegen die Aetzung zu thun.

Diese Verhältnisse haben bisher keine genügende Berücksichtigung gefunden. Deshalb lässt es sich schwer entscheiden, wie weit in den Fällen, in denen die Metalle nach der innerlichen Darreichung im Harn in reichlichen Mengen auftraten, die Resorption von der intacten Schleimhaut stattgefunden hat. Feltz und Ritter fanden im

Harn viel Kupfer, als sie durch das Sulfat oder Acetat dieses Metalls an Hunden Gastroenteritis erzeugten. Hier besteht über den Zusammenhang der Resorption mit der Erkrankung der Schleimhaut kein Zweifel.

Abgesehen vom Arsen sind das **Quecksilber** und das **Blei** die einzigen Metalle, welche auch bei ihrer innerlichen Darreichung allgemeine Wirkungen hervorbringen. Das Quecksilber wird selbst bei Anwendung vieler seiner unlöslichen Verbindungen in so erheblichen Mengen resorbirt, dass die Vergiftungserscheinungen zuweilen schon in wenigen Tagen auftreten, und das Metall sich sowohl in den Organen wie auch im Harn findet. Weniger leicht erzeugt das Blei die ihm eigenthümliche Wirkung. Meist erst nach wochen- und monatelanger Zufuhr seiner Verbindungen stellen sich die Erscheinungen ein, die man als chronische Bleivergiftung bezeichnet. Rasch eintretende, nicht auf localer Aetzung beruhende Wirkungen dieses Metalls lassen sich durch die Salze desselben bei keiner Art der Application hervorrufen.

Obgleich beim Menschen der Harn selbst nach dem Einnehmen von Goldschwefel (Sb_2S_5) antimonhaltig wird (M. Solon, Schäfer), so sind dennoch Antimonvergiftungen ohne gastroenteritische Erscheinungen nicht bekannt.

Die **Ausscheidung der Metalle** aus dem Organismus erfolgt in Form ihrer Doppelverbindungen mit Eiweiss oder anderen organischen Stoffen im Wesentlichen durch den Harn, zum Theil aber auch mit der Galle, denn es lässt sich in dieser und in den Faeces das Metall auch nach seiner subcutanen Injection nachweisen. Die Annahme, dass sich an der Ausscheidung auch die Darmschleimhaut betheiligt, ist für das Eisen durch directe Versuche widerlegt (Quincke).

Bei ihrem Uebergang in den Harn verursachen alle Metalle ohne Ausnahme eine Nierenerkrankung, welche darin besteht, dass die Epithelien der gewundenen und auch der geraden Harnkanälchen das Metall aufnehmen, dann allmählich zerfallen und zum Theil als Epithelialschläuche ausgestossen werden, worauf die Kanälchen veröden. Die Glomeruli bleiben anfangs intact; später unterliegen sie analogen Veränderungen.

Aehnliche Nierenentzündungen werden durch zahlreiche ätzend und reizend wirkende Substanzen bei der Ausscheidung mit dem Harn hervorgebracht.

1. Das Arsen.

Die Wirkungen des Arsens hängen von seinen Sauerstoffverbindungen, der **arsenigen Säure** und der **Arsensäure**, ab.

Das **Kakodyloxyd** und die **Kakodylsäure**, in denen das Arsen an Kohlenstoff gebunden ist, wirken im unveränderten Zustande in eigenartiger Weise (C. Schmidt und Chomse). Doch erfahren sie im Organismus wie andere metallorganische Verbindungen vermuthlich unter Auftreten einer jener Oxydationsstufen allmählich eine Zersetzung und erzeugen dann die Arsenwirkung (Lebahn, Schulz).

Die beiden Säuren des Arsens verursachen bei Menschen und Säugethieren heftige **Magen- und Darmerscheinungen**, die denen einer acuten Gastroenteritis vollkommen gleichen und die man deshalb früher von einer directen Aetzung der Intestinalschleimhaut abgeleitet hat.

Die arsenige Säure, um welche es sich bei solchen Vergiftungen meist handelt, ist in der That ein Aetzmittel und wird als solches noch gegenwärtig in der Chirurgie und speciell in der Zahnheilkunde gebraucht. Aber die Aetzung, die vielleicht blos von der Säurewirkung abhängt, kommt an allen Applicationsstellen nur sehr langsam zu Stande. Damit steht das rapide Auftreten der Magen- und Darmerscheinungen nicht in Einklang. Diese sind vielmehr auf die durch das Arsen verursachten intensiven **Kreislaufsstörungen** zu beziehen, welche darin bestehen, dass der **arterielle Blutdruck eine sehr starke Herabsetzung** erfährt und schliesslich auf einer so geringen Höhe anlangt, dass von einer ausreichenden Circulation nicht mehr die Rede sein kann (Böhm und Unterberger).

Die Ursache dieser Blutdruckerniedrigung ist noch nicht völlig klar gestellt. Sicher sind dabei die Gefässe der Unterleibsorgane in hervorragender und vielleicht auch in besonderer Weise betheiligt. Sie verlieren ihren Tonus, ohne dass die sie versorgenden Nerven ihre Erregbarkeit einbüssen, denn reflectorische Erregung und directe Halsmarkreizung bringen den Blutdruck wieder in die Höhe, selbst noch dann, wenn die Erstickung ihren drucksteigernden Einfluss bereits verloren hat (Boehm und Pistorius).

Schliesslich gelingt es weder durch diese Mittel noch bei directer Splanchnicusreizung eine Steigerung des arteriellen Druckes zu erzielen, während auffallender Weise die Reizung des Halssympathicus ihre Wirkung auf die Ohrgefässe des Kaninchens in allen Stadien der Arsenvergiftung behält (Boehm und Unterberger).

Neben der Gefässerweiterung bewirkt das Arsen auch Herzlähmung (Brodie, Blake, Sklarek, Cunze), besonders leicht an Fröschen und zwar in derselben Weise wie die Blausäure und das Emetin.

An Säugethieren tritt die Herzlähmung nur bei plötzlicher Aufnahme grösserer Arsenmengen in das Blut etwas mehr in den Vordergrund. Aber selbst bei weit vorgeschrittener Vergiftung und sehr niederem Blutdruck arbeitet das Herz noch soweit kräftig, dass es bei Aortencompression eine ganz ansehnliche Druckhöhe zu unterhalten vermag (Boehm und Unterberger).

Den Magen- und Darmerscheinungen, welche im Wesentlichen das Bild der acuten Arsenikvergiftung bilden und in Erbrechen, Leibschmerzen und Durchfällen mit einfachen und blutigen Darmentleerungen bestehen, liegen tief greifende Veränderungen der Schleimhaut des Verdauungskanals zu Grunde. Es handelt sich dabei hauptsächlich um Hyperämien und Blutungen in der Schleimhaut und um eine Degeneration und Abstossung der Darmepithelien (Boehm und Pistorius).

Beim Menschen sind Hyperämien, Blutungen und Ekchymosen, Schwellung der Peyer'schen und der solitären Drüsen, Exsudation und Geschwürsbildungen die gewöhnlichen Befunde an der Darmschleimhaut.

An Hunden und Katzen ist die letztere mit Pseudomembranen bedeckt, welche aus verfetteten, in hyaline Kugeln umgewandelten oder zu Schläuchen ausgezogenen Darmepithelien, aus Rundzellen und Detritusmassen zusammengesetzt sind. Nach Entfernung dieser Belagmassen erscheint die Schleimhautoberfläche in Folge einer hochgradigen Capillarhyperämie der Zotten tief purpurroth gefärbt.

Es darf wohl nicht bezweifelt werden, dass diese Veränderungen der Darmschleimhaut von der Gefässerweiterung abhängig sind. Man kann annehmen, dass die Hyperämie der Zottencapillaren die Transsudation einer gerinnbaren Flüssigkeit herbeiführt, welche die Epithelien der Zotten ablöst und mit ihnen bei der Gerinnung die Pseudomembranen bildet (Boehm und Pistorius).

Die gewöhnliche Arsenikvergiftung verläuft unter den heftigsten Magen- und Darmerscheinungen. In sehr rasch verlaufenden Fällen tritt der Tod zuweilen an Menschen unter Coma, Delirien und eklamptischen Anfällen ein, ohne dass entsprechende Symptome und pathologische Befunde auf eine Affection des Verdauungskanals hinweisen. In solchen Fällen ist die von der hochgradigen Blutdruckerniedrigung abhängige Circulationsstörung als unmittelbare Todesursache anzusehen. Die Insufficienz der Circulation unterdrückt die Funktionen des Gehirns und des verlängerten Marks so rasch, dass die Darmerscheinungen nicht Zeit haben sich zu entwickeln, obgleich an Thieren nach der Injection des Giftes in das Blut zuweilen schon 40 Minuten genügen, sie auf ihre volle Höhe zu bringen.

Eine directe Wirkung des Arsens auf das Centralnervensystem kommt an Menschen und Säugethieren anscheinend nur in den protrahirten Fällen der Vergiftung in Frage, in denen die Lähmungserscheinungen einen gewissen selbständigen Charakter haben.

Die chronische Form der Arsenikvergiftung, die sich nach längere Zeit fortgesetzter Einwirkung kleiner Mengen des Giftes entwickelt, zeichnet sich durch das Auftreten mannigfacher Ernährungsstörungen aus. Auch gesellen sich zu den Magen- und Darmerscheinungen Catarrhe des Rachens und der Conjunctiva.

Unter den Ernährungsstörungen spielen die Verfettungen der Leber, Milz, des Herzmuskels und der Nieren eine hervorragende Rolle. An den letzteren tritt bei Thieren die oben (S. 207) beschriebene Form der Nephritis auf. Stark betheiligt ist die Haut mit ihren Anhängen. Sie nimmt eine „kachektische" Färbung an, erscheint trocken, und es entwickeln sich an ihr Eruptionen und Geschwürsbildungen, die man dem localen Einfluss des verstäubten Arseniks zuschreibt, weil sie bei Hüttenarbeitern vorkommen. Indessen haben diese Veränderungen sowie das Ausfallen der Haare und zuweilen auch der Nägel vielleicht eine analoge Genese wie die Darmerscheinungen.

Die Gehirnsymptome bei der chronischen Arsenikvergiftung bestehen in psychischer Depression, Kopfschmerz, Neuralgien, Sensibilitäts- und Motilitätsstörungen verschiedener Art. Ueber ihre Genese lässt sich nichts Sicheres angeben. Vielleicht sind sie nicht blos Folgen der allgemeinen Ernährungsstörungen, der Anämie und Abmagerung, sondern hängen von einem directen nutritiven Einfluss des Arsens auf die entsprechenden Organgebiete ab.

Aehnlich zu beurtheilen ist das Schwinden des Leberglykogens an Thieren (Saikowsky).

Den deletären Folgen der chronischen Arsenvergiftung stehen solche Wirkungen dieses Metalls gegenüber, die unter besonderen Bedingungen die Ernährungsverhältnisse des Organismus in einer gewissen Richtung günstig beeinflussen. In dieser Beziehung sind zunächst die Angaben von grossem Interesse, die über die Arsenikesser in Steiermark vorliegen. In diesem Lande nehmen Männer, selten auch Frauen vom früheren Lebensalter an in allmählich steigenden Dosen Arsenik in der Absicht, sich „gesund und stark" zu erhalten und für die Anstrengungen beim Bergsteigen zu kräftigen. In einzelnen Fällen erreichte die auf einmal genommene Gabe 0,3—0,4 g (Knappe und Schäfer). Auch den Hausthieren wird der Arsenik in jenen Gegenden in der gleichen Absicht mit dem Futter gereicht. Pferde sollen davon ein glänzenderes Aussehen und eine grössere Rundung erlangen.

Seit dem Anfang dieses Jahrhunderts liegen auch zahlreiche Untersuchungen über den Einfluss kleiner Arsenikmengen auf Menschen und Thiere vor. Doch beziehen sich die Angaben im Wesentlichen auf das Verhalten der Respirations- und Pulsfrequenz, auf die Beschaffenheit der Herzthätigkeit, der Muskelenergie, des Appetits u. dergl. Im Allgemeinen sollen alle Thätigkeiten, auch die der Drüsen, eine Steigerung erfahren.

Exactere experimentelle Untersuchungen haben bei Arsenzufuhr eine vermehrte Fettablagerung (Roussin, Gies) und an jungen Kaninchen und Schweinen eine bedeutende Steigerung des Längen- und Dickenwachsthums der Knochen mit Verringerung der Knochenkörperchen, Verkleinerung der Havers'schen Kanäle und Zunahme der compacten Knochenmasse ergeben (Gies).

Die schädlichen sowohl als die günstigen Folgen des Arsenikgebrauchs deuten auf Veränderungen der Stoffwechselvorgänge hin. Worin diese ihrem Wesen nach bestehen, lässt sich nach den bisherigen Untersuchungen nicht mit voller Sicherheit beurtheilen.

An Hühnern und Tauben fanden C. Schmidt und Stürzwage eine Verminderung der Kohlensäureausscheidung und an Katzen zugleich eine Abnahme der Harnstoffmenge. In Bezug auf die letztere ergaben Versuche an Menschen und Hunden (Lolliot) und an Hämmeln (Weiske) das gleiche Resultat. Bei der an Menschen absichtlich hervorgerufenen chronischen Vergiftung war der Harnstoff vermindert, die Harnsäure dagegen vermehrt (Ritter und Vaudrey).

Bei einem im Stickstoffgleichgewicht befindlichen Hunde trat keine Zunahme der Harnstoffausscheidung ein (Fokker). Auch am hungernden Hunde hatten kleine, nicht giftige Gaben arseniger Säure **keinen merklichen Einfluss auf den Eiweissumsatz** (v. Boeck). Etwas grössere Mengen arsensauren Natriums, und zwar bis zu 10 mg auf 1 kg Körpergewicht, verursachten dagegen an hungernden Hunden eine vermehrte Stickstoffausscheidung (Gaehtgens und Kossel). Dabei geht die letztere noch während der fortdauernden Nahrungsentziehung wieder herab, d. h. der verstärkte Eiweisszerfall wird wieder vermindert, wenn die Arsenzufuhr aufhört, zum Beweis dafür, dass diese Stoffwechselveränderung thatsächlich eine Arsenwirkung ist (Gaehtgens).

Die Körpertemperatur wurde bei Menschen und Thieren unter der Norm gefunden (Vaudrey, Cunze, Lolliot).

Ueberblickt man die Resultate dieser Untersuchungen, so stösst man auf die gleichen Widersprüche, wie bei der Frage über den Einfluss vieler anderer Agentien auf den Stoffwechsel (vergl. Chinin, S. 97, Alkalien, S. 173). Es ist daher auch in diesem Falle die Annahme nicht zu umgehen, dass das Arsen von verschiedenen Seiten her in entgegengesetzter Weise die Stoffwechselvorgänge beeinflusst. Dabei kann es sich einerseits um die Folgen der geschilderten Gefässerweiterung und andererseits um eine directe Einwirkung des Giftes auf die elementaren Herde des Stoffumsatzes handeln. Aber hier beginnt bereits das Gebiet der Vermuthungen. Denn weder lässt sich etwas Bestimmtes über das Verhalten des Arsens an den Stätten des Stoffwechsels angeben, noch der Einfluss einer Gefässerweiterung auf die Ernährungsvorgänge in den einzelnen Geweben und Organen bestimmen. Es liegt vorläufig blos einige Wahrscheinlichkeit vor, dass der vermehrte Eiweisszerfall von einem oder dem anderen dieser Momente abhängt. Dagegen darf man annehmen, dass die Congestion des Verdauungskanals, auch wenn sie nicht zu schwereren Erkrankungen der Schleimhäute führt, Funktionsstörungen dieser Organe verursacht und zur Beeinträchtigung der Verdauung und der Resorption der Nahrungsstoffe Veranlassung gibt, so dass das Material für den Stoffumsatz vermindert, und die Stickstoff- und Kohlensäureausscheidung herabgesetzt wird.

Wenn demnach das Wesen der **Arsenwirkung** noch vielfach in Dunkel gehüllt ist, so lässt sich an eine **rationelle Indication** für ihre therapeutische Anwendung vorläufig nicht denken. Auch die empirischen Grundlagen für die letztere sind sehr unsichere. Abgesehen von den „**dyskrasischen**" **Zuständen**, in denen das Arsen in demselben Sinne wie das Jodkalium zuweilen gebraucht wird, sind es einzelne **Hautkrankheiten**, namentlich Psoriasis, und gewisse Fälle von **Intermittens** sowie **Neuralgien** und **Neurosen**, die man gelegentlich mit diesem Mittel zu bekämpfen sucht. Selbst bei einer sorgfältigen Sichtung der Angaben bleiben Fälle dieser Krankheiten übrig, in denen eine heilsame Wirkung des Mittels nicht in Abrede gestellt werden darf. Die Erfolge wären vermuthlich noch constantere, wenn sich die Arsenverbindungen in gehörigem Masse längere Zeit hindurch anwenden liessen, ohne den Magen und Darmkanal zu schädigen und allgemeine Vergiftungen hervorzurufen.

Auch in Betreff der Erklärung dieser heilsamen Folgen sind wir auf Vermuthungen und Wahrscheinlichkeiten angewiesen. Im Allgemeinen darf man jedoch annehmen, **dass die heilsamen Folgen von Veränderungen des Stoffwechsels und der Ernährungsvorgänge abhängen**, die in manchen Fällen vielleicht nur einzelne Organgebiete betreffen. In letzterer Hinsicht erscheint es nicht unwahrscheinlich, dass die Gefässe der Haut in ähnlicher Weise, wenn auch in weit geringerem Masse, eine Erweiterung erfahren, wie die des Darms, und dass in Folge einer äusserlich nicht auffälligen vermehrten Blutzufuhr die Ernährung dieses Organs das eine Mal im günstigen, ein anderes Mal, wie bei der chronischen Vergiftung, im ungünstigen Sinne beeinflusst wird.

Wenn man das **Arsen als Mittel gegen Wechselfieber** mit dem Chinin vergleicht, so ergeben sich in negativer Beziehung einzelne interessante Gesichtspunkte. Die Arsenverbindungen sind zunächst nicht in dem Sinne fäulnisswidrige Mittel, wie das Chinin. Die arsenige Säure unterdrückt nicht eigentliche Fäulnissvorgänge, sondern ist blos ein Conservirungsmittel, weil sie Insekten und Würmer mit Leichtigkeit tödtet. Eine Analogie zwischen Arsen und Chinin könnte darin gefunden werden, dass das letztere in kleineren Gaben die Körpertemperatur steigert und in diesem Falle gleich dem Arsen wohl auch den Stoffwechsel beschleunigt. Indessen handelt es sich dabei anscheinend nur um ähnliche Folgen ganz verschiedener Wirkungen. Auch ist das Arsen nichts weniger als ein antifebriles Mittel. Wenn es dennoch Wechselfieber heilt, so bestätigt diese Thatsache die schon beim Chinin gezogene Schlussfolgerung, dass die Wirksamkeit einer Substanz in dieser Krankheit in keinem Zusammenhang mit den allgemeinen antifebrilen Eigenschaften derselben steht.

1. Acidum arsenicosum, As_2O_3, arsenige Säure, richtiger Arsenigsäure-Anhydrid, weisser Arsenik; porzellanartige oder durchsichtige Stücke; in 15 heissen Wassers langsam löslich. Gaben 0,0005 bis **0,005!**, täglich 0,01—**0,02!**. Als Aetzmittel mit 3—4 Theilen Thierkohle oder mit anderen pulverförmigen Substanzen vermischt (Cosme'sches Pulver) und mit Gummilösung zu einer Paste verarbeitet.

2. **Liquor Kalii arsenicosi**, Fowler'sche Lösung; wässrige, Melissengeist enthaltende Lösung mit 1% arseniger Säure als Kaliumsalz. Gaben 0,05—**0,5!**, täglich 1,0—**2,0!**.

2. Das Antimon.

Die Wirkungen des Antimons, wie sie an Thieren nach der Injection der Doppelsalze, z. B. des Brechweinsteins, in das Blut oder unter die Haut zu Stande kommen, gleichen fast genau denen des Arsens. Selbst die vermehrte Eiweisszersetzung bei hungernden Hunden fehlt nicht (Gachtgens).

Der Blutdruck in den Arterien geht auf einen geringen Betrag herab, weil die Gefässe erweitert werden, wobei die Reizung ihrer

Nerven allmählich ihren Einfluss verliert, während das Herz noch kräftig fortarbeitet, so dass durch Aortencompression und durch Digitalin noch ein ansehnlicher Druck in den Arterien hervorgerufen werden kann.

Bei raschem Verlauf tritt der Tod in Folge der Kreislaufsstörungen unter Convulsionen ein. An Hunden stellen sich ausser Erbrechen heftige Darmerscheinungen mit blutigen Durchfällen ein. An Fröschen wird in erster Linie das Herz gelähmt, erst die motorischen Nervenapparate und dann der Herzmuskel, wobei gleichzeitig die Funktionen des centralen Nervensystems aufhören. Auf die Skeletmuskeln wirkt das Antimon nur wie eine ermüdende Substanz.

Ein Unterschied zwischen den Wirkungen der beiden Metalle tritt nur bei der Application der Antimonverbindungen in den Magen schärfer hervor. Die letzteren verursachen bei kleineren Gaben nur Erbrechen, nach grösseren zugleich locale Aetzung. Diese bleibt nach Arsenpräparaten aus, und das Erbrechen combinirt sich mit den bald eintretenden Darmerscheinungen.

Der Grund für diese wesentlichste Verschiedenheit in dem Verhalten der beiden Metalle ist lediglich darin zu suchen, dass die Sauerstoffverbindungen des Arsens sehr leicht, die Salze des Antimonoxyds sehr schwer resorbirt werden. Selbst nach der Einspritzung der letzteren in das Blut vergehen bis zum Eintritt der Vergiftungserscheinungen viele Stunden, falls nicht sehr grosse Mengen zur Anwendung kommen. Es vollzieht sich also auch der Uebergang des Antimons aus dem Blute in die Gewebe nur äusserst langsam.

Die kleinsten Mengen Arsen werden von den Applicationsstellen durch Resorption fortgeführt und im Organismus vertheilt, während das Antimon längere Zeit im Magen verweilt, die centripetalleitenden Nerven in der Schleimhaut in eigenartiger Weise erregt und auf reflectorischem Wege Erbrechen hervorruft. Dass das letztere in der That diesen Ursprung hat und nicht durch eine Wirkung der Antimonverbindungen auf Theile des Centralnervensystems bedingt wird, folgt aus der Thatsache, dass bei der Einspritzung von Brechweinstein in das Blut oder unter die Haut weit grössere Mengen des Mittels erforderlich sind, um Erbrechen hervorzurufen, als bei der Application in den Magen (Gianuzzi, Radziejewski, L. Hermann und seine Schüler). Auch vergeht bis zum Eintritt des Brechacts im ersteren Falle eine weit längere Zeit als im letzteren. Vom Blute aus muss das Antimon erst auf der Magenschleimhaut ausgeschieden werden, bevor es Erbrechen hervorrufen kann. Das erfordert aber eine gewisse Zeit und die Anwendung grösserer Mengen. Wenn bei dieser Applicationsweise Erbrechen entsteht, so findet sich im Erbrochenen stets auch Antimon, wie es von verschiedenen Seiten in älterer und neuester Zeit nachgewiesen ist.

Therapeutisch lassen sich die Antimonverbindungen, von ihrer Aetzwirkung abgesehen, nur als Brechmittel und als Expectoriantien in demselben Sinne wie das Apomorphin und das Emetin anwenden. Alles was in dieser Beziehung von den letzteren gesagt ist, gilt auch für den **Brechweinstein**, welcher unter den Antimonpräparaten gegenwärtig fast ausschliesslich gebraucht wird. Nur in solchen Fällen, in denen es darauf ankommt, zur Erzielung einer expectorirenden Wirkung einen gelinden Grad von Nausea (vergl. S. 74) längere Zeit gleichmässig zu unterhalten, ist der **Goldschwefel** vielleicht noch zweckmässiger als der Brechweinstein. Er enthält in geringer Menge Antimonoxyd, welches in der Säure des Magensaftes nur wenig löslich ist. Daher kann die Wirkung einen gewissen geringen Grad nicht übersteigen. Im Darm findet durch die Einwirkung von Alkalien wahrscheinlich auch eine Bildung von Natriumsulfantimoniat statt.

Wie beim Goldschwefel hängt die Wirkung einer Reihe anderer unlöslicher jetzt fast in allen Ländern ausser Gebrauch gekommener Antimonpräparate, z. B. des Mineralkermes und des natürlich vorkommenden Dreifachschwefelantimon (Spiessglanz), von der Gegenwart kleiner Mengen Antimonoxyd ab.

1. **Tartarus stibiatus**, $C_4H_4O_6(SbO)K$, Brechweinstein, weinsaures Antimonylkalium; in 17 Wasser löslich. Brechenerregende Gaben 0,1—**0,2!**, täglich bis **0,5!** Als Expectorans: 0,005—0,02, in Lösungen. Der gleichzeitige Gebrauch von stärkeren Säuren und Basen, von Gerbstoffen, Leim und Schwefelmetallen ist zu vermeiden.

2. **Vinum stibiatum**, Brechwein. Brechweinstein 1, Xereswein 250. Als Brechmittel bei Kindern alle 10—15 Minuten einen

Theelöffel bis zum Eintritt der Wirkung. Als **Expectorans** 10 bis 40 Tropfen.

3. **Unguentum Tartari stibiati.** Brechweinstein 2, Paraffinsalbe 8.

4. **Stibium sulfuratum aurantiacum**, Sb_2S_5, Fünffachschwefelantimon, Goldschwefel. Gaben 0,03—0,2, in Pulvern.

5. **Stibium sulfuratum nigrum**, Sb_2S_3, Spiessglanz.

3. Das Quecksilber.

Die Resorption des Quecksilbers erfolgt in Form seiner löslichen Verbindungen mit eiweissartigen oder anderen stickstoffhaltigen Substanzen. Solche Verbindungen bilden sich entweder erst an den Applicationsstellen oder können von vorn herein zur Anwendung kommen, wenn man eine locale Aetzung zu vermeiden wünscht (vergl. S. 197). Für subcutane Injectionen an Menschen eignen sich die in alkalischen Flüssigkeiten löslichen Verbindungen des Quecksilberoxyds mit Peptonen (Bamberger) oder mit den Amiden und Amidosäuren der Fettreihe, z. B. mit Acetamid, Glykokoll, Asparagin.

Wegen des oben (S. 201) erwähnten eigenartigen Verhaltens des Quecksilberoxyds zu den eiweissartigen Substanzen werden auch **ganz unlösliche Verbindungen dieses Metalls zur Resorption gebracht.** Zu den wichtigsten derselben gehört der **Kalomel**, welcher weder im Magen in Sublimat noch im Darmkanal in Quecksilberoxydul umgewandelt, sondern einfach von den Eiweissstoffen, allerdings nur zum kleinsten Theil, gelöst wird (Buchheim und v. Oettingen). Diese Rolle kann auch das Pepsin übernehmen (Tuson), ohne dass dabei seine Fermentwirkung in Frage kommt. Selbst im Unterhautzellgewebe erfolgt die Lösung des Kalomels, denn in dem Eiter der Abscesse, die nach seiner subcutanen Injection entstehen, findet sich eine gelöste Quecksilberverbindung (R. Bellini).

Das Quecksilber bringt die charakteristischen Wirkungen auch hervor, wenn es in Form der sog. **grauen Salbe** in die Haut eingerieben wird.

Die Frage, in welcher Weise von der Haut aus die Aufnahme des Quecksilbers erfolgt, lässt sich noch nicht mit Sicherheit beantworten. Die Salbe enthält sehr fein vertheiltes metallisches Quecksilber und in der Regel das Oxydul desselben als fettsaures Salz. Es lag daher die Vermuthung nahe, dass nur das letztere durch Vermittelung der Hautfollikel in den Organismus übergeht. Aber dieser Annahme schien die Thatsache zu widersprechen, dass die Quecksilberwirkungen auch nach dem Einreiben der aus chemisch reinem, oxydulfreiem Quecksilber dargestellten grauen Salbe auftreten. Daher behielt die ältere Erklärung dieses Vorganges ihre Geltung, dass die feinen Kügelchen des Metalls durch die Haut in die Gewebe und das Blut eindringen und hier in eine wirksame Verbindung übergeführt werden. Man bemühte sich, das regulinische Metall an Thieren im Blute und in den Geweben nachzuweisen. Einzelne Beobachter erhielten dabei ein positives Resultat (Eberhard, Landerer, van Hasselt, Overbeck), andere ein völlig negatives (v. Bärensprung, Donders, Hoffmann, Rindfleisch). Aber selbst wenn die Aufnahme dieser Kügelchen von der Haut aus völlig sicher gestellt wäre, so braucht dennoch die Umwandlung des metallischen Quecksilbers in die wirksame Oxydverbindung nicht erst im Blute zu erfolgen, sondern kann schon an der Oberfläche der Haut unter dem Einfluss von Feuchtigkeit und Fettsäuren durch Oxydation an der Luft vor sich gehen.

Das Quecksilber verursacht Sinken des Blutdrucks, bei dessen Zustandekommen auch Gefässlähmung einen Antheil zu haben scheint. Doch tritt die Herzlähmung dabei weit mehr in den Vordergrund, als bei der Arsen- und Antimonvergiftung. Nach der Injection etwas grösserer Mengen der Verbindungen des Quecksilberoxyds mit Amidosäuren (vergl. S. 217) in das Blut sterben die Thiere unmittelbar an den Folgen der Herzlähmung.

An Thieren lassen sich bei jeder Art der Application von der Aetzung unabhängige acute Darmerscheinungen hervorrufen, welche in Tenesmen, wässrigen oder blutigen, dysentericartigen Durchfällen bestehen. Bei mehr chronischem Verlauf der Vergiftung finden sich besonders im Dickdarm Hyperämien, hämorrhagische Erosionen und diphtheritische Geschwüre. In Vergiftungsfällen an Menschen sind in der acutesten Form, die immerhin noch einen chronischen Charakter hat, Magencatarrh, Kolikschmerzen, einfache und blutige Darmentleerungen und dysentericartige Schleimhautaffectionen vorhanden. Diese Darmerscheinungen, deren Genese noch unklar ist, entstehen auch nach der äusserlichen Einreibung der grauen Salbe (Brandis, 1870).

Einfache Stuhlentleerungen und Durchfälle ohne Schleimhautaffectionen stellen sich regelmässig bei der innerlichen Anwendung nicht zu kleiner Gaben von **Kalomel** und **Quecksilberbromür** ein. Da wegen der bald eintretenden Durchfälle der Kalomel wieder entleert wird, bevor noch erhebliche Mengen von Quecksilber zur Resorption gelangen, so folgt daraus, dass die Wirkung eine locale ist und wahrscheinlich in einer Erregung der Darmganglien besteht. Jedenfalls bleibt eine stärkere allgemeine Reizung des Darmkanals aus, und deshalb ist der Kalomel ein vortreffliches Abführmittel, das sich besonders für solche Fälle eignet, in denen wie im Abdominaltyphus der Darm selbst der Sitz der Erkrankung ist. Bei Kinderdurchfällen erwartet man von diesem Mittel ausser der Entleerung des in Zersetzung begriffenen Darminhalts auch eine **antiseptische Wirkung**. In der That verhindert die Anwesenheit von Kalomel bei der künstlichen Verdauung den Eintritt der Fäulniss, ohne die Wirkung der Verdauungsfermente zu beeinträchtigen (Wassilieff).

Man hat dem **Kalomel** einen **begünstigenden Einfluss auf die Gallensecretion** zugeschrieben. Allerdings rührt die zuweilen beobachtete, eigenthümliche grüne Färbung der „Kalomelstühle" von einem reichlichen Gehalt derselben an Gallenfarbstoff her (Simon, Buchheim). Indessen fand man in Versuchen an Thieren mit temporären und permanenten Gallenfisteln nach der Application von Kalomel nur selten eine Vermehrung oder Beschleunigung der Gallensecretion (Nasse, Röhrig), in der Regel erfuhr dieselbe vielmehr eine Verminderung (Kölliker und Müller, Scott, Bennet, Rutherford). Dagegen steigert das Quecksilberchlorid zwar nicht bei subcutaner Injection (Bennet), wohl aber bei der Application in den Magen in bedeutendem Masse die Gallenabsonderung (Rutherford).

Dem Quecksilber eigenthümlich sind die stark in den Vordergrund tretenden **Wirkungen auf die Gewebe und Organe der Mundhöhle**. Unter allen Erscheinungen der Quecksilberwirkung stellt sich regelmässig bei Menschen, seltener an Thieren **Speichelfluss** ein, der zuweilen einen hohen Grad erreicht. Er wird wenigstens in einzelnen Fällen durch Atropin unterdrückt, kommt also unter dem Einfluss der Speichelnerven zu Stande. Bei fortschreitendem Gebrauch von Quecksilberpräparaten entwickelt sich an Menschen und Thieren eine **Stomatitis** mit üblem Geruch aus dem Munde, wobei es namentlich an Menschen leicht zur Verschwärung der Schleimhaut und des Zahnfleisches, zu nekrotischer Zerstörung der Weichtheile und des Kiefers, Ausfallen der Zähne und Schwellung der Speicheldrüsen kommt. Die Genese dieser Erkrankungen ist ebenso unklar wie die der entsprechenden Veränderungen der Darmschleimhaut.

Wie die Schleimhaut der Mundhöhle und des Verdauungskanals ist auch **die äussere Haut häufig der Sitz merkurieller Affectionen**, die in Roseola, Exanthemen und Ekzemen bestehen.

Endlich verursacht das Quecksilber bei der chronischen Vergiftung an Menschen, abgesehen von den als Complicationen auftretenden Erkrankungen, eine Reihe von **Erscheinungen, welche das Centralnervensystem betreffen**. Zu diesen gehört vor allen Dingen das Merkurialzittern, der **Tremor mercurialis**, der sich bis zu krampfartigen Bewegungen in einzelnen Gliedern steigern kann. Sehr eigenartig ist die als **Erethismus mercurialis** bezeichnete psychische Erregbarkeit, welche oft durch die geringfügigsten Gemüthsbewegungen verstärkt oder hervorgerufen wird und mit Schlaflosigkeit, Kopfschmerzen und Herzklopfen verbunden ist. Hierher gehören auch die verbreiteten und die in verschiedenen Theilen des Organismus, z. B. in der Nähe der Gelenke, localisirten Schmerzen.

An Thieren sind diese Gehirnerscheinungen wenig ausgebildet. Doch kommen Zittern und Andeutungen des Erethismus in Form von Schreckhaftigkeit vor, aber durchaus nicht constant, so dass es schwer zu entscheiden ist, ob es sich um primäre, specifische Quecksilberwirkungen oder um die Folgen abnormer nutritiver Vorgänge handelt.

Von den im Vorstehenden skizzirten Quecksilberwirkungen und ihren Folgen lässt sich die **therapeutische Bedeutung dieses Metalls** nicht ableiten, denn abgesehen von der Anwendung des Kalomels als Abführmittel sucht man alle jene Wirkungen, selbst den als eine der ersten Erscheinungen auftretenden Speichelfluss, auf das Sorgfältigste zu vermeiden.

Man ist daher gezwungen, auch hier wie beim Arsen auf Veränderungen des Stoffwechsels und der Ernährung zurückzugreifen.

Die hervorragendste Rolle spielt das Quecksilber bei der Behandlung der **secundären syphilitischen Localerkrankungen**, der Condylome, indurirten Geschwüre, der Haut- und Rachenaffectionen. Ueber den Nutzen und die Zweckmässigkeit dieser Behandlungsweise sind die Ansichten seit dem 16. Jahrhundert bis auf die Gegenwart zwar getheilt geblieben, doch darf man auf Grund zahlreicher übereinstimmender Angaben annehmen, dass die genannten syphilitischen Affectionen unter dem Gebrauch des Quecksilbers sicherer und rascher schwinden, als bei anderen Behandlungsweisen.

Den Vorgang der Heilung der Syphilis hat man sich wohl nur so zu denken, dass durch die Wirkungen des Metalls auf die Stoffwechselvorgänge die Localerkrankungen beseitigt, und in Folge dessen die Quellen des syphilitischen Giftes verstopft werden. Denn dass das letztere von den kleinen Mengen des Metalls, die bei solchen Kuren zur Wirkung gelangen, direct zerstört wird, scheint ausserhalb des Bereiches der Möglichkeit zu liegen.

Das **Quecksilber** wird ausserdem, hauptsächlich in Form der Einreibungen von grauer Salbe, **bei Entzündungen der serösen Häute, der Drüsen und des Unterhautzellgewebes** gebraucht. Falls die Quecksilberbehandlung auch in diesen Fällen heilsame Erfolge aufzuweisen hat, was schwer zu beurtheilen ist, so darf von einem specifischen Einfluss dieses Metalls auf das syphilitische Gift noch weniger die Rede sein.

Wenn demnach alle Thatsachen darauf hinweisen, dass die therapeutische Bedeutung des Quecksilbers darin zu suchen ist, dass es die Stoffwechselvorgänge im Allgemeinen und die Ernährungsverhältnisse der einzelnen Organe vielleicht in eigenartiger Weise beeinflusst, so ist es doch vorläufig noch nicht möglich, die Natur dieser Stoffwechselwirkung zu übersehen, weil uns darüber nur eine geringe Anzahl unzusammenhängender Thatsachen bekannt ist, unter denen ausserdem die Folgezustände von den primären Wirkungen schwer zu trennen sind.

In dieser Beziehung ist die Genese der sogen. Merkurialkachexie, wie sie neben den zahlreichen Localerkrankungen in Form von Anämie, Abmagerung und mancherlei Allgemeinleiden bei der chronischen Quecksilbervergiftung an Menschen vorkommt, noch ganz unklar. Es ist mindestens zweifelhaft, ob sie eine selbstständige Bedeutung beanspruchen darf oder nur den Localerkrankungen ihren Ursprung verdankt. Auf die zur Erklärung dieser Ernährungsstörungen ausgeführten Blutanalysen ist im Allgemeinen kein grosses Gewicht zu legen.

Eine besondere Beachtung verdient in anderer Beziehung die zuerst an Menschen gemachte und durch Versuche an Thieren bestätigte Beobachtung, dass unter dem Gebrauch kleiner Gaben von Quecksilber das Körpergewicht zunimmt und die Zahl der rothen Blutkörperchen vermehrt wird (Liègois, Keyes, Bennet, Schlesinger). Wir haben es also hier mit einem ähnlichen, anscheinend günstigen Einfluss auf die Ernährungsverhältnisse zu thun, wie unter gewissen Bedingungen nach dem Gebrauch kleiner Arsenmengen (vgl. S. 211).

Ueber das Verhalten des Stoffwechsels unter dem Einfluss des Quecksilbers ist wenig bekannt. Bei einem an Syphilis leidenden, im Stickstoffgleichgewicht befindlichen Manne wurde nach der Einreibung von grauer Salbe bis zum Eintritt des Speichelflusses die Stickstoffausscheidung weder vermehrt noch vermindert (v. Boeck).

Als Folgen der Quecksilberwirkung verdienen noch genannt zu werden Verfettungen in den Organen und ein an Kaninchen und Hunden nach subcutaner Injection von Sublimat meist erst nach einiger Zeit auftretender, zuweilen 4—8 Tage anhaltender (Saikowsky) und auch an Menschen beim chronischen Mercurialismus beobachteter Diabetes. Eigenthümlich sind die reichlichen Kalkablagerungen in den Nieren (Saikowsky), die an Menschen und Thieren eintreten und mit einer Entkalkung der Knochen im Zusammenhang zu stehen scheinen (Prevost).

Ein eingehendes Studium hat die Vertheilung des resorbirten Quecksilbers in den Organen und seine Ausscheidung aus dem Organismus erfahren. Die letztere erfolgt hauptsächlich mit dem

Harn und durch die Galle mit dem Koth, hält längere Zeit nach der letzten Aufnahme an und ist grossen Unregelmässigkeiten unterworfen. Der Gebrauch von Jodkalium scheint nach neueren Untersuchungen auf die Ausscheidung keinen Einfluss zu haben (Vajda und Paschkis).

Die Auswahl der einzelnen Quecksilberpräparate zur Erzielung einer „constitutionellen" Wirkung für therapeutische Zwecke richtet sich im Wesentlichen nach der gewünschten Applicationsweise. Der Kalomel dient für den innerlichen Gebrauch. Er bleibt aber längere Zeit im Verdauungskanal liegen und erzeugt daher leicht Durchfälle und andere Magen- und Darmerscheinungen. Für die Anwendung in Form der subcutanen Injectionen eignen sich die oben (S. 217) erwähnten Amid-, Amido- und Peptonverbindungen des Quecksilberoxyds, die aus dem Sublimat durch Vermischen seiner Lösung mit den entsprechenden stickstoffhaltigen Verbindungen und Neutralisiren der Flüssigkeit mit Natriumcarbonat hergestellt werden können. An Thieren entsteht nach der Einspritzung von Sublimat unter die Haut die oben (S. 207) genannte Form der Nierenentzündung, und im Harn erscheint Eiweiss (Saikowsky). Bei der subcutanen Injection der Quecksilberverbindungen an Menschen ist daher auf die Möglichkeit der Entstehung von Nierenerkrankungen Rücksicht zu nehmen. Die graue Salbe wird für die Schmierkuren benutzt, welche in solchen Fällen angezeigt sind, in denen man Störungen des Verdauungskanals soweit wie möglich zu vermeiden wünscht und die subcutane Application wegen der Nierenaffection fürchtet.

Die übrigen der nachstehenden Präparate eignen sich blos für die locale Anwendung, insbesondere als Aetzmittel.

1. Hydrargyrum, Quecksilber; dient zur Herstellung der grauen Salbe.

2. Unguentum Hydrargyri cinereum, graue Quecksilbersalbe. Schweineschmalz 13, Hammeltalg 7, Quecksilber 10.

3. Hydrargyrum chloratum, HgCl, Quecksilberchlorür, Kalomel; durch Sublimation hergestellte Stücke; in Wasser ganz unlöslich. Gaben als Abführmittel 0,1—0,5, bei Kindern 0,01—0,02, täglich 2—3mal, in Pulvern. Der gleichzeitige Gebrauch von Alkalien und von Brom- und Jodkalium ist zu vermeiden.

4. Hydrargyrum chloratum vapore paratum. Durch schnelles Erkalten des Kalomeldampfes gewonnenes Pulver.

5. **Hydrargyrum bichloratum**, $HgCl_2$, Quecksilberchlorid, Sublimat; in 16 Wasser, 3 Weingeist und 4 Aether löslich. Gaben 0,005—0,03!, täglich bis 0,1!

6. **Hydrargyrum jodatum**, Quecksilberjodür; grünlich-gelbes, amorphes Pulver. Gaben 0,05!, täglich bis 0,2!

7. **Hydrargyrum bijodatum**, Quecksilberjodid; durch Fällung von $HgCl_2$ mit KJ; in Wasser kaum, in 130 Weingeist löslich. Gaben 0,03!, täglich bis 0,1!

8. **Hydrargyrum cyanatum**, Quecksilbercyanid; in 6 Wasser und 6,8 Weingeist löslich. Gaben 0,03!, täglich bis 0,1!

9. **Hydrargyrum oxydatum**, rothes Quecksilberoxyd; rothes Pulver. Gaben 0,03!, täglich bis 0,1!

10. **Hydrargyrum oxydatum via humida paratum**, gelbes Quecksilberoxyd; durch Fällen von Quecksilberchlorid mit Natronlauge dargestellt. Gaben 0,03!, täglich bis 0,1!

11. **Unguentum Hydrargyri rubrum**, rothe Quecksilbersalbe. Rothes Quecksilberoxyd 1, Paraffinsalbe 9.

12. **Hydrargyrum praecipitatum album**, weisses Quecksilberpräcipitat. Gemenge der Amido- [NH_2HgCl] und Diamidoverbindung [$(NH_2)_2HgCl_2$]; weisses, in Wasser unlösliches Pulver.

13. **Unguentum Hydrargyri album**, weisse Quecksilbersalbe. Weisses Quecksilberpräcipitat 1, Paraffinsalbe 9.

4. Das Eisen.

Wegen seines Vorkommens im Hämoglobin der rothen Blutkörperchen spielt das Eisen in physiologischer Hinsicht eine grosse Rolle und nimmt deshalb auch als Arzneimittel unter allen übrigen schweren Metallen eine Sonderstellung ein. In seinem pharmakologischen Verhalten zeigt es dagegen mit den letzteren die grösste Uebereinstimmung. Es wird nach der **subcutanen Einspritzung** seiner alkalisch reagirenden Lösungen in reichlichen Mengen resorbirt und verursacht in solchen Fällen die oben (S. 207) erwähnte **Nierenerkrankung**. Nach seiner Injection in das Blut erfolgt **Sinken des Blutdrucks**, und es treten Darmerscheinungen auf, die in Bezug auf ihren Charakter und ihre Genese vollkommen jenen gleichen, die durch das Arsen und Antimon hervorgerufen werden. Daneben stellen sich bei Säugethieren wie bei Fröschen **Störungen der willkürlichen Bewegungen** ein, welche von einer Lähmung des Centralnervensystems abhängig sind. Schliesslich ist, wie nach anderen Mitteln, welche einige Zeit vor dem Tode die Circulation unter starker Erniedrigung des Blutdrucks beeinträchtigen, auch in diesem Falle die Menge der **Blutkohlensäure** auf einen äusserst geringen Betrag herabgesetzt (Meyer und Williams).

Alle diese Wirkungen und ihre Folgen bleiben aus, wenn das Eisen in einer beliebigen Form **in den gesunden Magen** gebracht wird und diesen dabei durch Aetzung nicht krank macht (vergl. S. 206). Gelangt das Metall nach der subcutanen Anwendung in das Blut, so geht es rasch in den Harn über und lässt sich im letzteren durch die bekannten Reagentien, besonders durch Schwefelammonium, mit Leichtigkeit nachweisen, während eine solche Eisenreaction im Harn nach innerlichem Gebrauch arzneilicher Gaben und bei Fütterungsversuchen an Thieren in der Regel vollständig ausbleibt (Becquerel, Jhering, Hamburger).

Die Resorption ist eine so geringe, dass ein Hund bei Zufuhr von Eisensulfat mit dem Harn täglich nur 1—2 mg Eisen mehr ausschied als bei reiner Fleischfütterung (Hamburger). Da nach der Aufnahme grösserer Mengen von Eisen in das Blut Nierenentzündung entsteht, und das Metall im Harn auftritt, was nach der Fütterung nicht geschieht, so folgt daraus, dass bei der letzteren Applicationsweise der geringe Uebergang des Eisens in den Harn in der That von dem Ausbleiben der Resorption und nicht von einer Ausscheidung des resorbirten Metalls durch die Galle in den Darm abhängig ist.

Bei dieser Sachlage kann **nach der arzneilichen Anwendung der Eisenpräparate von Wirkungen derselben auf das Gefäss- oder Centralnervensystem oder auf andere Organe nicht die Rede sein.**

Da eine reichlichere Einverleibung von Eisen vom Magen aus keine erhebliche Steigerung der Aufnahme in das Blut veranlasst, falls nicht Aetzung der Magenschleimhaut eintritt (vgl. S. 206), so darf man auch keine besondere, ausserhalb der physiologischen Grenzen liegende Wirkung dieses Metalls auf den Stoffwechsel erwarten. Die beobachteten Veränderungen des letzteren, welche in einer vermehrten Harnstoff- oder Stickstoffausscheidung bestehen sollen (Rabuteau, Pokrowski), sind daher auf alle anderen Ursachen zurückzuführen, nur nicht auf eine allgemeine Eisenwirkung. Aehnlich verhält es sich mit der beim Eigengebrauch gefürchteten „Aufregung des Gefässsystems" und der zuweilen, wie nach dem Missbrauch von Säuren, eintretenden Neigung zu Blutungen. Die Annahme, dass diesen Erscheinungen unter anderem eine Steigerung des Blutdrucks zu Grunde liegt, ist eine völlig willkürliche.

Dagegen können die localen Veränderungen, welche die Eisenverbindungen in Folge einer gelinden Aetzung und Adstringirung an der Magenschleimhaut hervorrufen, indirect auch einen erheblichen Einfluss auf die Ernährung ausüben, indem sie je nach der Stärke und Dauer der Einwirkung das eine Mal die Verdauungs- und Resorptionsvorgänge beeinträchtigen und die allgemeine Ernährung stören, das andere Mal zur Besserung bestehender Leiden der Magenschleimhaut beitragen und dadurch, wie es von jeher von verschiedenen Seiten betont ist, auch für die Ernährung nützlich werden.

Eine eigentliche Eisenwirkung kommt daher nach unseren gegenwärtigen Kenntnissen in therapeutischer Beziehung nicht in Betracht. Die ganze Eisenfrage spitzt sich dem entsprechend darauf zu, ob die kleinen Mengen des Metalls, die beim arzneilichen Gebrauch resorbirt werden, eine Züchtung der rothen Blutkörperchen in solchen Fällen zu begünstigen im Stande sind, in denen ihre Zahl in krankhafter Weise relativ und absolut vermindert ist.

Unter normalen Verhältnissen wird dem Organismus mit der gewöhnlichen Nahrung weit mehr Eisen zugeführt, als derselbe unter allen Umständen auch bei gesteigerter Blutbildung nach Blutverlusten und während des raschen Wachsthums im jugendlichen Alter braucht. Bei einem Kinde wurde von dem mit der Milch aufgenommenen Eisen kaum die Hälfte für den Körper verwendet (Hösslin). Ein erwachsener Mensch enthält in seinem ganzen Körper etwa 3 g Eisen, während ihm täglich mit der Nahrung 0,06—0,09 g, also ein sehr beträchtlicher Theil jener Menge zugeführt wird. Daher erholt sich ein im Uebrigen gesunder Mensch auch nach den stärksten nicht tödtlichen Blutverlusten ohne jeden Eisengebrauch, wenn nur die Ernährung eine ausreichende ist.

Die therapeutische Bedeutung des Eisens erhält dadurch eine weitere Einschränkung. Es kommen nur noch solche Fälle in Betracht, in denen in Folge von chronischen Erkrankungen **die Blutmenge und die Zahl der rothen Blutkörperchen oder der Hämoglobingehalt der letzteren eine Verminderung erfahren haben.**

Den grössten Nutzen schreibt man dem **Eisengebrauch bei der Chlorose** zu, wo die Verminderung der Zahl der rothen Blutkörperchen oder die Abnahme des Hämoglobingehalts derselben nicht blos eine Theilerscheinung allgemeiner Ernährungsstörungen ist, sondern eine gewisse selbstständige Bedeutung zu haben scheint. Seit den epochemachenden Blutanalysen von Andral und Gavaret ist es durch eine ganze Reihe von Untersuchungen sicher gestellt, dass in der Chlorose bei zweckmässiger Diät nach Eisengebrauch die Menge der rothen Blutkörperchen und des Blutfarbstoffs zunimmt. Indessen bedarf es in den regelrechten Fällen dieser Krankheit kaum solcher Analysen, um diese Thatsache zu constatiren, denn das Gleiche beweisen die an Stelle des wachsbleichen Gesichts tretenden rothen Wangen chlorotischer Mädchen, welche unter jenen Bedingungen geheilt werden. Ob das Eisen etwas dazu beiträgt, ist trotz des festgewurzelten Glaubens noch unentschieden. Allerdings darf von vorne herein die Möglichkeit nicht geleugnet werden, dass unter sonst günstigen, zum Zustandekommen der Heilung erforderlichen Bedingungen die Bildung der rothen Blutkörperchen selbst durch eine an sich geringfügige, aber längere Zeit dauernde Steigerung der resorbirten Eisenmenge in Folge fortgesetzter verstärkter Zufuhr des Metalls begünstigt werden kann. Doch fehlen für eine solche Annahme zur Zeit die auf erfahrungsgemässer Grundlage beruhenden Beweise.

Wenn der Nutzen des Eisens bei der Behandlung der Chlorose mehr als zweifelhaft ist, so erscheint seine Anwendung als „**roborirendes**" **Mittel bei Anämie und allgemeiner Abmagerung**, wie sie durch chronische Krankheiten hervorgebracht werden, noch weniger durch beglaubigte Erfolge motivirt, abgesehen von den Fällen, in denen durch Besserung krankhafter Zustände der Magenschleimhaut in der oben angegebenen Weise auch ein günstiger Einfluss auf die Verdauung und Ernährung erzielt wird. In methodischer Weise werden die Eisenpräparate als locale Magenmittel jedoch nicht angewendet. Sie stehen in dieser Beziehung dem basisch salpetersauren Wismuth nach.

Das **Eisenchlorid** dient als ein energisches **blutstillendes Mittel** bei oberflächlichen Blutungen, bei denen eine Unterbindung der Gefässe nicht ausführbar ist. Es verdankt diese Anwendung seiner Eigenschaft frisches, nicht defibrinirtes Blut mit Leichtigkeit zum Gerinnen zu bringen, wobei die Säure und das Metalloxyd gleichzeitig mitwirken. Man muss aber nicht glauben, weil es Magenblutungen zu stillen vermag, damit auch Blutungen im unteren Theil des Darms mit Erfolg behandeln zu können; denn dahin gelangt es gar nicht, sondern wird schon vorher in Eisenoxydalbuminat und Schwefeleisen umgewandelt, die selbstverständlich in dieser Beziehung ganz unwirksam sind. In früherer Zeit hat man der Application des Eisenchlorids in den Magen sogar einen Einfluss auf die Blutungen innerer Organe, z. B. des Uterus, zugeschrieben.

1. **Ferrum pulveratum**, gepulvertes Eisen. Gaben 0,1—0,5.

2. **Ferrum reductum**, reducirtes Eisen. Gaben 0,05—0,3. Wie das vorige im sauren Magensaft löslich und deshalb wie die Eisensalze wirkend.

3. **Ferrum oxydatum saccharatum solubile**, Eisenzucker. Nach einer complicirten Bereitungsweise aus Eisenchlorid mit Hilfe von Natriumcarbonat, Natronlauge und Natriumbicarbonat dargestellt; enthält 3% Eisen. Gaben 1,5—3,0.

4. **Syrupus Ferri oxydati solubilis**, Eisensyrup. Eisenzucker, Wasser und Syrup je 1 Theil. Gaben theelöffelweise.

5. **Antidotum Arsenici**, Eisenoxydhydrat als Gegengift der arsenigen Säure. Ferrisulfatlösung (Liq. ferri sulf. oxyd.) 100, Wasser 250 einerseits und Magnesia 15, Wasser 250 andererseits als Schüttelmixtur. Die Wirkung beruht auf der Bildung von unlöslichem arsenigsauren Eisenoxyd.

6. **Ferrum carbonicum saccharatum**, zuckerhaltiges Ferrocarbonat; aus Ferrosulfat und Natriumbicarbonat; enthält 10% Eisen. Gaben 0,5—1,5.

7. **Pilulae Ferri carbonici**, Eisenpillen. Aus Ferrocarbonat, Zucker, Honig und Eibischwurzel. Jede Pille enthält 0,025 Eisen. Gaben 3—6 Stück täglich.

8. **Liquor Ferri acetici**, Ferriacetatlösung. Aus Eisenchlorid durch Ammoniak gefälltes Eisenoxydhydrat in Essigsäure gelöst; etwa 5% Eisen enthaltend. Gaben 5—20 Tropfen.

9. **Tinctura Ferri acetici aetherea**, ätherische Eisentinctur. Eisenacetatlösung 80, Weingeist 12, Essigäther 8; mit 4% Eisen. Gaben 10—25 Tropfen.

10. **Ferrum lacticum**, Ferrolactat, milchsaures Eisenoxydul. Grünlich-weisse Krusten, in 38 Wasser löslich. Gaben 0,05—0,3.

11. **Extractum Ferri pomatum**, Eisenextract. Aus gepulvertem Eisen und sauren Aepfeln durch Abpressen und Eindampfen der Flüssigkeit hergestellt. Gaben 0,2—0,5 oder messerspitzenweise.

12. **Tinctura Ferri pomata**, äpfelsaure Eisentinctur. Eisenextract 1, Zimmtwasser 9, filtrirt. Gaben 20—50 Tropfen.

13. **Ferrum sulfuricum**, Ferrosulfat, schwefelsaures Eisenoxydul; in 1,8 Wasser löslich. Mit gleichen Theilen Natrium- oder Kaliumcarbonat zur Herstellung der Blaud'schen Pillen. Gaben 0,05—0,2.

14. **Ferrum sulfuricum siccum**, entwässertes Ferrosulfat.

15. **Ferrum sulfuricum crudum**, Eisenvitriol. Desinfectionsmittel (vergl. S. 205).

16. **Liquor Ferri sulfurici oxydati**, Ferrisulfatlösung; mit 10% Eisen. Zur Darstellung des Antidotum Arsenici dienend (vergl. Nr. 5).

17. **Ferrum sesquichloratum**, Eisenchlorid; gelbe krystallinische Masse.

18. **Liquor Ferri sesquichlorati**, Eisenchloridlösung; mit 10% Eisen.

19. **Liquor Ferri oxychlorati**, flüssiges Eisenoxychlorid. Eisenoxydhydrat in wenig Salzsäure gelöst; 3,5% Eisen enthaltend. Basischer als das vorige.

20. **Tinctura Ferri chlorati aetherea**. Eisenchloridlösung 1, Aether 2, Weingeist 7; mit 1% Eisen.

21. **Ammonium chloratum ferratum**, Eisensalmiak; rothgelbes, 2,5% Eisen enthaltendes Pulver.

22. **Ferrum jodatum**, Eisenjodür. Eisenpulver 30, Wasser 100, Jod 82. Irrationelles Präparat, weil es keine Jodeisenwirkung geben kann.

23. **Syrupus Ferri jodati**. Eisen 20, Jod 41, Zucker 650 auf 1000 Syrup.

Ueber das dem Eisen chemisch nahe stehende **Mangan** lässt sich in therapeutischer Beziehung nur anführen, dass es gegen verschiedene, namentlich „dyskrasische" Krankheiten versucht worden ist. Es wirkt vom Unterhautzellgewebe aus sehr giftig, indem es insbesondere Nierenentzündung verursacht (vgl. S. 206

u. 207), wird aber vom Magen und Darmkanal kaum in Spuren resorbirt (Kobert).

Manganum sulfuricum, Mangansulfat; in 0,8 Wasser löslich.

5. Das Silber.

Die Silberverbindungen sind bei ihrer Anwendung in der Therapie lediglich als local wirkende Mittel zu betrachten, obgleich sie in nicht ätzender Form, z. B. als Lösungen von Chlorsilber in unterschwefligsaurem Natrium, unter die Haut oder in das Blut gebracht sehr giftig sind.

Nach den Untersuchungen von Bogoslowski, Ball, Rouget, Curci und Jacobi scheint die Wirkung vorwiegend in einer Lähmung des Centralnervensystems zu bestehen, von der in erster Linie die hintere Körperhälfte betroffen wird, so dass die Thiere die Hinterbeine nachschleppen (Ball). Auffallend ist das Auftreten einer profusen Secretion der Bronchialschleimhaut (Orfila, Ball, Rouget). Die Thiere gehen zuweilen unter Convulsionen an Insufficienz der Athmung zu Grunde. Ob diese aber durch Lähmung des Respirationscentrums oder in Folge von Lungenödem herbeigeführt wird, bleibt noch zu entscheiden. An Fröschen stellen sich vor der allgemeinen Lähmung Krämpfe ein, es treten Muskelzuckungen auf und das Herz kommt in der Diastole zum Stillstand (Curci).

Dass die Silberverbindungen auch vom Magen aus wenigstens in kleinen Mengen resorbirt werden, beweisen die an Menschen nach längerem Gebrauch von Silbernitrat vielfach beobachteten und auch an Thieren unter ähnlichen Bedingungen experimentell erzeugten Ablagerungen von fein vertheiltem metallischen Silber in der Haut und in zahlreichen inneren Organen. In Folge dessen zeigen diese Theile die unter dem Namen Argyrie bekannte dunkle Färbung.

An der Haut finden sich die Silberkörnchen in der oberen Schicht des Coriums (Frommann, Riemer), in den Schweissdrüsen und den glatten Muskelfasern (Riemer). An Thieren, und zwar speciell an Ratten (Huet) und an Hunden (Ball und Charcot), bleibt die Hautfärbung aus.

Im Darmkanal ist das Metall in dem Gewebe der Schleimhaut, besonders aber in den Zotten des Dünndarms abgelagert. Die Epithelien sind allenthalben, auch an der Haut, völlig frei. Unter den übrigen Organen zeichnen sich die folgenden Theile durch reichliche Ablagerungen aus: die Mesenterialdrüsen, die Plexus chorioidei des Gehirns (Frommann, Riemer), die Gelenkzotten (Riemer), an Ratten der Duodenaltheil des Mesenteriums (Huet), die Intima der Aorta (Riemer), die Leber und die Nieren. In der Leber durchsetzen reichliche Silberausscheidungen die Wandungen der feineren Pfortaderäste und kleinen Lebervenen (Frommann), die Umgebung der Gallengänge und Arterien, sowie auch die Grundsubstanz des Bindegewebes zwischen den Acini (Riemer). In den Nieren sind die Glomeruli der hauptsächlichste Sitz der Ablagerungen, auch an Ratten. Doch fehlen sie auch in den Pyramiden und besonders an den Papillen nicht und sind hier auf und zwischen den Wandungen der geraden Harnkanälchen eingebettet (Frommann, Riemer, Huet). In der Substanz des Gehirns und Rückenmarks fand sich keine Silberablagerung (Riemer).

Die Resorption des Silbers vom Magen aus erfolgt jedenfalls nur sehr langsam. Silberwirkungen, die bei dieser Applicationsweise entstehen, sind an Menschen nicht bekannt. Auch zwei Ratten, die länger als ein Jahr täglich 5—6 mg Silbernitrat erhielten, zeigten keinerlei Störungen ihres Befindens, und die Nieren keine Zeichen von Nephritis (Huet). Dagegen traten an Kaninchen nach längere Zeit fortgesetzter Fütterung mit kleineren Mengen von unterschwefligsaurem Silbernatrium und Silberpepton Lähmungserscheinungen an den hinteren Extremitäten auf (Bogoslowski). Bei der Anwendung des salpetersauren Silbers unter ähnlichen Bedingungen gingen die Kaninchen unter Abmagerung zu Grunde, und neben Verfettungen in verschiedenen Organen fanden sich in den Nieren die oben (S. 207) geschilderten degenerativen Veränderungen (v. Rózsahegzi).

Ueber das Auftreten von Silber im Harn nach innerlichem Gebrauch desselben sind die Angaben getheilt. Abgesehen von einigen älteren positiven Resultaten wollen in neuerer Zeit Mayençon und Bergeret es auf electrolytischem Wege nachgewiesen haben. Jacobi dagegen konnte das Metall im Harn von Kaninchen selbst nach längere Zeit fortgesetzter subcutaner Application nicht finden.

Der Grund der geringen Wirksamkeit der Silberverbindungen bei arzneilichem Gebrauch oder bei Fütterung an Thieren ist hauptsächlich darin zu suchen, dass das Metall sehr bald nach dem Durchgang durch die Wandungen des Verdauungskanals zum grossen Theil reducirt und dann abgelagert wird (Jacobi).

Wenn man an Menschen nach dem innerlichen Gebrauch des salpetersauren Silbers niemals andere als locale Veränderungen beobachtet hat, so darf man von vorne herein auch keine therapeutischen Erfolge erwarten, welche von einer Wirkung auf das Nervensystem abhängen. Die Erfahrung in der Praxis scheint diese Schlussfolgerung vollkommen zu bestätigen.

Man gebraucht das Silber noch gegenwärtig in verschiedenen Nervenkrankheiten, insbesondere bei Epilepsie und progressiver Rückenmarksparalyse, früher häufig auch bei Veitstanz, Manie und Hysterie. Dieser Gebrauch stammt nach Libavius aus den Zeiten der Kaballah, in denen man annahm, dass sich das Silber zum Morbus cerebri lunaticus wie die Luna zum Cerebrum verhalte (Krahmer).

Dieses Nervenmittel hat im Laufe der Zeiten wechselnde Schicksale durchzumachen gehabt. Während es von einzelnen Aerzten auf das Wärmste empfohlen wurde, verwarfen es andere ebenso entschieden; zeitweilig gerieth es sogar ganz in Vergessenheit, um dann später wieder aufzutauchen. Gegenwärtig ist sein Gebrauch als Nervenmittel in Abnahme begriffen, wird aber voraussichtlich, wie es bisher immer geschehen ist, bald wieder zunehmen.

Ein Theil des nicht resorbirten Silbers wird schon in der Magen- und Darmwand reducirt und auf der Schleimhaut unmittelbar unter der Epithelialschicht in Form schwarzer Körnchen abgelagert. In dieser Weise entsteht eine ausgebreitete Argyrose des Verdauungskanals (Jacobi). Es kann wohl die Frage aufgeworfen werden, ob eine derartige „Versilberung" des Darms irgend eine Bedeutung in therapeutischer Beziehung hat. Das salpetersaure Silber, welches in so ausgezeichneter Weise zugleich ätzend und adstringirend wirkt (vergl. S. 203), findet nicht nur bei Magen-, sondern auch bei chronischen Darmcatarrhen mit gutem Erfolg eine ausgedehnte Anwendung. Es ist schwer anzunehmen, dass das Nitrat im unveränderten Zustande in den Darm gelangt und hier eine eigentliche Adstringirung bewirkt, weil es schon im Magen in ein Albuminat oder in Chlorsilber übergeführt werden muss.

Indessen lässt sich die Frage nach der Bedeutung einer solchen Versilberung vorläufig noch nicht entscheiden.

Ueber die Anwendung des Silbernitrats als **locales Mittel** ist dem oben (S. 203) im Allgemeinen Gesagten im Besonderen nichts hinzuzufügen. Noch weniger ist es nöthig, die Fälle aufzuzählen, in denen sich dieses Mittel vorzugsweise bewährt hat. Die Regeln für die zweckmässige Stärke und Dauer seiner Wirkungen hat die ärztliche Erfahrung zu formuliren.

1. **Argentum nitricum**, Silbernitrat, Höllenstein; in Stäbchenform. Löslich in 0,6 Wasser und 10 Weingeist. Gaben 0,005—**0,03!**, täglich bis **0,2!**

2. **Argentum nitricum cum Kalio nitrico**, Lapis mitigatus. Silbernitrat 1, Kaliumnitrat 2, zusammengeschmolzen und in Stäbchenform gegossen.

Da das Gold aus seinen Verbindungen noch leichter reducirt wird als das Silber, so ist von dem nachstehenden Präparat bei der innerlichen Anwendung keinerlei allgemeine Wirkung zu erwarten. Auch als locales Mittel ist es ohne Bedeutung.

Auro-Natrium chloratum, Natriumgoldchlorid; 30% Gold enthaltend. Gaben **0,05!**, täglich bis **0,2!**.

6. Das Kupfer und Zink.

Die pharmakologische Zusammengehörigkeit des Kupfers und Zinks ergibt sich nicht nur aus dem gleichartigen Verhalten ihrer leicht löslichen Salze an den Applicationsstellen, sondern beruht vor allen Dingen auf den ähnlichen Wirkungen, die sie nach der Injection ihrer nicht ätzenden Doppelverbindungen in das Blut oder unter die Haut hervorbringen.

Diese Wirkungen bestehen in **Lähmung der Muskeln des Skelets und des Herzens** und führen durch Stillstand des letzteren zum Tode.

Ob das Zink ausserdem eine directe Wirkung auf das Centralnervensystem ausübt, ist vorläufig noch unentschieden. Die einzigen Erscheinungen, die auf eine solche Wirkung hindeuten, sind Unruhe, Schreckhaftigkeit, Sucht zum Nagen. Sie treten auch bei längere Zeit fortgesetzter Fütterung verschiedener Säugethierarten mit Zinkoxyd neben Erbrechen und Durchfällen auf und sind von Zuckungen in den Gliedern und zuweilen von Krämpfen begleitet (Michaelis).

Eigentliche chronische Kupfer- und Zinkvergiftungen an Menschen sind nicht bekannt. Auch experimentell vermochte man eine Kupferwirkung weder in Selbstversuchen an Menschen noch an Thieren hervorzurufen. An letzteren fielen Fütterungsversuche mit Kupfersalzen meist völlig negativ aus (Daletzki und Pelikan, Galippe, Burq und Ducom). Nach grösseren innerlichen Gaben des Acetats und anderer Salze des Kupfers mit Fettsäuren gingen die Thiere unter Respirationsstörungen an Herzlähmung zu Grunde (Falck und Neebe), vermuthlich weil in diesen Fällen eine Aetzung der Schleimhäute des Verdauungskanals die Resorption begünstigt hatte (vergl. S. 206). Nach der subcutanen Injection von Kupferacetat an Kaninchen entstand Nierenentzündung, und es fand sich Eiweiss im Harn (Koeck).

Die Zinkverbindungen werden in ähnlichen Fällen wie das Silber in Nervenkrankheiten, besonders bei Epilepsie und neuralgischen Leiden, gebraucht. Obgleich nach den Versuchen an Thieren die Möglichkeit einer Wirkung dieses Metalls auf das Nervensystem selbst nach innerlicher Darreichung nicht ohne Weiteres in Abrede gestellt werden darf, so fehlt es doch sowohl an einer rationellen als auch an einer ausreichenden empirischen Grundlage für eine derartige Anwendung.

Der fortdauernde Widerspruch der Meinungen über den Nutzen dieses Mittels in den genannten Krankheiten und der Mangel einer kritischen Untersuchung gestatten es vorläufig nicht, zu einer erfahrungsgemässen, von der subjectiven Ueberzeugung freien Beurtheilung der Sachlage zu gelangen. Bei weiteren therapeutischen Versuchen wird es vor allen Dingen darauf ankommen, durch eine geeignete Applicationsweise eine sichere Resorption des Zinks zu erzielen. Doch ist dabei die Gefahr im Auge zu behalten, dass z. B. nach der subcutanen Injection der nicht ätzenden Doppelverbindungen Nierenentzündung entstehen könnte (vergl. S. 207).

Die Kupfer- und Zinksalze rufen in derselben Weise wie die Antimonverbindungen (S. 215) Erbrechen hervor. Eine ausgedehnte praktische Anwendung findet in dieser Richtung nur das Kupfersulfat. Wenn das letztere in den Magen gelangt, so tritt das Erbrechen früher ein als die Aetzung und bewirkt zugleich die Entleerung des Salzes. Man darf daher grössere, den Erfolg sichernde Gaben anwenden, ohne befürchten zu müssen, dass eine schädliche Aetzung entsteht. Da ausserdem von der Resorption abhängige, unerwünschte Wirkungen nicht zu befürchten sind, so wird das Kupfersulfat seinen Platz als Brechmittel neben dem Apomorphin behaupten.

Als **Expectorans** eignet sich dieses Salz dagegen nicht, weil durch dasselbe die ohnehin kurz dauernde Nausea und die übrigen zu ihr gehörenden Erscheinungen (vergl. S. 74) ohne darauf folgendes Erbrechen nicht leicht eintreten.

Verschiedene Verbindungen der beiden Metalle finden eine ausgedehnte Anwendung als **locale Mittel**. Das **Zinkoxyd** ist in Form einer Fettsalbe, in der es in geringer Menge an Fettsäuren gebunden vorkommt, ein gelindes Adstringens. Zweckmässiger wäre voraussichtlich ölsaures Zink mit Fett vermischt.

Das **Zinkchlorid ist ein reines Aetzmittel** (vergl. S. 201) und eignet sich für chirurgische Zwecke in solchen Fällen, in denen ein fester Aetzschorf vermieden werden soll, welcher das tiefere Eindringen des Mittels verhindert und die Wirkung auf die Oberfläche beschränkt (vergl. S. 200). Auch bei der Anwendung der zerstörenden Aetzmittel zur Desinfection von Wunden darf eine scharfe Abgrenzung der Wirkung durch einen festen Schorf nicht eintreten, weil unter dem letzteren leicht Infectionsstoffe zurückbleiben könnten. Daher eignet sich das **Zinkchlorid** unter allen Metallsalzen am Besten in derartigen Fällen als **Desinfectionsmittel**.

Die **Sulfate** der beiden Metalle dienen bei solchen äusserlichen Erkrankungen, in denen man zugleich eine oberflächliche zerstörende Aetzung und eine vorübergehende Reizung und dann eine Adstringirung hervorzubringen wünscht (vergl. S. 203).

1. **Zincum oxydatum**, Zinkoxyd. Gaben 0,05—0,3, täglich bis 2,0, in Pulvern.

2. **Zincum oxydatum crudum**, rohes Zinkoxyd.

3. **Unguentum Zinci**, Zinksalbe. Rohes Zinkoxyd 1, Schweineschmalz 9.

4. **Zincum aceticum**, Zinkacetat; in 2,7 Wasser und 36 Weingeist löslich. Gaben 0,03—0,1, täglich bis 0,3, in Lösungen.

5. **Zincum sulfuricum**, Zinksulfat, $ZnSO_4 + 7H_2O$; in 0,6 Wasser löslich.

6. **Zincum chloratum**, Zinkchlorid; zerfliessliches Pulver. Als Aetzmittel wird es mit dem gleichen Theile Stärkemehl vermischt (Canquoin's Paste).

7. **Cuprum sulfuricum**, Kupfersulfat, $CuSO_4 + 3H_2O$; in 3,5 Wasser löslich. Gaben als Brechmittel 1,0 in 30 Wasser alle 5 Minuten 1 Theelöffel.

8. **Cuprum sulfuricum crudum**, Kupfervitriol. Kann als Desinfectionsmittel gebraucht werden (vergl. S. 205).

9. **Liquor corrosivus**, Aetzflüssigkeit. Kupfersulfat 6, Zinksulfat 6, Essig 70, Bleiessig 12. Wirksam sind darin essigsaures Kupfer und Zink. Das Blei wird durch die Schwefelsäure der beiden erstgenannten Metalle als unwirksames Bleisulfat gefällt.

10. **Cuprum oxydatum**, Kupferoxyd. Durch Fällen von Kupfersulfat mit Natriumcarbonat und Glühen dargestellt. Selbst in verd. Säuren unlöslich und daher unwirksam.

7. Das Blei.

Die Wirkungen des Bleis nach seiner Resorption, die in der acutesten Form nur mit Hilfe der metallorganischen Verbindungen sicher hervorgerufen werden können, betreffen den Darm, die Muskeln und das centrale Nervensystem.

An Fröschen werden die Muskeln durch das Blei in einen Zustand versetzt, in welchem sie bei andauernder Arbeitsleistung rasch ermüden, ohne eine Abnahme der Erregbarkeit zu zeigen. Allmählich geht auch die letztere verloren, und der Muskel stirbt in den stärksten Graden der Wirkung völlig ab und fällt dann nur einer mässigen Todtenstarre anheim. Schon vorher gelangt das Herz in Folge der Lähmung seines Muskels zum Stillstand.

An Kaninchen tritt ebenfalls die Muskellähmung in den Vordergrund und erstreckt sich auch auf das Herz. Die Thiere gehen an den Folgen dieser Wirkung zu Grunde. An Katzen stellen sich bei langsamer Vergiftung Lähmungserscheinungen ein, die vielleicht von einer Muskelaffection abhängen. An Hunden ist von der letzteren nichts nachzuweisen.

Es darf wohl nicht bezweifelt werden, dass die **Bleilähmung beim Menschen** als eine directe Bleiwirkung aufzufassen ist, nur tritt zu der anfänglichen einfachen Giftwirkung allmählich die Entartung der Muskeln hinzu. Die Erregbarkeit der letzteren für den unterbrochenen Inductionsstrom erlischt oder ist wenigstens vermindert, während sie für den constanten Strom und für mechanische Reize erhalten bleibt oder sogar zunimmt.

Die **Gehirnerscheinungen** lassen sich experimentell leicht an **Hunden** hervorrufen. Es sind eigenthümliche, choreaartige, bis zu förmlichen Convulsionen sich steigernde Bewegungen, die ohne Beeinträchtigung der Sensibilität und des Bewusstseins auftreten. Die Thiere gehen schliesslich an den Folgen einer Lähmung der motorischen Gebiete des Centralnervensystems zu Grunde. Die genannten Erregungssymptome werden auch an **Katzen** und **Tauben** beobachtet. Ein Theil der Erscheinungen, welche die **Encephalopathia saturnina** bei Menschen bilden, darunter die epileptiformen, mit Coma gepaarten Krämpfe, sind unzweifelhaft directe Bleiwirkungen, während ein anderer Theil derselben, namentlich die psychischen Exaltations- und Depressionszustände, der Kopfschmerz und die Amaurose, ähnlich wie die Symptome der chronischen Alkoholvergiftung als Folgen einer längere Zeit anhaltenden primären Wirkung aufzufasssen sind.

Die **Arthralgia saturnina**, welche an Menschen eine häufige Erkrankungsform bei der chronischen Bleivergiftung bildet, ist an Thieren nicht beobachtet worden. Heftige Schmerzen in den Gelenken und den zunächst liegenden Muskeln, sowie krampfhafte Contractionen der letzteren, welche an den Extremitäten häufig die Flexoren, am Rumpf die Extensoren des Rückens, am Thorax alle Muskeln befallen, sind die Symptome der Arthralgie, über deren Genese sich nichts Sicheres angeben lässt.

Durch die **acute Bleiwirkung auf den Darm** werden an Hunden und Katzen verstärkte peristaltische Bewegungen und krampfartige Contractionen des Darmrohres mit heftigen Kolikschmerzen, an Kaninchen blos einfache Durchfälle hervorgerufen. Da der Darm durch Atropin wieder in Ruhe versetzt wird, so hängen die Contractionen von einer Erregung der motorischen Darmganglien ab.

Bei der **Bleikolik**, welche an Menschen die häufigste Krankheitsform der chronischen Bleivergiftung ist, spielen die anfallweise auftretenden **Darmcontractionen** die Hauptrolle. Indessen scheinen auch in anderen Unterleibsorganen direct von der Bleiwirkung abhängige krampfhafte Zustände vorzukommen. An benachbarten Organen können letztere auf reflectorischem Wege entstehen. Die **Beschaffenheit des Pulses**, welcher verlangsamt, voll und hart ist, hängt anscheinend von der durch die Compression der Darmgefässe bedingten Anhäufung des Blutes in den übrigen Organen ab.

Alle Bleipräparate, auch die in Wasser ganz unlöslichen, wie das schwefelsaure Blei, verursachen an Menschen und Thieren bei der Application in den Magen oder unter die Haut die chronische Vergiftung.

Die **Resorption des Bleis** erfolgt vom Verdauungskanal aus zwar langsam, aber in ziemlich bedeutenden Quantitäten (Annuschat). Die **Ausscheidung** findet mit dem Harn und mit der Galle statt. Die letztere enthält das Metall nur bei reichlicher Zufuhr, obgleich es sich auch im entgegengesetzten Falle in der Leber findet (Annuschat). An Kaninchen lässt es sich schon am anderen Tage im Harn nachweisen, wenn es in einer Gabe von 3—4 mg in Form der löslichen Salze in den Magen gebracht wird (V. Lehmann). Der Gebrauch von **Jodkalium begünstigt den Uebergang des Bleis in den Harn** (Melsens, Oettinger, Annuschat u. A.).

Die geschilderten **Bleiwirkungen** haben nur eine **toxikologische Bedeutung**; für therapeutische Zwecke werden sie nicht verwendet. Die Bleiverbindungen dienen gegenwärtig lediglich als **local wirkende Adstringentien**, über deren Bedeutung oben (S. 199 u. 200) das Nöthige gesagt ist. Doch muss noch bemerkt werden, dass sie bei Magen- und Darmkrankungen zu vermeiden oder nur mit der grössten Vorsicht, namentlich nicht längere Zeit hindurch, zu gebrauchen sind, weil in Folge der Resorption die chronische Bleivergiftung entstehen kann.

Vor nicht sehr langer Zeit glaubte man bei innerlicher Darreichung von essigsaurem Blei auch auf entferntere Organe, z. B. auf die Lunge bei Blutungen derselben blutstillend und bei Entzündungen adstringirend wirken zu können.

1. **Plumbum aceticum**, Bleiacetat, Bleizucker, $Pb(C_2H_3O_2)2+3H_2O$; in 2,3 Wasser löslich. Gaben 0,05—0,1!, täglich bis 0,5!.

2. **Plumbum aceticum crudum**, rohes Bleiacetat.

3. **Liquor Plumbi subacetici**, Acetum Plumbi, Bleiessig. Bleiacetat 3, Bleiglätte 1, Wasser 10. Klare, durch die Kohlensäure der Luft sich trübende Flüssigkeit.

4. **Aqua Plumbi**, Bleiwasser. Bleiessig 1, destill. Wasser 49. „Es sei etwas trübe."

5. **Unguentum Plumbi**, Bleisalbe. Bleiessig 8, Schweineschmalz 92.

6. **Unguentum Plumbi tannici**, Tannin-Bleisalbe. Gerbsäure 1, Bleiessig 2, Schweineschmalz 17.

7. **Plumbum jodatum**, Jodblei; in 2000 Wasser löslich. Schwaches Aetzmittel.

Bleiglätte, Mennige und **Bleiweiss** vergl. unter den Pflasterbestandtheilen.

8. Das Wismuth.

Allgemeine Wismuthwirkungen sind bisher mit Sicherheit nicht bekannt, weil es nicht gelingt, rasch resorbirbare Verbindungen des Metalls herzustellen. Ueber die locale Wirkung des nachstehenden Präparats und seine Bedeutung bei der Behandlung von Magen- und Darmerkrankungen ist oben (S. 204) das Betreffende gesagt.

Bismuthum subnitricum, Magisterium Bismuthi, basisches Wismuthnitrat. Weisses, sauer reagirendes, in Wasser unlösliches Pulver. Gaben 0,2—1,0, täglich bis 4,0.

9. Die Thonerde und ihre Verbindungen.

Die sämmtlichen löslichen Aluminiumsalze verhalten sich in Bezug auf ihre locale Wirkung wie die Salze der schweren Metalle. Sie bilden Thonerdealbuminate, deren Beschaffenheit sie zu kräftigen **Adstringentien** macht, welche auch innerlich an der Magen- und Darmschleimhaut Verwendung finden dürfen, weil sie nicht, wie die Bleisalze, in Folge von Resorption zu Vergiftungen Veranlassung geben.

Ein Uebergang von Thonerde vom Magen in das Blut scheint in erheblichem Masse nicht zu erfolgen. Von einer Adstringirung in den Lungen, Nieren oder anderen Organen vom Blute aus kann daher nicht die Rede sein, abgesehen davon, dass die Thonerde sowie die Metalloxyde in der Form, in welcher sie sich im Blute finden, überhaupt nicht adstringirend wirken können.

In der Praxis kommt unter den Aluminiumsalzen als universales **Adstringens** in den verschiedensten Fällen vorzugsweise der **Kalialaun** zur Anwendung. Derselbe reagirt wegen der schwach basischen Eigenschaften der Thonerde im Gegensatz zu den Doppelverbindungen der schweren Metalle in bedeutendem Grade **sauer** und verhält sich deshalb an den Applicationsstellen wie die einfachen Metallsalze. Im Uebermass angewendet verursachen auch der Alaun und die übrigen Thonerdeverbindungen Entzündung. Wenn die letztere mit einer stärkeren Exsudation verbunden ist, so braucht man dabei nicht an eine besondere Fluidificirung der albuminösen Flüssigkeiten seitens der Thonerde zu denken, wie es **Mialhe** thut.

Da die Thonerde eiweissartige und viele andere organische Stoffe zu fällen vermag, so wirken ihre Salze in bedeutendem Masse **fäulnisswidrig**. Zur Desinfection von Latrinen, Abzugskanälen und dergl. hat man das Chloraluminium empfohlen und unter dem Namen Chloralum in den Handel gebracht. Es ist ganz zweckmässig, wenn der Preis die Anwendung ausreichender Mengen nicht verbietet.

1. **Alumen**, Alaun, $AlK(SO_4)_2 + 12H_2O$; in 10,5 Wasser löslich. **Gaben** 0,1—0,5, täglich bis 3,0; äusserlich für die verschiedensten Zwecke in Lösungen von 1—5%.

2. **Alumen ustum**, gebrannter Alaun; durch Erhitzen erst auf 50°, dann bis auf 160° entwässert. Wirkt durch Wasserentziehung stärker ätzend und desinficirend als die übrigen Thonerdepräparate.

3. **Aluminium sulfuricum**, Aluminiumsulfat, $Al_2(SO_4)_3 + 18H_2O$; in 1,2 Wasser, nicht in Weingeist löslich.

4. **Liquor Aluminii acetici**, Aluminiumacetatlösung; aus Aluminiumsulfat, Essigsäure und Calciumcarbonat dargestellte filtrirte Flüssigkeit. Kann noch zweckmässiger aus etwa gleichen Theilen Aluminiumsulfat und Bleiacetat bereitet werden.

Der Phosphor.

Der Phosphor schliesst sich in pharmakologischer Hinsicht nach dem Charakter seiner Wirkungen einerseits den Muskel- und Nervengiften, andererseits dem Arsen und den schweren Metallen an.

Die gewöhnliche Modification, der sogenannte **gelbe Phosphor**, ist nur nach Massgabe seiner Flüchtigkeit bei Körpertemperatur und der Löslichkeit seiner Dämpfe in wässrigen Flüssigkeiten **resorbirbar**. Doch kommt dabei als Lösungsmittel des Phosphors auch die Galle in Betracht (Buchheim und Hartmann). Die Resorption erfolgt bei innerlicher Darreichung trotzdem sehr langsam, und die Vergiftungserscheinungen entwickeln sich nur allmählich meist erst im Verlaufe von mehreren Tagen.

Die einzige bekannte localisirte Wirkung ist eine **Lähmung des Herzens**, die oft ganz plötzlich den Tod herbeiführt (Hans Meyer). Unabhängig von dieser treten in den verschiedensten Organen **Veränderungen des Stoffwechsels und Ernährungsstörungen** auf. Letztere bestehen in **Verfettungen** der Leber, der Nieren, des Herzmuskels und auch der übrigen quergestreiften Muskeln, ferner in **Ekchymosen** an den Schleim- und serösen Häuten und in Entzündung der Magendrüsen (**Gastroadenitis**). An Thieren werden an den Knochen ähnliche Veränderungen herbeigeführt wie durch das Arsen. Es tritt namentlich **compacte Knochensubstanz** an Stelle der spongiösen (Wegner).

Tiefgreifend ist der **Einfluss des Phosphors auf den Gesammtstoffwechsel**. Die Menge des Harnstoffs nimmt ab (Schultzen und Riess), während die Stickstoffausscheidung vermehrt ist (Storck, Bauer, Falck). Im Harn findet sich der Stickstoff in Form verschiedener Produkte, darunter zuweilen Leucin und Tyrosin, hauptsächlich aber peptonartige Substanzen. Ausserdem enthält der Harn Fleischmilchsäure (Schultzen und Riess).

Diese Thatsachen führen zu der Annahme, dass das Wesen dieser Stoffwechselveränderung in einem vermehrten Zerfall von

Körperbestandtheilen und in einer gehemmten Umwandlung der entstandenen Substanzen in die normalen Endprodukte des Stoffumsatzes besteht.

Bis auf die Bildung fester Knochensubstanz ergeben diese Wirkungen **keinerlei rationelle Anzeige** für die therapeutische Anwendung des Phospors. Auch hat das Probiren des Mittels gegen die verschiedenartigsten Leiden bisher zu keiner empirischen Indication geführt. Die Gefahren, die mit dem Gebrauch des Phosphors verbunden sind, lassen es vorläufig nicht gerechtfertigt erscheinen, dieses heftige Gift auf das Ungewisse hin in der Therapie beizubehalten.

Phosphorus, Phosphor, P_4; weisse oder gelbliche, cylindrische Stücke. Schmelzpunkt (unter Wasser) 44°. Gaben 0,001!, täglich 0,005!

Der rothe amorphe Phosphor ist weder flüchtig noch in irgend einer Flüssigkeit löslich und deshalb ganz ungiftig.

VI. Die eigenartigen Wirkungen der aromatischen Verbindungen.

Die Substanzen der aromatischen Reihe bilden weder eine besondere Gruppe, noch eine eigene Klasse von pharmakologischen Agentien, zeigen aber in ihrem Verhalten im Organismus und hinsichtlich ihrer Wirkungen auf einfache organisirte Protoplasmagebilde den gleichen Grundcharakter, so dass der Uebersicht wegen eine zusammenfassende Behandlung derselben gerechtfertigt erscheint.

Das gemeinsame Verhalten der Verbindungen der aromatischen Reihe bei ihrem Durchgange durch den Organismus beruht auf der Beständigkeit ihres Benzolkerns. Es ist noch in keinem Falle mit Sicherheit nachgewiesen, dass derselbe im Thierkörper zerstört wird. Dagegen erleiden die der Fettreihe angehörenden Seitenketten, wenn sie überhaupt angegriffen werden, im Allgemeinen analoge Veränderungen, wie in den Fällen, in denen sie ohne Benzolkern in den Organismus gelangen, jedoch mit der Einschränkung, dass das mit dem Benzolkern verbundene C-Atom niemals von diesem abgetrennt wird.

Die Veränderungen, welche die aromatischen Substanzen im Organismus erfahren, lassen sich auf **Oxydationen, Synthesen** und **Spaltungen**, in beschränktem Masse auch auf **Reductionen** zurückführen.

Diese Vorgänge und die daraus hervorgehenden mannigfachen Producte bieten ein grosses Interesse, haben aber bis auf ganz beschränkte Fälle (vergl. S. 121) bisher keine besondere therapeutische Bedeutung erlangt.

1. Die stickstofffreien aromatischen Verbindungen als Muskel- und Nervengifte.

Die **Kohlenwasserstoffe** der aromatischen Reihe üben keine hervorragende Wirkung auf das Centralnervensystem aus. Am wirksamsten sind die **Terpentinöle**. Die Erscheinungen, welche nach der Resorption grösserer Mengen derselben auftreten, sind in ähnlicher Weise zu deuten, wie die Veränderungen, die diese und andere flüchtige Substanzen an den Applicationsstellen verursachen (vergl. S. 127).

Wie an den letzteren, so können auch an empfindlichen Nervenapparaten Erregungen zu Stande kommen, wenn grössere Mengen dieser flüchtigen Stoffe sich im Blute befinden und von hier aus in die Gewebe eindringen. Auf solche Erregungen des Rückenmarks und namentlich der Gefäss- und Respirationscentra ist die nach grossen **Terpentinölgaben** an Thieren beobachtete Steigerung des Blutdrucks, die Beschleunigung und der krampfartige Charakter der Athemzüge, sowie die Erhöhung der Reflexerregbarkeit (Kobert) zurückzuführen. Wenn die letztere dabei ursprünglich vermindert erscheint, so hängt das vermuthlich blos davon ab, dass die von allen Seiten her thätigen Erregungen eine Reflexhemmung herbeiführen. Die grössten Gaben verursachen schliesslich eine allgemeine Lähmung, an der sich das Gehirn unter der Form narkotischer Zustände schon frühe betheiligt. Am Menschen können diese Terpentinölwirkungen ohne stärkere Reizung der Applicationsstellen nicht hervorgerufen werden.

Eine besondere Gruppe der aromatischen Stoffe bilden die **Campherarten**, die sich durch ihre erregenden Wirkungen auf die Funktionscentren im verlängerten Mark auszeichnen. Von ihnen ist bereits bei den Nervengiften (S. 48) die Rede gewesen.

Eng an die pharmakologische Gruppe des Camphers lehnt sich die des **Pikrotoxins an**, welche eine Anzahl stickstofffreier, der aromatischen Reihe angehörender Substanzen umfasst, darunter ausser dem in den Kokkelskörnern enthaltenen Pikrotoxin, den giftigen, Cicutoxin genannten Bestandtheil des Wasserschierlings, ferner das Coriamyrtin, welches sich in der Coriaria myrtifolia findet, und endlich die Spaltungsprodukte des Digitalins, Digitaleïns, Digitoxins und Oleandrins (vergl. S. 84). Sie verursachen durch Erregung der Gefäss- und Respirationscentren sowie der motorischen Gebiete des verlängerten Marks Pulsverlangsamung, Blutdrucksteigerung, krampfartige Respirationsbewegungen und Convulsionen.

Auch das **Phenol, Carbol** (Carbolsäure), welches von allen Applicationsstellen, auch von der äusseren Haut und von Wundflächen aus leicht resorbirt wird, wirkt vorzugsweise auf das verlängerte Mark. Auf die anfängliche Erregung folgt aber bald eine Lähmung. Die an verschiedenen Thierarten beobachteten Zuckungen und Krämpfe hängen zum Theil von einer tetanisirenden Wirkung auf das Rückenmark ab. Die Erregung der Respirations- und Gefässnervencentren äussert sich durch frequente und dyspnoïsche Athmung und vorübergehende Steigerung des Blutdrucks. Letztere ist bei langsamer Resorption des Phenols von der Haut aus beobachtet (Hoppe-Seyler). Einspritzung einer Carbollösung in das Blut verursacht dagegen von vorne herein eine Lähmung der centralen Ursprünge der Gefässnerven und starkes Sinken des Blutdrucks, ohne dass die Herzthätigkeit verändert erscheint (Gies). Die Pulsfrequenz wird von den Zuckungen und Convulsionen beeinflusst.

An Menschen treten bei der Carbolvergiftung Gehirnsymptome auf. Anfangs stellen sich Kopfschmerz, Schwindel, Mattigkeit, Eingenommenheit des Kopfes ein, dann folgt Betäubung.

An Thieren machen sich neben jenen Hauptwirkungen Störungen der Sensibilität und Motilität bemerkbar, die nicht blos als Folgen der Respirations- und Circulationsstörungen zu deuten sind.

Ferner hat man als Carbolwirkungen vermehrte Schweiss- und Speichelsecretion beobachtet, die letztere in hervorragendem Masse auch bei Thieren. Ob das Atropin diese Hypersecretionen beseitigt, ist nicht bekannt. Von einer vermehrten Schleimsecretion in den Bronchien hängt vermuthlich der Husten ab, der sich zuweilen beim Carbolgebrauch einstellt.

Der Tod erfolgt an Menschen und Thieren unter den Erscheinungen des Collaps durch gleichzeitige Lähmung der Respirations- und Gefässnervencentren und kann durch künstliche Respiration nicht abgewendet werden.

Das Carbol ist ausserdem ein starkes Aetzmittel, welches bei innerlicher Anwendung leicht Magenschmerz, Appetitlosigkeit, Uebelkeit und Erbrechen, bei Vergiftungen sogar Gastroenteritis erzeugt. An der Haut bewirken concentrirtere Lösungen der Carbolsäure brennenden Schmerz, Schrumpfung und Ablösung der Epidermis, wobei die betroffene Stelle sich erst röthet und dann eine braune Färbung annimmt. Bei der Einwirkung der unverdünnten Substanz entsteht ein trockener Aetzschorf, der sich ohne Eiterung abstösst.

Die ätzende Wirkung verdankt die Carbolsäure ihrer Eigenschaft, Eiweissstoffe namentlich am lebenden Organismus zum Gerinnen zu bringen. Letzteres bewirken auch andere Phenole und auch einzelne Diphenole.

Nach dem Uebergang in das Blut paart sich das Phenol mit Schwefelsäure und Glykuronsäure, wobei es zum Theil in die Dioxybenzole, Brenzkatechin und Hydrochinon, umgewandelt wird. Auch diese erscheinen mit Schwefelsäure gepaart im Harn. Nach der Entleerung des letzteren werden die Dioxybenzole durch eine Spaltung der gepaarten Verbindungen in Freiheit gesetzt, erleiden dann an der Luft eine Oxydation und liefern dabei Produkte, welche die dunkle Farbe des Carbolharns bedingen.

Aehnliche Wirkungen auf das Nervensystem wie das Carbol bringen die drei Diphenole, Brenzkatechin, Hydrochinon und Resorcin, hervor. Ersteres wirkt am stärksten (Brieger); doch sind alle weniger giftig als das Carbol.

Von den Säuren der aromatischen Reihe kommen in praktischer Hinsicht hauptsächlich die **Salicylsäure** und **Benzoësäure** in Betracht. Die letztere ist wenig wirksam. Dagegen treten nach grossen Gaben der ersteren, besonders wenn das rasch resorbirbare Natriumsalz angewendet wird, an Menschen nicht selten Collapserscheinungen ein. Die Wirkung der Salicylsäure auf das Nervensystem zeigt im Wesentlichen den gleichen Grundcharakter wie die des Carbols. Das Gleiche gilt von vielen anderen aromatischen Verbindungen.

Das **Salicin** z. B. verursacht an Thieren wie die Carbolsäure Convulsionen, Sinken des Blutdrucks und schliesslich Respirationsstillstand (Marmé).

Auch viele **stickstoffhaltige aromatische Verbindungen**, namentlich das Anilin und Chinolin und ihre einfacheren Derivate, schliessen sich in dieser Beziehung an die stickstofffreien Substanzen an.

2. Die aromatischen Verbindungen als Desinfectionsmittel und Protoplasmagifte.

Im Jahre 1832 stellte Reichenbach aus dem Holztheer eine Flüssigkeit dar, die er Kreosot nannte und die sich später als ein Gemenge von Phenolen und Phenoläthern erwies.

Da das Kreosot sich auch im Rauche fand, und dieser Fleisch und andere animalische Produkte zu conserviren vermag, so gelangte Reichenbach zu dem Schluss, dass dieser Körper der fäulnisswidrige Bestandtheil des Rauches sei und fand diese Annahme durch besondere Versuche bestätigt. Die gleichen fäulnisswidrigen Eigenschaften zeigte die bald darauf von Runge aus dem Steinkohlentheer dargestellte Carbolsäure.

Obgleich schon in früheren Zeiten der Theer und andere Produkte der trockenen Destillation als Antiseptica dienten, und später auch das Kreosot bei fauligen Geschwüren empfohlen wurde, „um die Fäulniss der abgeschiedenen Materien zu verhindern", so fanden doch diese Thatsachen wenig Beachtung, und es ist der neuesten Zeit vorbehalten geblieben, der Carbolsäure und anderen aromatischen Substanzen eine wichtige Rolle bei der chirurgischen Wundbehandlung zuzuweisen.

Jetzt wissen wir, dass **zahlreiche Verbindungen der**

aromatischen Reihe mehr oder weniger desinficirend wirken, und dass es blos darauf ankommt, für den einen oder den anderen praktischen Zweck das geeignete Mittel zu wählen und die neuentdeckten Substanzen in dieser Richtung zu prüfen.

Die desinficirende Wirkung der aromatischen Verbindungen beruht darauf, dass sie, wie es beim Chinin bereits angegeben ist, einen deletären Einfluss auf das Protoplasma ausüben, an welches alle Lebenserscheinungen gebunden sind. Auch die einfachsten Gebilde der organisirten Welt, an denen sich das Leben nur durch Bewegung und Stoffwechsel kund gibt, unterliegen diesem Einfluss der in Rede stehenden Substanzen, von denen deshalb viele zur Verhinderung der Entwickelung und zur Vernichtung von Gährungs- und Fäulnissorganismen und von Parasiten mit Erfolg Anwendung finden.

Die Wirkung ist in den meisten Fällen keine eigentlich chemisch zerstörende, sondern eine moleculare (vgl. S. 101). Selbst das Carbol, welches Eiweiss zum Gerinnen bringt, bildet mit diesem keine Verbindung (Bill).

Gegenüber dem Chlor und den Metallsalzen bieten daher die Desinfectionsmittel dieser Kategorie den in vielen Fällen wichtigen Vortheil, dass sie in den faulenden und gährenden Gemengen nicht an eiweissartige Substanzen gebunden und in Folge dessen nicht unwirksam gemacht werden, sondern ungehindert ihren giftigen Einfluss auf Bakterien und andere niedere Organismen entfalten können.

Am wirksamsten von allen Substanzen der aromatischen Reihe ist die Carbolsäure oder das Carbol. In flüssigen und festen Gemengen organischer Stoffe werden Gährungs- und Fäulnissvorgänge unterdrückt oder ihr Eintreten verhindert, wenn jene 0,5—1,0 % Carbol enhalten. Dem letzteren schliessen sich hinsichtlich der Stärke der desinficirenden Wirkung die übrigen Phenole an. Unter diesen haben das Brenzkatechin, Hydrochinon, Resorcin, Pyrogallol, namentlich aber das Thymol praktische Bedeutung erlangt. Sie wirken zwar schwächer als das Carbol, aber immerhin noch stark genug, um in geeigneten Fällen gute Erfolge zu versprechen. Das Pyrogallol unterdrückt Gährungen und Fäulnissvorgänge in Mengen von 1—3 % (Bovet). Vom schwer löslichen Thymol muss den zu desinficirenden Massen wenigstens soviel zugesetzt werden, dass sie von dem Mittel beständig gesättigt sind.

Unter den aromatischen Säuren ist die **Salicylsäure** eine der wirksamsten. Dann ist die **Benzoësäure** zu nennen. Die übrigen kommen ihres hohen Preises wegen für praktische Zwecke nicht in Betracht.

Die **Kohlenwasserstoffe** wirken wegen ihrer Unlöslichkeit in Wasser nur dann stärker antiseptisch, wenn sie bei gewöhnlicher Temperatur in höherem Masse flüchtig sind, und dem entsprechend ihre Dämpfe die zu desinficirenden Objecte imprägniren. Es muss aber stets ein grosser Ueberschuss des Mittels, z. B. des Naphtalins, angewendet werden, damit die Dämpfe sich während längerer Zeit in voller Concentration entwickeln.

Die **Auswahl der einzelnen Desirfectionsmittel** hängt im Wesentlichen von den Objecten ab, die desinficirt werden sollen.

Handelt es sich um **Auswurfsmassen**, z. B. menschliche Dejectionen, Latrineninhalt, so ist die Auswahl nur durch die Kosten beschränkt. Man wird daher nicht die reine Carbolsäure, geschweige denn andere chemisch reine Stoffe anwenden, sondern sich mit den rohen Theerbestandtheilen begnügen, die hier keinerlei Nachtheile haben.

Sollen dagegen **Wohnräume**, **Behälter zum Aufbewahren von Nahrungsmitteln**, **Hausgeräthe**, **Kleider** und andere Gebrauchsgegenstände desinficirt werden, so ist bei der Auswahl darauf Rücksicht zu nehmen, dass solche Gegenstände durch die angewandten Mittel nicht beschädigt oder mit fest haftenden übelriechenden Substanzen, z. B. Carbol, verunreinigt werden. Die Anwendung dieser Mittel ist daher für solche Zwecke im Ganzen eine beschränkte, zumal die Imprägnirung aller Theile in den seltensten Fällen ausführbar ist.

Von der Verwendung als **Zusatz zu Nahrungsmitteln und Getränken** sind die meisten dieser Desinfectionsmittel, abgesehen von ihrem meist unangenehmen Geruch und Geschmack, wegen ihrer giftigen Wirkungen auf den Organismus ausgeschlossen. Von den oben genannten Substanzen wird gegenwärtig für derartige Zwecke nur die Salicylsäure gebraucht. Indess darf das nur mit Vorsicht geschehen.

Die giftigen Wirkungen sind auch bei der localen Desinfection am lebenden Organismus, insbesondere an Operations- und anderen Wunden, bei der Auswahl der anzuwendenden Mittel zu berücksichtigen. Es muss dabei die bisher allerdings nur sehr unvollkommen erfüllbare Forderung gestellt werden, dass der betreffende Stoff möglichst energisch auf das lebende Protoplasma im Allgemeinen und deshalb stark desinficirend wirkt, ohne an höher organisirten Wesen, namentlich am Menschen, in stärkerem Grade eigenartige Wirkungen auf die Muskeln und Nerven auszuüben.

Durch Mittel, welche diesen Bedingungen entsprechen, lässt sich der gewünschte Einfluss auf die Applicationsstelle am leichtesten ohne Schädigung des Gesammtorganismus in der erforderlichen Stärke hervorbringen. Zwar sind auch derartige Substanzen in Folge ihrer Wirkungen auf das Protoplasma giftig, wenn sie in grösseren Mengen in das Blut gelangen, indessen kann ihre Anwendung in der Weise regulirt werden, dass an den Applicationsstellen eine genügend starke Desinfection erfolgt, ohne dass schädliche Mengen resorbirt werden. Denn an jenen befindet sich das Mittel in grösserer Concentration und wirkt deshalb antiseptisch, während nach der allmählich erfolgenden Resorption durch Vertheilung im Organismus eine solche Verdünnung herbeigeführt wird, dass eine merkliche Wirkung nicht eintritt. Eine geschickte Handhabung gestattet aber auch die Anwendung solcher Substanzen, die wie das Carbol sehr stark auf das Nervensystem wirken und leicht resorbirt werden.

In manchen Fällen können die in Wasser unlöslichen, festen, aber bei gewöhnlicher Temperatur noch flüchtigen Kohlenwasserstoffe den Vorzug verdienen, weil ihre Resorption langsam erfolgt, und die Ausscheidung mit dieser Schritt hält, und weil sie deshalb, selbst wenn sie nicht ganz ungiftig sind, in grossem Ueberschuss auf die Wunden gebracht werden dürfen. Darauf beruht die Bedeutung des in neuester Zeit von Fischer empfohlenen Naphtalins. Andere, einfache und substituirte Kohlenwasserstoffe mit ähnlichen Eigenschaften werden sich dem letzteren anreihen lassen. Es wären in Rücksicht auf das Jodoform insbesondere die Jodsubstitutionsprodukte einer methodischen Prüfung zu unterziehen.

Der Vorzug, den die Desinfectionsmittel aus der aromatischen Reihe gegenüber den Metallsalzen, z. B. dem Zinkchlorid, in vielen Fällen bei der chirurgischen Wundbehandlung verdienen, besteht darin, dass sie keine Gewebszerstörung, wenigstens nicht in grösserem Umfange, hervorbringen.

Sie vernichten allerdings nicht nur die Fäulnissorganismen und deren Keime, sondern verursachen auch in der Umgebung der Applicationsstelle ein Absterben von Gewebselementen, die dann abgestossen werden, so dass der Effect der gleiche ist wie bei der eigentlichen Aetzung. Indess geschieht das in den meisten Fällen nur in beschränktem Masse. Selbst das im concentrirten Zustande heftig ätzende Carbol führt in den verdünnten Lösungen, wie sie gewöhnlich zur Anwendung kommen, zu keiner erheblichen Zerstörung der Gewebe.

Bei der Desinfection am lebenden Organismus kommt auch der Verdauungskanal in Betracht. Die Mundhöhle und der Magen bieten der Application geeigneter, nicht intensiv giftiger Desinfectionsmittel dieser Klasse, z. B. der Salicyl- und Benzoësäure, keine besonderen Schwierigkeiten. Da im Darm schon unter gewöhnlichen Verhältnissen Fäulnissvorgänge stattfinden, so wird bei krankhaften Zuständen um so öfter Veranlassung gegeben sein, hier eine Desinfection vorzunehmen. In die tieferen Theile des Darmkanals gelangen aber nur schwerer resorbirbare Substanzen. Daher müssen die an dieser Localität als Antiseptica in Anwendung gezogenen aromatischen Verbindungen hinsichtlich ihrer Löslichkeit und Resorbirbarkeit im Magen die gleichen Eigenschaften haben, wie die als Abführmittel und als Anthelminthica dienenden Stoffe (vergl. S. 133 und 140).

Unter den bekannteren Mitteln ist in dieser Richtung das schwer lösliche Thymol von Wichtigkeit, welches neuerdings auch zur Tödtung eines gefährlichen Darmparasiten, des Anchylostoma duodenale, benutzt wird.

Eine besondere Berücksichtigung verdienen die den gewöhnlichen neutralen Fetten analogen Glycerinäther der aromatischen Säuren und vielleicht auch die der Phenole. Sie passiren wie die Fette den Magen unverändert und werden dann im Darm allmählich verdaut, wobei der aromatische Paarling in Freiheit gesetzt wird und zur Wirkung gelangt. Nach dem Eingeben von Benzoësäure-Glycerid findet sich bei Hunden freie Benzoësäure sogar in den Faeces, so dass ihr Einfluss sich auf den ganzen Darmkanal erstreckt.

Mit der allgemeinen Wirkung auf das Protoplasma hängt wohl auch der Einfluss zusammen, den viele, vielleicht sogar alle aromatischen Verbindungen in **fieberhaften Krankheiten auf die Temperatur und den Stoffwechsel ausüben**. Hinsichtlich der Beurtheilung dieser Wirkungen kann auf das beim Chinin darüber Gesagte verwiesen werden. Wie dieses Alkaloid verursacht auch die Salicylsäure, die in dieser Richtung am eingehendsten untersucht ist, in kleineren Gaben eine Steigerung der Temperatur. Auch die Stickstoffausscheidung durch den Harn ist vermehrt. Nach grösseren Dosen dagegen erfolgt eine Verminderung der letzteren und eine Temperaturabnahme. Auch hier muss daran erinnert werden, dass die an normalen Thieren, namentlich an Kaninchen, gewonnenen Resultate über das Verhalten der Temperatur und des Stoffwechsels unter dem Einfluss der antifebrilen Mittel für die Beurtheilung ihrer Brauchbarkeit am Krankenbette nicht allein massgebend sind.

Die Fiebertemperatur und der Stoffwechsel lassen sich ohne Gefahr für den Gesammtorganismus durch den Gebrauch solcher Substanzen um so leichter herabsetzen, je weniger dieselben die Nerven und Muskeln, namentlich aber den empfindlichen Herzmuskel in eigenartiger Weise afficiren. Wenn aber diese allgemeine Wirkung, die alle Protoplasmagebilde betrifft, zu stark ist, so führt sie einen Collaps herbei. Wo ein solcher ohnehin einzutreten droht, muss die Anwendung dieser Mittel entweder ganz unterbleiben oder darf nur mit der grössten Vorsicht ausgeführt werden. Die Feststellung der speciellen Indicationen bei den einzelnen fieberhaften Krankheiten ist Sache der ärztlichen Erfahrung.

Von den Substanzen, die in neuerer Zeit als **antifebrile Mittel** Anwendung gefunden haben, sind besonders zu nennen die **Benzoësäure, Salicylsäure, das Hydrochinon, Resorcin, das Thymol, das Chinolin** und ein Derivat desselben, das **Oxyhydromethylchinolin oder Kairin**. Die letzteren beiden sind nicht deshalb wirksam, weil sich unter gewissen Bedingungen das Chinolin aus dem Chinin bildet, sondern weil sie wie jenes Alkaloid der aromatischen und speciell der Chinolinreihe angehören. Wenn das Kairin sich in der That wirksamer erweisen sollte als das Chinolin, so hätte man es hier mit ähnlichen Beziehungen zu thun, wie sie zwischen dem Benzol und Phenol bestehen. Der Eintritt des Hydroxyls (HO) in das Chinolin würde dann der neuen Verbindung (Kairin) im Vergleich zu ihrer Muttersubstanz, ebenso wie es bei Benzol und Phenol der Fall ist, eine grössere Wirksamkeit verleihen.

Von den der aromatischen Reihe angehörenden Präparaten der deutschen Pharmakopoe kommen als desinficirende und antifebrile Mittel ausser dem Chinin die folgenden in Betracht.

1. **Acidum carbolicum**, Carbolsäure, Carbol, Phenol; krystallinische, farblose oder schwach röthlich gefärbte, in 20 Wasser lösliche Masse. Gaben 0,05—0,1!, täglich bis 0,5!, in Pillen oder stark verdünnten Lösungen.

2. **Acidum carbolicum crudum**, rohe Carbolsäure; gelbliche oder bräunliche Flüssigkeit. Aeusserlich.

3. Acidum carbolicum liquefactum, verflüssigte Carbolsäure; eine Mischung von 10 Carbolsäure und 1 Wasser; in 18 Wasser löslich.

4. **Aqua carbolisata**, Carbolwasser; enthält 3,3% Carbolsäure.

5. Kreosotum, Kreosot. Aus Buchenholztheer gewonnene, gelbliche, sich an der Luft bräunende Flüssigkeit, welche vorwiegend aus Guajacol und Kreosol besteht. Gaben wie beim Carbol.

6. **Thymolum**, Thymol, $C_6H_3(C_3H_7,CH_3,OH)$, findet sich im Thymianöl (vergl. S. 115). Farblose, in 1100 Wasser lösliche Krystalle. Gaben 0,1—1,0, in alkoholischen Lösungen und Emulsionen.

7. Acidum pyrogallicum, Pyrogallussäure, Pyrogallol; in 2,3 Wasser lösliche Blättchen; zersetzt sich an der Luft bei Gegenwart von Alkalien rasch unter Schwarzfärbung.

8. Zincum sulfocarbolicum, Zinksulfophenolat, phenolsulfosaures Zink; farblose, in Wasser leicht lösliche Krystalle. Aeusserlich in 1—2% Lösungen wie das Carbol.

9. Acidum benzoïcum, Benzoësäure; in 372 Wasser lösliche Krystallblättchen. Gaben 0,2—0,5, täglich 2,0—10,0.

10. **Natrium benzoicum**, Natriumbenzoat; in 1,5 Wasser lösliches, amorphes, weisses Pulver. Gaben wie bei der Benzoësäure.

11. **Acidum salicylicum**, Salicylsäure; in 538 Wasser lösliches, weisses, krystallinisches Pulver. Gaben 0,5—1,0, täglich bis 15,0, in Emulsionen und Pulvern.

12. **Pulvis salicylicus cum Talco**, Salicylstreupulver. Salicylsäure 3, Weizenstärke 10, Talk 87.

13. **Natrium salicylicum**, Natriumsalicylat; in 0,9 Wasser löslich. Gaben wie bei der Salicylsäure, aber in wässriger Lösung.

Von den folgenden flüssigen Harzen oder Balsamen, welche aus einem Gemenge aromatischer Stoffe bestehen, werden der Perubalsam und der flüssige Storax zur Tödtung von Krätzmilben gebraucht. Ihnen kann in dieser Beziehung das aus einem Gemenge von Kohlenwasserstoffen der Fettreihe bestehende, pharmakologisch zur Alkoholgruppe gehörende Petroleum angereiht werden, welches zur Vertilgung von Parasiten im Allgemeinen dient. Die Harze und Balsame wirken auch antiseptisch.

14. **Benzoë**, Benzoëharz; von Styrax Benzoïn. Harz und Benzoësäure enthaltend. 15. **Tinctura Benzoës**. Benzoë 1, Weingeist 5.

16. **Balsamum peruvianum**, Perubalsam; von Toluïfera Pereira (Myroxylon Pereira). Bestandtheile: Cinnameïn (Zimmtsäure-Benzyläther) und Styracin (Zimmtsäure-Zimmtäther).

17. **Styrax liquidus**, Storax. Durch Auskochen und Auspressen der inneren Rinde von Liquidambar orientalis gewonnene dickflüssige, graue Harzmasse.

18. **Benzinum Petrolei**, Petroleum depuratum; die zwischen 55—75° siedenden Bestandtheile des Petroleums.

3. Die Gerbsäuren als Adstringentien.

Die bei gewöhnlicher Temperatur leichter flüchtigen aromatischen Verbindungen, insbesondere die Terpene und die zum grossen Theil der aromatischen Reihe angehörenden ätherischen Oele, ferner die Campherarten und manche Phenole verursachen an den Applicationsstellen eine mehr oder weniger intensive Reizung, das Carbol sogar Aetzung (vgl. S. 245). Ausserdem erzeugen viele ätherische Oele specifische Erregungen der Geruchs- und Geschmacksorgane. Von der Verwerthung dieser localen Wirkungen für therapeutische Zwecke ist bereits bei verschiedenen Gelegenheiten die Rede gewesen. Wir beschränken uns deshalb hier auf die Betrachtung der Gerbsäuren, welche als adstringirende Mittel in der Therapie eine grosse Rolle spielen.

Die im Pflanzenreich in grosser Anzahl allgemein verbreiteten, als **Gerbsäuren oder Gerbstoffe** bezeichneten Substanzen stimmen trotz mancherlei ziemlich weit gehender chemischer Verschiedenheiten darin fast vollständig mit einander überein, dass sie **mit den leimgebenden Gewebsbestandtheilen ausserordentlich feste Verbindungen (Leder) bilden,** sowie **Eiweissstoffe, Leim** und andere **Albuminoide** aus ihren Lösungen in Form ähnlicher, aber weniger fester Verbindungen fällen.

Es ist bei den Metallsalzen näher ausgeführt, dass von der Bildung solcher Verbindungen die als **Adstringirung** bezeichneten Veränderungen der Applicationsstellen abhängen (S. 199). In Bezug auf die Gerbsäuren ist über das Wesen dieser Wirkung nichts Besonderes hinzuzufügen. Nur muss nochmals darauf hingewiesen werden, dass bei Anwendung der Gerbsäuren die Wirkung zwar in sehr reiner, typischer Form eintritt, weil hier keinerlei Nebenbestandtheile in Frage kommen, wie es bei den Metallsalzen der Fall ist (vergl. S. 199), dass aber trotzdem **auch diese Mittel besonders auf den Schleimhäuten Reizung und Aetzung** hervorrufen, wenn sie im Uebermass applicirt werden. So wohlthätig der Genuss gerbsäurehaltiger Weine in manchen Fällen ist, so leicht kann in anderen durch den Missbrauch derselben Magencatarrh herbeigeführt werden.

Da alle Gerbsäuren mit den stickstoffhaltigen Gewebsbestandtheilen Verbindungen eingehen, so wirken sie in gleicher Weise adstringirend und können ohne Unterschied die gleiche Verwendung finden.

Das Tannin oder die Galläpfelgerbsäure, welche im Handel in genügender Reinheit vorkommt, ist namentlich in solchen Fällen zweckmässig, in denen sie unmittelbar auf die erkrankte Localität gebracht werden kann. Sie dient daher vorzugsweise für Waschungen der Haut und bei der Behandlung verschiedener Schleimhäute.

Da das Tannin nach der Anwendung der gewöhnlichen arzneilichen Gaben im Magen sehr rasch an eiweissartige Stoffe gebunden wird, die sich im Inhalt oder an der Schleimhaut des letzteren finden, so kann es in wirksamer Form nicht in den Darm gelangen. Dort wird vielleicht die Eiweissverbindung durch die Alkalien wieder zersetzt, aber dann kann von einer adstringirenden Wirkung vollends nicht die Rede sein, weil das Tannin von dem Alkali festgehalten wird.

Sollen bei der Behandlung von Darmcatarrhen Gerbsäuren in den Darm übergeführt werden, so ist es zweckmässig, statt des reinen Tannins gerbsäurereiche rohe Pflanzenbestandtheile anzuwenden. Zu diesen gehören die eingedickten Extracte zahlreicher Pflanzen, darunter das officinelle Catechu, welches indessen vor dem Kino, dem Ratanhia- und dem Tormentillwurzelextract und vor anderen ähnlichen Präparaten keinen besonderen Vorzug besitzt.

Aus diesen Extracten werden die Gerbsäuren, wie man annehmen kann, nur allmählich ausgelaugt und gelangen deshalb leichter unverändert in den Darmkanal. Besonders aber sind es auch in diesem Falle die colloiden, gummi- und schleimartigen Bestandtheile solcher Präparate, welche in der bereits mehrfach erwähnten Weise (vergl. S. 104) die Resorption der Gerbsäuren erschweren und ihren Uebergang in den Darmkanal begünstigen. Es ist daher ganz empfehlenswerth, den Einfluss der colloiden Substanzen dadurch zu verstärken, dass man die gerbsäurehaltigen Mittel mit schleimigen Abkochungen nehmen lässt.

Die Resorption der Gerbsäuren kann nur in Form der Alkali- oder gelösten Eiweissverbindungen erfolgen. Eine adstringirende Wirkung auf innere Organe ist von diesen Verbindungen nicht zu erwarten.

Im Harn finden sich nach dem Einnehmen von Tannin bei Menschen und Thieren die gewöhnlichen Zersetzungsprodukte desselben, Gallus- und Pyrogallussäure (Wöhler und Frerichs), daneben aber auch Körper, welche, wie das Tannis, Eiweiss und Leim fällen (Schultzen, Lewin).

Ob die letzteren Substanzen unveränderte Gerbsäure sind, welche in den Nieren an der Stelle, wo der saure Harn abgesondert wird, aus ihren Eiweiss- und Alkaliverbindungen in Freiheit gesetzt, an diesen Organen eine Adstringirung hervorbringt, ist mit Sicherheit nicht zu entscheiden. Obgleich die Möglichkeit eines solchen Verhaltens nicht geleugnet werden darf, so gibt es doch keine weiteren Thatsachen, welche eine derartige Annahme zu stützen geeignet sind.

Man unterscheidet Gerbsäuren, welche wie das Tannin bei der trockenen Destillation Pyrogallol geben und mit Eisensalzen schwarzblau gefärbte Verbindungen bilden, und solche, die Brenzcatechin und grüne Eisenverbindungen liefern. Auf die praktische Anwendung hat es keinen Einfluss, ob die in einer Drogue enthaltene Gerbsäure der einen oder der anderen Kategorie angehört.

1. **Acidum tannicum**, Galläpfelgerbsäure, Tannin; Anhydrid der Gallussäure; weisses, gelbliches, in 1 Wasser, 2 Weingeist und 8 Glycerin lösliches Pulver. Gaben 0,05—0,5, täglich bis 2,0, in schleimigen Mixturen. Aeusserlich in den verschiedensten Formen.

2. **Gallae**, Galläpfel; die durch die Gallwespe hervorgerufenen Auswüchse an Quercus lusitanica. Sie enthalten 60—70% Tannin.

3. Tinctura Gallarum. Galläpfel 1, Weingeist 5.

4. Cortex Quercus, Eichenrinde; von Quercus Robur. Enthält Eichengerbsäure, welche bei der Zersetzung Eichenroth liefert.

5. Folia Uvae ursi, Bärentraubenblätter; von Arctostaphylus Uva ursi. Enthalten Arbutin, Urson und Gerbsäure. Gaben täglich 10,0—20,0, als Aufguss.

6. **Catechu**; Extract aus Uncaria Gambir und Areca Catechu. Die Catechugerbsäure ist das Monanhydrid des Catechins. Letzteres fällt Eiweiss, aber nicht Leim. Gaben 0,3—1,0, täglich bis 5,0, in Pulvern und schleimigen Abkochungen.

7. Tinctura Catechu. Catechu 1, Weingeist 5.

8. **Radix Ratanhiae**, peruanische Ratanhia; Wurzeläste der Krameria triandra. Enthält die glykosidische Ratanhiagerbsäure. Zweckmässig ist das in der Pharmakopoe fehlende Extract. Gaben 1,0 bis 2,0, täglich bis 10,0—20,0, als Abkochung mit schleimigen Mitteln.

9. Tinctura Ratanhiae. Ratanhiawurzel 1, verd. Weingeist 5.

10. Rhizoma Tormentillae, Tormentillwurzel; von Potentilla Tormentilla. Enthält Tormentillgerbsäure. Das in der Pharmakopoe fehlende Extract ist so zweckmässig wie das Catechu und das Ratanhiaextract. Gaben wie bei Rad. Ratanhiae.

11. Folia Juglandis, Wallnussblätter; von Juglans regia.

Chrysarobinum, aus dem in den Höhlungen der Stämme von Andira Araroba ausgeschiedenen Secret. Liefert bei der Oxydation Chrysophansäure. Es wird in neuerer Zeit gegen Hautkrankheiten gebraucht und scheint gleichzeitig ätzend, adstringirend und antiseptisch zu wirken.

Folgende **Droguen**, welche in der Pharmakopoe nicht aufgeführt sind, werden wie die vorstehenden gebraucht.

1. **Kino**; der erhärtete Saft aus der Rinde von Pterocarpus Marsupium. **Gaben** wie beim Catechu. 2. **Resina Draconis**, Sanguis Draconis, Drachenblut; aus den Früchten von Calamus Draco. Schwach adstringirend. 3. **Lignum campechianum**, Blauholz; von Hämatoxylon campechianum. Wirksamer Bestandtheil **Hämatoxylin**, welches Eiweiss und im Ueberschuss zugesetzt auch Leim aus schwach sauren Lösungen fällt.

Ferner sind zu nennen die **Weiden-**, **Ulmen-** und **Rosskastanienrinde**.

VII. Verdauungsfermente und Nahrungsstoffe.

Bei der Ernährung von Kranken, die an Störungen der Magen- und Darmfunktionen leiden, geht man darauf aus, entweder sehr leicht verdauliche oder bereits fertig verdaute Nährstoffe zuzuführen oder die Verdauung durch Darreichung der Verdauungsfermente zu befördern.

Die grössere oder geringere **Verdaulichkeit der Nahrungsmittel hängt von ihrer Zusammensetzung und ihrer Zubereitung ab**. Hinsichtlich der Zusammensetzung kommt es nicht nur auf die Beschaffenheit der einzelnen Bestandtheile, sondern oft auch auf die Art und Weise an, in der diese neben einander gelagert sind. Fett und Eiweiss sind an sich leicht verdaulich, fettes Fleisch dagegen ziemlich schwer, weil diese von Fettkörnchen umhüllten Fleischfasern dem Verdauungsferment im Magen weniger zugänglich sind. Das Fleisch älterer Thiere mit festem Bindegewebe wird nicht so leicht verdaut, wie das von jüngeren Individuen. Im ersteren Falle muss bei der Zubereitung anders verfahren werden als im letzteren.

Mit der Kochkunst für therapeutische Zwecke hat es die **Diätetik** zu thun, die in manchen Ländern als besondere Disciplin gelehrt wird und den Arzt in den Stand setzt, die Auswahl und Zubereitung der Nahrungsmittel für die einzelnen Fälle nach rationellen Grundsätzen zu treffen.

Gegenwärtig hat sich in der Pharmakopoe als arzneiliches Nahrungsmittel nur noch der Leberthran erhalten, wenn man von der isländischen Flechte absieht.

Der Leberthran hat für die Ernährung keine andere Bedeutung als jedes verdauliche Fett. Die in ihm enthaltenen Verunreinigungen, z. B. die zweifelhaften Gallenbestandtheile, sind mindestens gleichgültig. Er ist aber sehr leicht verdaulich (Berthé, Naumann), weil in ihm ein Theil der Fette in Form freier Fettsäuren enthalten ist. Wenn diese in den Darm gelangen, so werden sie sogleich, ohne Mitwirkung des Pancreassecrets, in Seifen übergeführt, emulsioniren das übrige Fett und begünstigen die Resorption desselben (Buchheim). Es wird daher beim Gebrauch des Leberthrans unter sonst gleichen Bedingungen weit mehr Fett resorbirt und für die Ernährung nutzbar gemacht, als bei Anwendung der gewöhnlichen nur aus Glyceriden bestehenden Fette. Der Leberthran ist daher ein geeignetes Mittel, um Kranken mit schwacher Verdauung in ausreichendem Masse Fett zur Ernährung zuzuführen. Voraussichtlich wird sich der Leberthran durch ein künstlich hergestelltes Gemenge von freier reiner Oelsäure und geeigneten Mengen von Glyceriden zweckmässig ersetzen lassen (Buchheim).

Unter den Kohlehydraten sind die Zuckerarten, namentlich der Traubenzucker, das Endprodukt der Mund- und Darmverdauung. Man könnte daher von vorne herein Rohr- oder Traubenzucker als Nahrungsmittel anwenden, wenn man Grund hat, anzunehmen, dass in Folge krankhafter Zustände die Verdauung der Stärke beeinträchtigt ist. Allein es fragt sich, ob die Ernährung mit reinem Zucker zweckmässig ist. Denn grössere Mengen desselben könnten in ähnlicher Weise einwirken, wie die concentrirteren Salzlösungen (vgl. S. 148) und eine empfindliche Magenschleimhaut schädigen. Ferner ist zu berücksichtigen, dass der Zucker im Verdauungskanal zuweilen in Gährung und Zersetzung übergeht, wodurch schädliche Produkte gebildet werden. Endlich wird bei der Ernährung mit Zucker die Aufnahme und Umsetzung desselben in Bezug auf die zeitlichen Verhältnisse eine andere sein, als bei der Anwendung von Stärke oder stärkemehlhaltigen Nahrungsmitteln. Die Verdauung der letzteren beansprucht eine gewisse Zeit, die gebildeten Zuckermengen werden dabei continuirlich resorbirt und im Organismus umgesetzt. Die Leistungen des letzteren vertheilen sich daher über einen grösseren Zeitraum, während bei der Zufuhr von Zucker die Resorption rasch erfolgt und grosse Mengen desselben gleichzeitig in das Blut gelangen. Wie weit dieser Umstand in gewissen Fällen für die Ernährung nachtheilig ist, lässt sich zwar nicht bestimmen, indessen sind diese Verhältnisse immerhin bei der Ernährung von Kranken mit Kohlehydraten nicht ausser Acht zu lassen. Dazu kommt, dass bei der Zufuhr von Stärke der gebildete Zucker fortdauernd aus dem Verdauungskanal verschwindet und dem entsprechend in dem oben erwähnten Sinne weniger leicht schädlich wird.

Wenn demnach angenommen werden darf, dass die Stärke für die Ernährung mit Kohlehydraten in manchen Fällen zweckmässiger sein kann, als der Zucker, so fragt es sich weiter, ob alle Arten von Stärke für die Ernährung in Krankheiten gleich geeignet sind. Auch darüber lässt sich zur Zeit nichts Positives angeben. Doch liegt es immerhin im Bereich der Möglichkeit, dass die eine Sorte mehr als die andere bevorzugt zu werden verdient. Besonders wird es bei speciellen Untersuchungen über diese Fragen darauf ankommen, ob eine Stärkesorte glatt verdaut wird, oder ob dabei in Folge der Gegenwart anderer Bestandtheile colloide, nicht resorbirbare Nebenprodukte auftreten, welche in der oben (S. 104) angegebenen Weise die Resorption des gebildeten Zuckers beeinträchtigen. Bei der Ueberführung der Kartoffelstärke in Zucker scheinen in der That solche colloide Nebenbestandtheile in ansehnlichen Mengen aufzutreten. Sie sind es, welche die glatte Krystallisation des Kartoffelstärkezuckers verhindern und mehr als besondere giftige Substanzen die mit seiner Hilfe hergestellten Kunstweine schädlich machen (vergl. S. 104).

Früher wurde das unter dem Namen Arrowroot bekannte Stärkemehl verschiedener Aroideen und Cannaceen häufiger als gegenwärtig, namentlich bei der Ernährung von Kindern, gebraucht und gerühmt. Vielleicht ist auch in diesem Falle die Praxis der theoretischen Erkenntniss vorausgeeilt und hat in diesem Kohlehydrat in dem obigen Sinne ein vollständiger verdauliches Stärkemehl gefunden, als es unsere gewöhnlichen Nahrungsmittel liefern.

Von den fertig verdauten Eiweissstoffen wendet man in neuerer Zeit die **Peptone** an. Die gebräuchlichen Präparate enthalten stets Eiweisskörper und sind schon deshalb nahrhaft.

Man führt dem Magen auch **Pepsin** zu, um die Verdauung der gewöhnlichen eiweisshaltigen Nahrungsmittel zu befördern, wenn man Grund zu der Annahme hat, dass der Magensaft in zu geringer Menge oder in wenig wirksamer Beschaffenheit abgesondert wird. Auch über dieses Mittel hat sich ein sicheres Urtheil noch nicht gebildet. Unzweckmässig ist der von der Pharmakopoe vorgeschriebene **Pepsinwein**, weil sich unter seinen Bestandtheilen Glycerin findet, welches zwar das Pepsin haltbar macht, aber auf den Magen keineswegs einen günstigen Einfluss ausübt. Uebrigens liegt eine begründete Veranlassung nicht vor, das Pepsin mit Wein anzuwenden. Man gibt beide Mittel ebensogut neben einander.

Die eingedickte **Ochsengalle**, von der man sich als Beförderungsmittel der Fettverdauung grosse Erfolge versprach, hat diesen Erwartungen nicht entsprochen und ist deshalb in die neue Ausgabe der deutschen Pharmakopoe nicht wieder aufgenommen worden.

Zum Schluss verdienen als leicht verdauliche Nahrungsmittelformen das **Nestle'sche Kindermehl** und die **Liebig'sche Kindersuppe** genannt zu werden. Ersteres besteht aus Zucker, Milch und aus Weizenmehl, dessen Stärke durch überhitzten Wasserdampf in Dextrin übergeführt ist; letztere wird aus Weizenmehl, Milch, Gerstenmalz und etwas Kaliumcarbonat bereitet.

1. **Pepsinum**, Pepsin. Die Darstellung ist in der Pharmakopoe nicht angegeben. Eine Lösung von 0,1 Pepsin, 150,0 Wasser und 2,5 Salzsäure muss 10,0 gekochtes und zerkleinertes Eiweiss in 4 bis 6 Stunden bei 40° verdauen.

2. **Vinum Pepsini**, Pepsinwein. Pepsin 50, Salzsäure 5, Glycerin 50, Weisswein 1845, Wasser 50.

3. **Oleum Jecoris Aselli**, Leberthran; aus den frischen Lebern von Gadus Morrhua. Blassgelbes Oel.

VIII. Mechanisch und physikalisch wirkende Mittel.

1. Mechanische Mittel verschiedener Art, Verbandstoffe.

Sie dienen theils zur Bereitung verschiedener Arzneiformen, z. B. Pillen und Streupulver, theils zur Herstellung von chirurgischen Verbänden, theils für besondere Zwecke.

1. **Lycopodium**, Bärlappsamen; die Sporen des Lycopodium clavatum. Als Streupulver für Pillen; früher auch innerlich angewendet.

2. **Bolus alba**, weisser Thon; weisse zerreibliche Masse. Zu Zahn- und Streupulvern; als zweckmässiges Constituens für Pillen und Pasten, wenn die wirksame Substanz, z. B. salpetersaures Silber, leicht zersetzlich ist.

3. **Talcum**, Talk; Magnesiumsilicat. Zu Streupulvern (vgl. Pulvis salicylicus cum Talco, S. 253), zum Bestreuen von Pillen, für Pasten und Zahnpulver; mit Carmin als Schminke.

4. **Argentum foliatum**, Blattsilber. Zum Ueberziehen von übelriechenden Pillen.

5. **Calcium sulfuricum ustum**, Gypsum ustum, gebrannter Gyps; muss mit der Hälfte seines Gewichts Wasser gemischt innerhalb 5 Minuten erhärten.

6. **Percha lamellata**, Guttaperchapapier; es sei durchscheinend, sehr elastisch, nicht klebend.

7. **Gossypium depuratum**, gereinigte Baumwolle; sie sei von Fett fast frei.

8. **Fungus chirurgorum**, Wundschwamm; wie der Feuerschwamm aus Polyporus fomentarius bereitet.

Die antiseptischen Verbandstoffe und andere chirurgische Hilfsmittel, darunter auch der Badeschwamm (Spongia marina), sind nicht in die Pharmakopoe aufgenommen, weil sie direct von den Fabrikanten oder von besonderen Händlern, namentlich chirurgischen Instrumentenmachern, geliefert werden.

9. **Carbo ligni pulveratus**, gepulverte Holzkohle. Zu Zahnpulvern. 10. **Laminaria**; die Stiele des blattartigen Thallus von Laminaria Cloustoni. 11. **Hirudines**, Blutegel.

Hierher gehören auch die zur Aufnahme flüssiger Arzneien bestimmten **Gallertkapseln** (Capsulae gelatinosae), sowie die **Oblaten**. 12. **Crocus**, Safran; von Crocus sativus. 13. **Tinctura Croci**. Safran 1, verd. Weingeist 10. Dienen als Färbemittel.

2. Pflaster und Pflasterbestandtheile.

Die Pflastermassen bestehen aus klebenden Gemengen von Harzen, Fetten und Bleiseifen (Bleipflaster) und werden bei der Anwendung auf Zeug oder Papier gestrichen. Man unterscheidet nach dem Zweck

1) Kleb- oder Heftpflaster,
2) Deckpflaster und
3) Arzneipflaster.

Die **Heftpflaster**, welche in der Chirurgie zur Vereinigung von Wundrändern und zur Befestigung von Verbänden dienen, müssen so hergestellt werden, dass sie gut kleben, sich dennoch leicht wieder entfernen lassen und an der Haut keine starke Reizung hervorbringen. Sie werden gegenwärtig in der Industrie in so vorzüglicher Qualität hergestellt und fertig auf Leinwand gestrichen in den Handel gebracht, dass die nach den Vorschriften der Pharmakopoeen bereiteten meist dagegen nicht aufkommen können.

Die **Deckpflaster** sind in vielen Fällen einfache Schutz- und Deckmittel der Haut und müssen ganz indifferent sein. Für diesen Zweck eignet sich das Bleipflaster, mit dem das Bleiweisspflaster in Bezug auf das Fehlen der reizenden Wirkung übereinstimmt. In manchen Fällen ist ein gewisser Grad einer nutritiven Reizung erwünscht, um den Zerfall oder die Schmelzung kranker Gewebstheile zu begünstigen. Man wählt dann die aus Harzen oder aus einem Gemenge der letzteren und Bleiseife bestehenden Pflaster, welche als reizend wirkenden Bestandtheil Terpentinöl oder andere meist flüchtige Substanzen, z. B. Campher, enthalten. Man nennt sie im populären Sinne **Zugpflaster**. Zu den Deckpflastern kann auch das **Collodium** gerechnet werden.

Von den **Arzneipflastern** finden gegenwärtig fast nur noch solche Anwendung, welche **Canthariden** und andere scharfe Stoffe enthalten. Es handelt sich dabei um eine besondere Applicationsweise der betreffenden, Entzündung mit Blasenbildung oder Eiterung erzeugenden Substanzen. Die Pflastermasse fixirt die letzteren an der Haut und vermittelt zugleich ihren Uebergang auf die Cutis, indem sie als Lösungsmittel der Hautschmiere und des wirksamen Bestandtheils, z. B. des Cantharidins, dient. Diese Pflaster sind bei den betreffenden Gruppen aufgeführt.

In der Pharmakopoe finden sich gegenwärtig, mit Ausnahme des Quecksilberpflasters, von dem man nicht blos eine mechanische Wirkung erwartet, keine Pflaster mehr, die andere als local wirkende Arzneistoffe enthalten.

Die Belladonna-, Opium-, Schierlings- und andere derartige Pflaster sind mit Recht ausser Gebrauch gekommen. Zwar findet ein Uebergang von Alkaloiden in das Blut auch bei dieser Applicationsweise statt, indess liegt kein Grund vor, diese Art der Application, welche die grössten Unsicherheiten für die Resorption jener Stoffe bietet, zur Erzeugung allgemeiner Wirkungen zu verwenden. An der Haut selbst bringen nur wenige Alkaloide (Veratrin, Aconitin) überhaupt Wirkungen hervor.

Auch solche Pflaster sind mit Recht fortgelassen worden, welche sich vor den einfachen Deck- und Heftpflastern blos durch einen Gehalt an aromatisch- oder übelriechenden (**Asant**) und färbenden Bestandtheilen unterscheiden; denn solche Nebenbestandtheile sind für die Aufgaben, welche die Pflaster zu erfüllen haben, völlig gleichgültig.

a) Die Pflaster.

1. **Emplastrum Lithargyri**, E. plumbi, E. Diachylon simplex, Bleipflaster. Durch Zusammenkochen gleicher Theile Olivenöl, Schweineschmalz und Bleiglätte dargestellt. Besteht aus den Bleiseifen verschiedener Fettsäuren, namentlich der Oelsäure.

2. **Emplastrum Cerussae**, Bleiweisspflaster. Bleipflaster 60, Olivenöl 10, Bleiweiss 35.

3. **Emplastrum Lithargyri compositum**, Gummipflaster. Blei-

pflaster 120, gelbes Wachs 15, Ammoniakgummi 10, Galbanum 10, Terpentin 10.

4. **Emplastrum fuscum camphoratum**, Mutterpflaster. Mennige 30, Olivenöl 60, gekocht und dann Wachs 15, Campher 1 zugesetzt.

5. **Emplastrum saponatum**, Seifenpflaster. Bleipflaster 70, gelbes Wachs 10, medicin. Seife 5, Campher 1.

6. **Emplastrum Hydrargyri.** Quecksilber 10, Terpentin 5, Bleipflaster 30, gelbes Wachs 5.

7. **Emplastrum adhaesivum**, Heftpflaster. Bleipflaster 500, gelbes Wachs 50, Dammarharz 50, Geigenharz 50, Terpentin 5.

8. **Collodium.** Collodiumwolle 2, Aether 42, Weingeist 6.

9. **Collodium elasticum.** Collodium 49, Ricinusöl 1.

b) Pflasterbestandtheile.

1. **Resina Dammar**, Dammarharz; von verschiedenen indischen Bäumen, besonders Dammara- und Hopeaarten. 2. **Colophonium**, Geigenharz; vom Terpentin befreites Harz von Pinus australis und P. Taeda. 3. **Ammoniacum**, Ammoniakgummi; von Dorema Ammoniacum. 4. **Galbanum**, Mutterharz; Gummiharz nordpersischer Ferulaarten. 5. **Cera flava**, gelbes Bienenwachs. 6. **Cera alba**, gebleichtes Bienenwachs. 7. **Lithargyrum**, Bleiglätte, Bleioxyd, PbO. 8. **Minium**, Mennige, Pb_3O_4. 9. **Cerussa**, Bleiweiss, $2(PbCO_3)+Pb(OH)_2$.

3. Salben und fette Oele.

Die aus Fetten und anderen ähnlichen Substanzen hergestellten **Salben** haben eine weiche, butterartige Consistenz und dienen zum Bestreichen der Haut, entweder um diese geschmeidig zu machen oder wunde, von der Epidermis entblösste Stellen mit einem deckenden Ueberzug zu versehen, oder endlich um Arzneistoffe an der Haut zu fixiren, namentlich solche, die an der letzteren in anderer Form nicht haften würden. Gewöhnlich handelt es sich um Substanzen, die an der Haut selbst zur Wirkung kommen sollen. Doch kann, wie namentlich bei der grauen Quecksilbersalbe, auch der Uebergang des wirksamen Bestandtheils in das Blut beabsichtigt werden. Die Resorption der meisten Stoffe erfolgt bei dieser Applicationsweise leicht, weil die Salbenmasse den fettigen Ueberzug der Haut löst und das Eindringen der Substanzen in die Hautfollikel ermöglicht. Die arzneilichen Salben sind bei den betreffenden Gruppen aufgeführt.

Auch die Linimente (vergl. S. 130) können zu den local wirkenden arzneilichen Salben gerechnet werden.

a) Salben.

1. **Unguentum Paraffini**, Vaselin. Festes Paraffin 1, flüssiges Paraffin 4. 2. **Adeps suillus**, Schweineschmalz. 3. Unguentum leniens, Cold-Cream. Weisses Wachs 4, Walrath 5, Mandelöl 32, Wasser 16, Rosenöl 1 Tropfen. 4. **Unguentum cereum**, Wachssalbe. Olivenöl 7, gelbes Wachs 3. 5. Unguentum Cerussae, Bleiweisssalbe. Bleiweiss 3, Paraffinsalbe 7. 6. Unguentum Cerussae camphoratum. Bleiweisssalbe 95, Campher 5. 7. **Unguentum Diachylon**; Bleipflaster und Olivenöl zu gleichen Theilen. 8. Unguentum Rosmarini compositum, Rosmarinsalbe. Schweineschmalz 16, Talg 8, gelbes Wachs 2, Muskatbutter 2, Rosmarinöl 1, Wacholderbeeröl 1. 9. Balsamum Nucistae, Muskatbalsam. Wachs 1, Olivenöl 2, Muskatbutter 6. 10. Unguentum Glycerini, Glycerinsalbe. Traganthpulver 1, Weingeist 5, Glycerin 50.

b) Fette Oele und Salbenbestandtheile.

1. Oleum Olivarum, Olivenöl. 2. Ol. Olivarum commune, Baumöl. 3. Ol. Amydalarum, Mandelöl. 4. Ol. Papaveris, Mohnöl. 5. Ol. Rapae, Rüböl. 6. Ol. Lini, Leinöl; zu Klystieren und Linimenten. 7. Ol. Cocos, Cocosöl; aus den Samen von Cocos nucifera; von Butterconsistenz. 8. Ol. Cacao, Cacaobutter; aus den Samen von Theobroma Cacao; talgartig, spröde. 9. Ol. Nucistae, Muskatbutter; aus den Muskatnüssen (vergl. S. 113). Gemenge von Fett, äther. Oel und Farbstoffen. 10. Sebum ovile, Hammeltalg. 11. Cetaceum, Walrath; der gereinigte, umkrystallisirte feste Inhalt der Kopfhöhle von Physeter macrocephalus; besteht aus Palmitinsäure-Cetyläther. 12. Paraffinum liquidum, flüssiges Paraffin; aus Petroleum gewonnene, farb- und geruchlose, ölartige Flüssigkeit. 13. Paraffinum solidum, festes Paraffin; feste, weisse, geruchlose Masse. 14. Glycerinum, Glycerin; farblose, neutrale, syrupartige Flüssigkeit. Spec. Gew. 1,225—1,235.

4. Kataplasmen und Fomentationen.

Kataplasmen sind breiartige, quellbare Substanzen enthaltende, namentlich aus ölhaltigen Samen hergestellte Massen, welche im erwärmten Zustande auf entzündete Hautstellen gebracht werden, um eine Resorption oder einen eitrigen Zerfall der Entzündungsprodukte herbeizuführen.

Es handelt sich dabei um die **reinste Form der Wärmewirkung**, ohne Austrocknung und Quellung der Gewebe. Denn es kann weder die erstere noch die letztere eintreten, weil einerseits durch die Feuchtigkeit des Kataplasmabreies die Verdunstung von der Haut verhindert wird und andererseits die quellbaren Substanzen das Wasser mit genügender Festigkeit binden, so dass es nicht in die Gewebe eindringen und diese ebenfalls zur Quellung bringen kann. Trockene Wärme würde in solchen Fällen Reizung verursachen, und warmes Wasser die Haut durch Quellung zu sehr schädigen. Der Fett- oder Oelgehalt der Kataplasmen ist nützlich, weil diese dabei längere Zeit gleichmässig warm bleiben. Am häufigsten werden die ölhaltigen **Leinsamen** zur Herstellung von Kataplasmen benutzt. Die Industrie liefert letztere in Form von Papierblättern, welche auf der einen Fläche mit einer Schicht quellbarer Substanzen überzogen sind. Die Blätter werden im feuchten Zustande auf die Haut gebracht und vom Körper erwärmt.

Bei den **erweichenden Kräutern** kommt neben der Wärme auch die durch die ätherischen Oele hervorgebrachte gelinde Reizung als wirksames Moment in Betracht.

1. **Semen Lini**, Leinsamen. Das Leinmehl (Farina seminum Lini) findet sich nicht in der Pharmakopoe.
2. **Placenta seminis Lini**, Leinkuchen; die harten, grauen Pressrückstände der Leinsamen.
3. **Species emollientes**, Species ad Kataplasma, erweichende Kräuter. Eibischblätter, Malvenblätter, Melilotus, Kamillen, Leinsamen je 1 Theil.

Die **Moor- und Schlammbäder** können gewissermassen als Kataplasmen für die ganze Haut angesehen werden.

Register.

Abführmittel, durch Verstärkung der Peristaltik wirkende Pflanzenbestandtheile 132, Kalomel 219, Salze 159, Schwefel 138.
Absinthin 116.
Absinthol 116.
Acetum 187.
— aromaticum 187.
— Digitalis 86.
— Plumbi 239.
— pyrolignosum 187.
— Scillae 86.
Achilleïn 118.
Acidum aceticum 187.
— arsenicosum 214.
— benzoïcum 252.
— boricum 187.
— carbolicum 252.
— chromicum 196.
— citricum 187.
— formicicum 187.
— hydrochloricum 186.
— lacticum 187.
— nitricum 186.
— phosphoricum 186.
— pyrogallicum 252.
— salicylicum 253.
— sulfuricum 186.
— tannicum 256.
— tartaricum 187.
Aconitin 89.
Acorin 114.
Adeps suillus 265.

Adonidin 80.
Adstringentia, Allgemeines 199, Gerbsäuren 253, Metallsalze 200, Thonerdeverbindungen (Alaun) 239.
Aether 37. 44.
— aceticus 45.
Aethyläther = Aether.
Aethylalkohol = Alkohol = Weingeist.
Aetzflüssigkeit 236.
Aetzkalk 169.
Aetzkali 168. 176.
Aetzung 165.
Akazgin 16.
Alantwurzel 119.
Alaun 240. 240.
Alkalien 168. 176.
Alkohol 31. 38.
Aloë 134. 136.
Aloïn 134. 136.
Alumen 240.
— ustum 240.
Aluminium sulfuricum 240.
Aluminiumacetat s. Liquor Aluminii acetici.
Aluminiumsulfat 240.
Ammoniak 50.
Ammonium bromatum 159.
— carbonicum 51.
— chloratum 159.
— chloratum ferratum 229.
Amygdalae 105.

Amylium nitrosum 45.
Amylnitrit 34. 43. 45.
Amylum tritici 104.
Anemonin 131.
Anethol 115.
Angelica 114.
Angelicabitter 114.
Angelicin 114.
Anthelminthica 140.
Anis 115.
Antiarin 80.
Antidotum Arsenici 228.
Antimon 214.
Antimonchlorür 205.
Antimonpräparate 216.
Apalachenthee 46.
Apocyneïn 80.
Apocynin 80.
Apomorphin 73.
Apomorphinum hydrochloricum 75.
Aqua Amygdalarum amararum 53.
— Calcariae 177.
— carbolisata 252.
— chlorata 193.
— Cinnamomi 113.
— florum Aurantii 112.
— Foeniculi 115.
— foetida antihysterica 110.
— Menthae crispae 107.
— Menthae piperitae 107.
— Picis 129.
— Plumbi 239.
— Rosae 107.
Argentum foliatum 261.
— nitricum 233.
— nitric. cum Kalio nitric. 233.
Arnica 119.
Arnicin 119.
Aromatische Verbindungen 242.
Arrowroot 259.
Arsen 208.
Arsenige Säure 208. 214.
Arsensäure 208.
Asa foetida s. Asant.
Asant 109. 109.
Atropin 54.
Atropinum sulfuricum 63.

Aurantiin 112.
Auro-Natrium chloratum 233.
Bäder, ätherische Oele und andere flüchtige Stoffe 127, Alkalien 169, Moor- und Schlammbäder 266, Salze (Mutterlaugen und Soolen) 148, Säuren 181, Wasser 144.
Bärentraube s. Vol. Uvae ursi.
Baldrian 109. 110.
Balsamum Copaivae 122.
— Nucistae 265.
— peruvianum s. Perubalsam 253.
Bandwurmmittel 140.
Bassorin 105.
Belladonna s. Fol. Belladonnae.
Belladonnin 55.
Benzinum Petrolei 253.
Benzoëharz 253.
Benzoësäure 246. 248. 251. 252.
Benzoyltropin 55.
Berberin 117.
Bibernellwurzel s. Rad. Pimpinellae.
Bilsenkraut 55. 63.
Bismuthum subnitricum 239.
Bittere Mittel 115.
Bitterklee 116.
Bittersalz 160. 164.
Blausäure 52.
Blei 236.
— äthylschwefelsaures 205.
Bleiacetat 200. 239.
Bleiessig 239.
Bleiglätte s. Lithargyrum.
Bleijodid (Jodblei) 239.
Bleinitrat 202.
Bleiweiss s. Cerussa.
Bockshornsamen s. Sem. Faenugraeci.
Bolus alba 261.
Borax 149. 168. 177.
Borucol 50.
Borsäure 180. 187.
Brechmittel, Apomorphin 74, Brechweinstein 216, Kupfersulfat 234, Ipecacuanha (Emetin) 76.
Brechnüsse s. Sem. Strychni 20.

Brechwein 216.
Brechweinstein 204. 214. 216.
Brechwurzel s. Rad. Ipecacuanhae 77.
Brenzkatechin 245. 247.
Brom 189. 193.
Bromammonium 159.
Bromkalium 155. 159.
Bromide der Alkalien 148. 155.
Bromnatrium 156. 157. 159.
Brucin 16.
Brustthee s. Spec. pectorales.
Bulbus Scillae 86.
Buschthee 46.
Butyrum Antimonii 205.

Cacao 46.
Calabarin 16. 73.
Calcaria chlorata 193.
— usta 177.
Calcium carbonicum 177.
— phosphoricum 177.
— sulfuricum ustum 261.
Calciumcarbonat 177.
Calciumphosphat 170. 177.
Campher 48. 50.
Campherol 50.
Cantharides 131.
Cantharidin 128. 131. 131.
Capita Papaveris = Fructus Papaveris.
Capsaïcin 131.
Capsicol 131.
Carbo ligni 262.
Carbol 244. 247. 252.
Carbolsäure = Carbol.
Cardamomen 113.
Cardobenedictenkraut 117.
Cardol 131.
Carmelitergeist s. Spirit. Melissae comp.
Carrageen 105. 105.
Caryophylli 113.
Cascarillin 117.
Carcarillrinde 117.
Castoreum 50. 50.
Catechu 255. 256.

Cathartinsäure 137.
Cera alba u. flava 264.
Cerussa 264.
Charta nitrata 159.
— sinapisata 131.
Chinin 93.
Chininum bisulfuricum 100.
— ferro-citricum 100.
— hydrochloricum 100.
— sulfuricum 100.
Chinoidin 100. 100.
Chinolin 251.
Chlor 189.
Chlorkalk 190. 193.
Chlorwasser 191. 193.
Chloralhydrat 33. 38. 45.
Chloralum hydratum 45.
Chlorkalium 148. 152.
Chlornatrium 147. 148. 158.
Chloroform 31.
Chloroformium 45.
Chlorsaures Kalium 158. 159.
Chromsäure 194. 196.
Chromsaures Kalium, saures 194. 196.
Chrysarobinum 256.
Cetaceum 265.
Cicutoxin 244.
Citronenmelisse s. Fol. Melissae.
Citronensäure 187.
Cnicin 117.
Codeïn 23. 29.
Codeïnum s. Codeïn.
Coffeïn 45. 48.
Coffeïnum 48.
Cognac s. Spirit. Vini Cognac.
Colanüsse 46.
Colchiceïn 92.
Colchicin 92.
Collodium 264.
— cantharidatum 132.
— elasticum 264.
Colocynthin 134. 136.
Coloquinthen 133. 136.
Colombowurzel 117.
Colophonium 264.
Columbin 115. 117.

Columbosäure 117.
Condurangorinde 119. 120.
Coniin 68.
Convallamarin 80.
Convolvulin 136.
Copaivabalsam 121. 122.
Copaivaharz 122.
Copaivaöl 122.
Coriamyrtin 244.
Cortex Cascarillae 117.
— Chinae 100.
— Cinnamomi 113.
— Condurango 120.
— Frangulae 138.
— fructus Aurantii 112.
— fructus Citri 112.
— Granati 142.
— Quercus 256.
Cremor Tartari = Tartarus depuratus.
Crocus 262.
Crotonöl 133. 135.
Cubebae s. Cubeben.
Cubeben 121. 122.
Cubebensäure 123.
Cubebin 123.
Cuprum aluminatum 205.
— oxydatum 236.
— sulfuricum 236.
Curare 20.
Curarin 20.
Cyclamin 78.

Dammarharz s. Res. Dammar.
Daturin 55.
Decoctum Sarsaparillae compos. fortius 79.
— Sarsaparillae compos. mitius 80.
Delphinin 89.
Desinfectionsmittel, Aetzkalk 169, aromatische Verbindungen 246, Chlor und Chlorkalk 190, Chlorsaures Kalium 158, für den Darm 162. 250, für den Harn 120, Metallsalze 205, Salze der Alkalien 149, Säuren 180, Schweflige Säure 195, Uebermangansaures Kalium 194, Wasserstoffsuperoxyd 195, Zinkchlorid 235.
Digitaleïn 80.
Digitalin 80.
Digitaliresin 84. 86.
Digitalis 80. 85.
Digitonin 78.
Digitoxin 80.
Diuretica, Alkalien 175, Coffeïn 47, Digitalingruppe 82, Kaliumacetat 175, Salze der Alkalien 150, Wacholderbeeren 121, Wasser 146.
Dover'sches Pulver s. Pulv. Ipecac. opiat.
Drachenblut s. Res. Draconis.
Duboisin 55. 61.

Eibischwurzel s. Rad. Althaeae.
Eichenrinde 256.
Einhüllende Mittel 103.
Eisen 224.
Eisenchlorid 228. 229.
Eisenpräparate 228.
Elaeosacchara 107.
Elaterium 136.
Electuarium e Senna (= E. lenitivum) 137.
Elixir amarum 117.
— Aurantiorum compos. 116.
— e succo Liquiritiae 51.
Emetin 75.
Emplastrum adhaesivum 264.
— Cantharidum ordinar. 132.
— Cantharidum perpetuum 132.
— Cerussae 263.
— Diachylon = E. Lithargyri.
— fuscum camphoratum 264.
— Hydrargyri 264.
— Lithargyri 263.
— Lithargyri compositum 263.
— Plumbi = E. Lithargyri.
— saponatum 264.
Emulsiones 105.
Enzian s. Rad. Gentianae.
Ergotinin 53.

Register.

Ergotinsäure 53.
Erythrophleïn 85.
Eserin 73.
Essig 181. 187.
Essigsäure 180. 187.
Euphorbin 131.
Euphorbium 132.
Expectorantia, Ammoniakpräparate 51, Apomorphin 74, Brechweinstein 216, Emetin und Ipecacuanha 77, Goldschwefel 216, Saponin (Senega) 78.
Extractum Absinthii 116.
— Aconiti 92.
— Aloës 137.
— Belladonnae 63.
— Calami 114.
— Cannabis indic. 31.
— Cascarillae 117.
— Chinae, aquos. et spirit. 101.
— Colocynthidis 136.
— Cubebarum 123.
— Digitalis 86.
— Ferri pomatum 229.
— Filicis 142.
— Gentianae 116.
— Graminis 165.
— Helenii 119.
— Hyoscyami 63.
— Nucum vomicar. = E. Strychni.
— Opii 30.
— Quassiae 116.
— Rhei, et compos. 138.
— Sabinae 129.
— Scillae 86.
— Secalis cornuti 54.
— Strychni 20.
— Taraxaci 117.
— Trifolii fibrini 116.

Faulbaumrinde 133. 134. 138.
Farnkrautwurzel 140. 142.
Fenchel 115.
Fenchelholz s. Lig. Sassafras.
Ferrum carbonicum saccharat. 228.
— jodatum 229.
— lacticum 229.

Ferrum oxydat. saccharat. solub. 228.
— pulveratum 228.
— reductum 228.
— sesquichloratum 229.
— sulfuricum 229.
Fichtennadelöl 129.
Fieberklee = Bitterklee.
Filixsäure 140. 142.
Fliederblüthen = Hollunderblüthen.
Flores Arnicae 119.
— Chamomillae 108.
— Cinae 143.
— Koso 142.
— Lavandulae 118.
— Malvae 105.
— Rosae 107.
— Sambuci 108.
— Tiliae 108.
— Verbasci 105.
Fluorwasserstoffsäure 178.
Folia Althaeae 105.
— Belladonnae 63.
— Digitalis 85.
— Farfarae 105.
— Jaborandi 67.
— Juglandis 256.
— Malvae 105.
— Melissae 118.
— Menthae, crispae et piperitae 107.
— Nicotianae 67.
— Salviae 108.
— Sennae 137.
— Stramonii 63.
— Trifolii fibrini 116.
— Uvae ursi 256.
Fowler'sche Lösung 214.
Fructus Anisi 115.
— Aurantii immaturi 112.
— Capsici 132.
— Cardamomi 113.
— Carvi 115.
— Colocynthidis 136.
— Foeniculi 115.
— Juniperi 122.
— Lauri 119.

Fructus Papaveris immaturi 30.
— Phellandrii 115.
— Rhamni catharticae 138.
— Vanillae 107.
Fungus chirurgorum 261.

Galbanum 264.
Galgantwurzel s. Radix Galangae.
Gallae 256.
Galläpfel s. Gallae.
Galläpfelgerbsäure = Tannin.
Garthenthymian s. Herba Thymi.
Gelatina Carrageen 105.
— Lichenis islandici 105.
Genussmittel 106.
Gentiana s. Rad. Gentianae 116.
Gentiopikrin 116.
Gerbsäuren 253.
Geschmackscorrigentia 106.
Gewürze 110. 113.
Glandulae Lupuli 117.
Glaubersalz 159. 163.
Glycerinum 265.
Glycyrrhizinsäure 105.
Gold 233.
Goldchloridnatrium 233.
Goldschwefel 216. 217.
Gossypium depuratum 261.
Granatrinde 140. 141. 142.
Guajakholz s. Lign. Guajaci.
Guaranapaste 46.
Gummi arabicum 105.
Gummigutt = Gutti.
Gurrunüsse s. Colanüsse.
Gutti 133. 136.
Gyps, gebrannter 261.

Hämatoxylin 257.
Haller'sches Sauer s. Mixtura sulfurica acida.
Halogene 189.
Hanf, indischer 30.
Hauhechel s. Radix Ononidis.
Hautreizmittel, Allgemeines 123, Cantharinen u. Cantharidin 128, 131, Kalmuspräparate 114, Säuren 180, Salze der Alkalien

(Mutterlaugen und Soolen) 148, Senföl 127. 128. 130, Terpentinöle und andere flüchtige Substanzen 127. 128, Tinct. Capsici 132.
Helleboreïn 80.
Herba Absinthii 116.
— Cannabis indicae 31.
Herba Cardui benedicti 117.
— Centaurii 116.
— Cochleariae 120.
— Conii 69.
— Hyoscyami 63.
— Lobeliae 69.
— Meliloti 119.
— Serpylli 118.
— Thymi 118.
— Violae tricoloris 120.
Herbstzeitlose 92.
Hirudines 262.
Höllenstein = Silbernitrat.
Hollunderblüthen 108.
Hollundermus 164.
Homatropin 55. 57.
Hopfendrüsen s. Glandulae Lupuli.
Hydrargyrum 223.
— bichloratum 224.
— bijodatum 224.
— chloratum 223.
— cyanatum 224.
— jodatum 224.
— nitricum s. Liquor Bellostii.
— oxydatum 224.
— praecipitatum album 224.
Hydrochinon 245. 247. 251.
Hyoscyamin 55. 62.

Infusum Sennae compositum 137.
Ingwer s. Rhiz. Zingiberis.
Ipecacuanha 75. 77. 77.
Isländisches Moos 105. 105.
Ivaïn 118.

Jaborandiblätter 67.
Jalapenharz 133. 136.
Jalapenknollen s. Tubera Jalapae.
Jalapin 136.

Japaconitin 89.
Jervin 89.
Jod 189. 193.
Jodide der Alkalien 148. 153.
Jodkalium 148. 154. 159.
Jodnatrium 153. 159.
Jodoform 43. 193.
Jodwasserstoffsäure 154. 178.
Kairin 251.
Kakodyloxyd 197. 208.
Kakodylsäure 208.
Kali causticum fusum 176.
Kalium aceticum 159.
— arsenicosum s. Liq. Kalii arsenicosi.
— bicarbonicum 176.
— bichromicum 196.
— bitartaricum s. Tartarus depurat.
— bromatum 159.
— carbonicum 176.
— chloricum 159.
— jodatum 159.
— nitricum 159.
— permanganicum 196.
— sulfuratum 178.
— sulfuricum 164.
— tartaricum 164.
Kaliumacetat 175. 159.
Kaliumpermanganat = übermangansaures Kalium.
Kaliwirkungen 152.
Kalmuswurzel s. Rad. Calami.
Kalomel 217. 219. 223. 223.
Kamala 142. 142.
Kamalin 143.
Kamillen s. Flor. Chamomillae.
Karlsbader Salz 164.
Kataplasmen 265.
Kiefernadelöl 129.
Kinderpulver 138.
Kino 257.
Kochsalz s. Chlornatrium.
Königswasser 180.
Kohlehydrate 258.
Kohlensäure 183.
Kosin 142.

Kosoblüthen 140. 142. 142.
Kosso = Kusso = Flores Koso.
Krähenaugen s. Semen Strychni.
Krähenaugenextract 20.
Kreosot 246. 252.
Kreuzdornbeeren s. Fruct. Rhamni cathart.
Kuhmolken 164.
Kümmel s. Semen Carvi.
Kupfer 233.
Kupferpräparate 236.
Kupfersulfat 203. 235. 236.

Lac Sulfuris = Sulfur praecipitat.
Lactucarium 30. 31.
Lakriz s. Succus Liquirit.
Laminaria 262.
Lapis divinus = Cuprum aluminat.
— infernalis = Argent. nitric.
Latschenöl 129.
Lavendelblüthen s. Flores Lavandulae.
Leberthran 258. 261.
Leinsamen 266. 266.
Leinkuchen s. Placenta sem. Lini.
Lichen islandicus s. isländisches Moos.
Lichenin 105.
Liebstöckel s. Rad. Levistici.
Lignum campechianum 257.
— Guajaci 120.
— Quassiae 116.
— Sassafras 120.
Limatura Martis = Ferrum pulverat.
Limonade 106. 181.
Limonin 112.
Linimente 130.
Linimentum ammoniato-camphoratum 130.
— ammoniatum 130.
— saponato camphorat. 130.
— saponato camphorat. liquid. 130.
— terebinthinatum 129.
Liquor Aluminii acetici 240.
— Ammonii acetici 51.
— Ammonii anisatus 51.

Liquor Ammonii caustici 51.
— Bellostii 205.
— Ferri acetici 229.
— Ferri oxychlorati 229.
— Ferri sesquichlorati 229.
— Ferri sulfurici oxydati 229.
— Kali caustici 176.
— Kalii acetici 159.
— Kalii arsenicosi 214.
— Kalii carbonici 176.
— Natri caustici 176.
— Natrii silicici 159.
— Plumbi subacetici 239.
Lithargyrum 264.
Lithium carbonicum 176.
Lithiumcarbonat 174. 176.
Lobelienkraut s. Herba Lobeliae.
Lobelin 68.
Löffelkraut s. Herba Cochleariae.
Löwenzahn s. Rad. Taraxaci.
Lorbeeren s. Fruct. Lauri.
Lycopodium 261.

Mennige s. Minium.
Menthol 50. 107.
Menyanthin 116.
Metallorganische Verbindungen 196.
Mezereïn 131.
Mineralwässer 187.
Minium 264.
Mixtura oleoso-balsamica 119.
— sulfurica acida 186.
Mohnpräparate 30.
Morphin 23.
Morphinum hydrochloricum 29.
— sulfuricum 29.
Moschus 50. 50.
Moschusschafgarbe 118.
Mucilago Gummi arabici 105.
— Salep 104.
Muscarin 63.
Muscatnuss 113. 113.
Mutterkorn 53. 54.
Myrrha 119.

Magenmittel, aromatische 110, gewürzhafte 112, bittere 115.
Magisterium Bismuthi s. Bismuthum subnitricum.
Magnesia alba s. Magnesium carbonicum.
—, gebrannte 161. 170. 171. 177.
— usta s. d. vorige Präp.
Maguesium carbonicum 177.
— citricum effervescens 164.
— sulfuricum 164.
Magnesiumcarbonat 161. 177.
Magnesiumsulfat s. Bittersalz.
Malvenblätter u. -blüthen s. Fol. u. Flor. Malvae.
Mangan 229.
Manganum sulfuricum 230.
Manna 164.
Mannit 160. 164. [86.
Meerzwiebel (s. Bulbus Scillae) 80.
Meisterwurzel s. Rhiz. Imperatoriae.
Mel depuratum 107.
— rosatum 107.

Nahrungsstoffe 257.
Narceïn 23.
Narcotin 23.
Naphtalin 248. 249.
Natrium aceticum 159.
— benzoïcum 252.
— biboricum s. Borax.
— bicarbonicum 176.
— bromatum 159.
— carbonicum 176.
— chloratum 159.
— jodatum 159.
— phosphoricum 177.
— salicylicum 253.
Natriumcarbonat 170. 172. 176.
Natriumsulfat s. Glaubersalz.
Natrum causticum s. Liq. Natri caustici.
Nervenmittel, übelriechende Stoffe als — 109.
Nicotin 64.
Nieswurz, weisse, s. Rhiz. Veratri.
Nux vomica s. Semen Strychni.

Oleandrin 80.
Oleum Amygdalarum 265.
— Anisi 115.
— Aurantii florum 112.
— Cacao 265.
— Cajeputi 119.
— Calami 114.
— camphoratum 50.
Oleum cantharidatum 132.
— Carvi 115.
— Caryophyllorum 113.
— Cinnamomi 113.
— Citri 112.
— Cocos 265.
— Crotonis 135.
— Foeniculi 115.
— Hyoscyami 63.
— Jecoris Aselli 261.
— Juniperi 122.
— Lauri 119.
— Lavandulae 118.
— Lini 265.
— Macidis 113.
— Menthae piperitae 107.
— Nucistae 265.
— Olivarum 265.
— Papaveris 265.
— Pini pumilionis s. Latschenöl.
— Rapae 265.
— Ricini 136.
— Rosae 107.
— Rosmarini 119.
— Sinapis 131.
— Terebinthinae 129.
— Thymi 118.
Onocerin, Ononid und Ononin 120.
Opium 24. 29.
Opodeldok 130.
Oxydationsmittel 193.
Oxymel Scillae 86.
Ozon 129. 195.

Papaverin 23.
Paraffinum liquidum 265.
— solidum 265.
Paraguaythee 46.

Paraldehyd 38.
Parillin 78. 79.
Pelletierin 142. 142.
Pepsin 260. 260.
Pepsinwein 261.
Percha lamellata 261.
Perubalsam 253. 253.
Petroleum s. Benzinum.
Peucedanin 114.
Pflaster 262.
Pflasterbestandtheile 264.
Pfeffermünze 107.
Phenol s. Carbol.
Phosphor 241. 242.
Phosphorsäure 178. 186.
Physostigmin 69.
Physostigminum salicylicum 72.
Pikropodophyllin 134. 136.
Pikrotoxin 244.
Pilocarpin 64.
Pilocarpinum hydrochloricum 67.
Pilulae aloëticae ferratae 137.
— Ferri carbonici 228.
— Jalapae 136.
Pix liquida 129.
Placenta semin. Lini 266.
Plumbum aceticum 239.
— jodatum 239.
— subacetic. s. Liq. Plumbi subac.
Podophyllin 133. 134. 136.
Podophyllotoxin 133. 134. 136.
Pomeranzenpräparate 112.
Potio Riveri 159.
Primulin 78.
Pseudaconitin 89.
Pulpa Tamarindorum 164.
— — depurata 165.
Pulvis aërophorus 187.
— aërophorus anglicus 187.
— aërophorus laxans 164.
— gummosus 106.
— Ipecacuanhae opiatus 30.
— Liquiritiae compositus 137.
— Magnesiae cum Rheo 138.
— Salicylicus cum Talco 253.
Pyrogallol 247. 252.
Pyrogallussäure = Pyrogallol.

18*

Quassia s. Lignum Quassiae.
Quassiin 116.
Queckenextract 164. 165.
Quecksilber 217.
Quecksilber-Amid, -Amido, -Peptonverbindungen 217. 223.
Quecksilberchlorür s. Kalomel.
Quecksilberjodid 202. 224.
Quecksilbernitrate 202. 205.
Quecksilberoxyd 201. 224.
Quecksilberpräcipitat, weisses 201. 224.
Quecksilbersalbe, graue 217. 218. 223. 223.
—, rothe u. weisse 224.
Quendel s. Herba Serpylli.

Radix Althaeae 105.
— Angelicae 114.
— Colombo 117.
— Gentianae 116.
— Helenii 119.
— Ipecacuanhae 77.
— Levistici 120.
— Liquiritae 106.
— Ononidis 120.
— Pimpinellae 114.
— Ratanhiae 256.
— Rhei 137.
— Sarsaparillae 79.
— Senegae 79.
— Taraxaci 117.
— Valerianae 110.
Resina Dammar 264.
— Draconis 257.
— Jalapae 136.
Resorcin 247. 251.
Rhabarber 133. 134. 137.
Rhizoma Calami 114.
— Filicis 142.
— Galangae 113.
— Graminis 165.
— Imperatoriae 114.
— Iridis 119.
— Tormentillae 256.
— Veratri 89.
— Zedoariae 113

Rhizoma Zingiberis 113.
Ricinusöl 133. 136.
Riechmittel 108.
River'scher Trank s. Potio Riveri.
Rotulae Menthae piperitae 107.

Sabina s. Summitates Sabinae.
Sabinaöl 128.
Saccharum 107.
— Lactis 107.
Sadebaum s. Sabina.
Safren u. Safrol 120.
Sal Carolinum factitium 164.
Salbei s. Fol. Salviae.
Salben 264.
Salep 104.
Salepschleim s. Mucilago Salep.
Salicin 246.
Salicylsäure 246. 248. 251. 253.
Salpeter 153. 159.
Salpetersäure 178. 186.
Salzsäure 178. 186.
Salzwirkung 147. 148.
Salviol 108.
Sanguis Draconis s. Resina Draconis.
Santonin 140. 141. 143.
Santoninpastillen 143.
Sapo jalapinus 136.
— kalinus 177.
— medicatus 176.
Saponin 78.
Sassafras s. Lignum Sassafras.
Sassaparille 78. 79.
Säuren 178.
Scammonin 136.
Scammoniumharz 136.
Schafgarben 117.
Schierling s. Herba Conii.
Schwefel, als Abführmittel 138
Schwefelalkalien 177.
Schwefelblumen 140. 140.
Schwefelmilch 139. 140.
Schwefelsäure 178. 186.
Schwefelwasserstoff 178.
Schweflige Säure 195.
Scilla s. Bulbus Scillae.

Scillaïn 80.
Sebum ovile 265.
Secale cornutum s. Mutterkorn.
Seife 169. 171. 176.
Seiguettesalz s. Tartarus natronatus.
Semen Colichi 93.
— Faenugraeci 119.
Semen Lini 266.
— Myristicae 113.
— Papaveris 30.
— Spinae cervinae s. Fruct. Rhamni cathartic.
— Sinapis 131.
— Strychni 20.
Senegawurzel 78. 79.
Senegin 78.
Senföl 127. 130. 131.
Senfpapier 131.
Senfsamen s. Sem. Sinapis.
Senfteig 130. 131.
Senna 133. 134. 137.
Sennalatwerge s. Electuarium e Senna.
Sennesblätter s. Senna.
Serum Lactis s. Kuhmolken.
Silber 230.
Silbernitrat 203. 233.
Sklerotinsäure 53.
Spanischer Pfeffer 131. 132.
Species aromaticae 119.
— ad Kataplasma = s. emollientes.
— emollientes 265.
— laxantes 137.
— Lignorum 120.
— pectorales 108.
Spiritus 44.
— aethereus 45.
— Aetheris nitrosi 45.
— Angelicae compositus 114.
— camphoratus 130.
— Cochleariae 120.
— fumans Libavii s. Zinnchlorid.
— Juniperi 122.
— Lavandulae 118.
— Melissae compositus 118.
— Menthae piperitae 107.

Spiritus saponatus 176.
— Sinapis 131.
— Vini Cognac 44.
St.-Germain-Thee s. Species laxantes.
Staphisagrin 89.
Stechapfelblätter s. Fol. Stramonii.
Steinklee s. Herba Meliloti.
Stibium sulfuratum aurantiacum (Goldschwefel) 217.
— sulfuratum nigrum 217.
Stiefmütterchen s. Herba Violae tricolor.
Stoffwechsel, nach Alkalien 172. 173, Antimon 214, aromatischen Verbindungen 251, Arsen 212, Chinin 97, Phosphor 241, Quecksilber 222, Salzen der Alkalimetalle 150, Wasser 146.
Storax 253. 253.
Strophantin 80.
Strychnin 16.
Strychninum nitricum 20.
Styrax liquidus s. Storax.
Succus Juniperi inspissatus 122.
— Liquiritiae 106.
Sulfur depuratum 140.
— praecipitatum 140.
— sublimatum 140.
Summitates Sabinae 129.
Syrupus Althaeae 105.
— Amygdalarum 107.
— Aurantii 112.
— Aurantii florum 112.
— Cerasorum 107.
— Cinnamomi 113.
— Ferri jodati 229.
— Ferri oxydati solub. 228.
— Ipecacuanhae 77.
— Liquiritiae 106.
— Mannae 164.
— Menthae 107.
— Papaveris 30.
— Rhamni catharticae 138.
— Rhei 138.
— Rubi Idaei 107.
— Senegae 79.

Syrupus Sennae 137.
— Sennae cum Manna 137.
— simplex 107.

Tabak s. Fol. Nicotianae.
Talcum (Talk) 261.
Tamarindenmus 164.
Tannin 254. 256.
Taraxacum s. Rad. Taraxaci.
Tartarus boraxatus 164.
— depuratus 164.
— emeticus = T. stibiatus.
— natronatus 164.
— stibiatus 216.
Terebinthina 129.
Terpentin s. Terebinthina.
Terpentinöl 127. 128. 243. 129.
Thebaïn 16.
Theer s. Pix liquida.
Theespecies 107.
Theïn = Coffeïn.
Theobromin 45.
Thevetin 80.
Thonerdeverbindungen 239.
Thymol 250. 251. 252.
Tinctura Absinthii 116.
— Aconiti 92.
— Aloës, et composit. 137.
— amara 116.
— Arnicae 119.
— aromatica 114.
— Asae foetidae 110.
— Aurantii 112.
— Benzoës 253.
— Calami 114.
— Cannabis indicae 31.
— Cantharidum 132.
— Capsici 132.
— Castorei 50.
— Catechu 256.
— Chinae, et composit. 101.
— Chinoidini 100.
— Cinnamomi 113.
— Colchici 93.
— Colocynthidis 136.
— Croci 262.
— Digitalis 86.

Tinctura Ferri acetici aether. 229.
— Ferri chlorati aether. 229.
— Ferri pomata 229.
— Gallarum 256.
— Gentianae 116.
— Jodi 193.
— Ipecacuanhae 77.
— Lobeliae 69.
— Moschi 50.
— Myrrhae 119.
— Opii benzoïca 30.
— Opii crocata et simplex 30.
— Pimpinellae 114.
— Ratantiae 256.
— Rhei aquos. et vinosa 138.
— Scillae 86.
— Strychni 20.
— Valerianae, et aetherea 110.
— Veratri 89.
— Zingiberis 113.
Tollkirsche s. Fol. Belladonnae.
Toxiresin 84. 86.
Tragacantha 105.
Traganth s. Tragacantha.
Trochisci Santonini 143.
Tropeïne 54.
Tropin 54.
Tubera Aconiti 92.
— Jalapae 136.
— Salep 104.

Uebermangansaures Kalium 194. 196.
Unguentum basilicum 129.
— Cantharidum 132.
— cereum 265.
— Cerussae 265.
— Cerussae camphorat. 265.
— Diachylon 265.
— Glycerini 265.
— Hydrargyri album 224.
— Hydrargyri cinereum 223.
— Hydrargyri rubrum 224.
— Kalii jodati 159.
— leniens 265.
— Paraffini 265.

Unguentum Plumbi 239.
— Plumbi tannici 239.
— Rosmarini composit. 265.
— Sabinae 129.
— Tartari stibiati 217.
— Terebinthinae 129.
— Zinci 235.
Unterchlorigsaure Salze 189.
Vanille s. Fruct. Vanillae.
Vanillin 107.
Veilchenwurzel s. Rhizoma Iridis.
Veratrin 86. 89.
Verdauungsfermente 257.
Vinum camphoratum 50.
— Chinae 101.
— Colchici 93.
— Ipecacuanhae 77.
— Pepsini 261.
— stibiatum 216.

Wacholderbeeren 121. 122.
Waldwolleöl 129.
Walrath s. Cetaceum.
Wasser 143.
Wasserfenchel s. Fruct. Phellandrii.
Wasserglas s. Liq. Natrii silicici.
Wein 38. 42. 44.

Weingeist s. Spiritus.
Wermuth s. Herba Absinthii.
Wiener Trank s. Infus. Sennae compos.
Wismuth 239.
Wismuth, basisch-salpeters. 204. 239.
Wundschwamm s. Fungus. chirurg.
Wurmsamen 140. 143.

Zimmt s. Cortex Cinnamomi.
Zincum aceticum 236.
— chloratum 236.
— oxydatum 235.
— sulfocarbolicum 252.
— sulfuricum 236.
Zink 233.
Zinkacetat s. Zinc. acet.
Zinkchlorid 201. 235. 236.
Zinkoxyd 235. 235.
Zinksulfat s. Zinc. sulf.
Zinksulfophenolat s. Zinc. sulfocarb.
Zinnchlorid 205.
Zittmann'sches Decoct s. Decoct. Sarsaparillae 79.

Druck von J. B. Hirschfeld in Leipzig.

www.ingramcontent.com/pod-product-compliance
Lightning Source LLC
Chambersburg PA
CBHW031337230426
43670CB00006B/364